INITIATION

AU

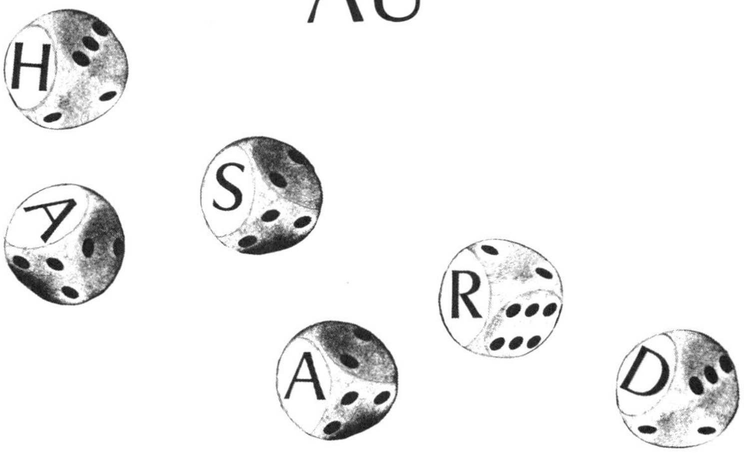

A Pascal, à son pari et à ses lois.
Aux étudiants de l'amphi Gény, à leurs regards, à leur silence.

JOSÉ ROSE

INITIATION AU

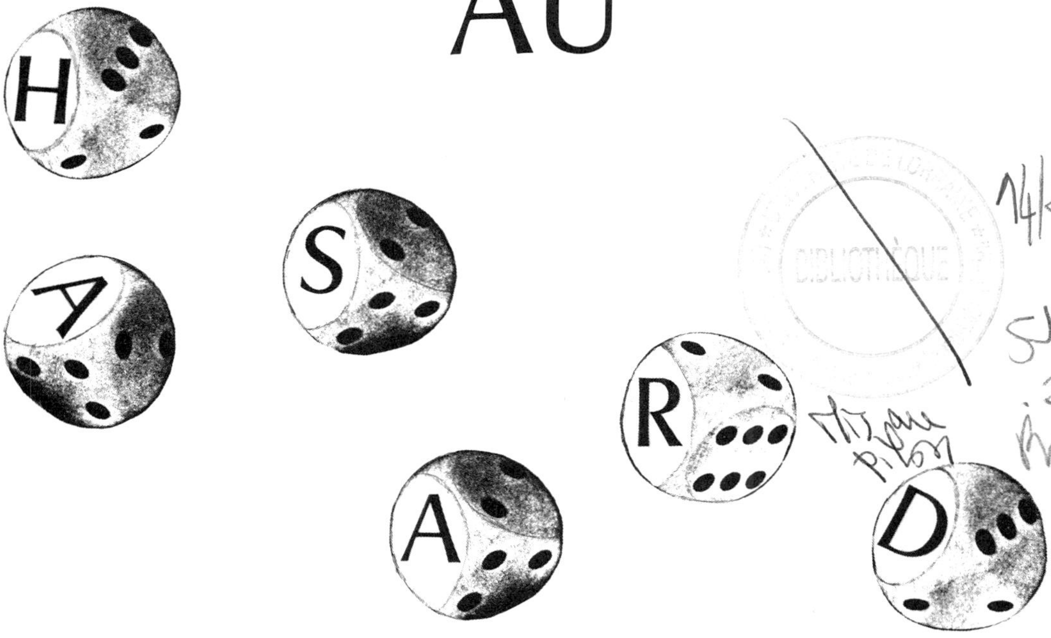

PROBABILITES / ESTIMATIONS / TESTS / SONDAGES

PRESSES UNIVERSITAIRES DE NANCY

DU MÊME AUTEUR

- *Les entreprises clientes de l'A.N.P.E.*. Nancy : P.U.N., 1979.

- *Etat, entreprise, système productif : les cas de l'A.N.P.E., du Pacte national pour l'emploi et des écoles techniques* (en collaboration avec G. ESTIENNE). Nancy : P.U.N., 1979.

- *En quête d'emploi : formation, chômage, emploi*. Paris : Economica, 1982 (traduit en espagnol sous le titre « *En busca de empleo : formaçion, paro, empleo* Madrid, 1987).

- *L'introuvable relation formation-emploi* (participation à l'ouvrage collectif réalisé sous la direction de L. TANGUY). Paris : La Documentation Française, 1986.

- *La transition professionnelle : les jeunes de 16 à 18 ans* (en collaboration avec Ph. MEHAUT, F. de CHASSEY, A. MONACO). Paris : L'Harmattan, 1987.

ROSE (José). — Initiation au hasard : probabilités, estimations, tests, sondages./José Rose. — Nancy : Presses universitaires de Nancy, 1988. — 256 p. : graph., tabl., couv. ill. en coul. ; 24 cm.

ISBN : 2-86480-336-4

INTRODUCTION GENERALE

"Un coup de dés jamais n'abolira le hasard"
S. Mallarmé

"Alea jacta est". A ces mots César, contre la loi mais de plein gré, franchit le Rubicon. En jetant symboliquement les dés, il ne soupçonnait pas que des lois incontournables régissaient leur mouvement. Comment l'aurait-il pu puisqu'il fallut attendre le 17° siècle pour voir s'imposer l'idée de calcul et, avec elle, la notion de loi de probabilité.

Aujourd'hui les jeux de loterie, les sondages d'opinion, les tests accompagnent notre incertitude face à l'avenir. Les lois du hasard gouvernent une bonne part de notre quotidien. Et ce hasard, fascinant et terrifiant à la fois, est suffisamment mystérieux pour que nous succombions sans vergogne à l'illusion du gain probable mais rare, à la fausse évidence d'écarts d'opinions, réels mais faibles, à la confusion entre tendance générale et cas singuliers, au mythe de la bonne étoile. Inévitable compagnon, le hasard est à apprivoiser. Cet ouvrage voudrait y contribuer en proposant une initiation au hasard, à ses lois, à ses usages[1]. Mais, en préalable, il est utile de s'interroger sur la collecte de l'information, les méthodes, le champ d'application et l'historique de la statistique probabiliste. C'est l'objet de cette introduction.

I. LA COLLECTE DE L'INFORMATION

Pour agir, décider, comprendre ou prévoir, il est nécessaire de s'appuyer sur des connaissances et donc de collecter des informations. L'hypothèse d'information parfaite, c'est à dire complète et spontanément accessible, est certes précieuse pour les théoriciens mais irréaliste. En fait on se situe généralement en univers incertain et on raisonne souvent, surtout aujourd'hui, en situation d'information coûteuse.

1 Merci à Alain ANTOINE pour sa lecture attentive et ses propositions.

Le praticien est donc condamné à l'imperfection, à l'incertitude, à l'approximation, au compromis entre précision et coût. Cette condamnation est terrible pour des humains, naturellement soucieux de tout connaître et de croire à la perfection accessible[2], mais c'est ainsi. Ce dilemme pose plusieurs problèmes de méthode. Le premier est celui de la quantité d'information à collecter. Celle-ci ne pouvant être infinie pour d'évidentes raisons pratiques elle doit avoir une taille optimale conciliant les exigences de coût, de délai et de traitement des données avec les contraintes théoriques de l'estimation et de la généralisation de résultats partiels. Le second problème concerne la qualité de l'information collectée. Jamais parfaite elle doit être pourtant suffisamment bonne pour assurer la **représentativité** de l'échantillon. Deux exemple illustrent cela et permettent de définir le champ de l'ouvrage par rapport à d'autres problèmes statistiques non abordés ici (corrélation, modèles économétriques, analyse des données...).

Le premier relève de la gestion. Il concerne un problème récemment posé aux commerçants, celui de l'autorisation d'ouverture dominicale des grandes surfaces de vente. Un gérant, pressentant que la décision est imminente, s'interroge sur la rentabilité d'une telle modification et s'adresse à un statisticien. Naturellement la question ne serait pas traitée de la même façon si elle était posée par une autre personne (qui s'interrogerait par exemple sur les implications sociales de cette réforme) car l'objectif, et donc la collecte des données, seraient différents. Plusieurs méthodes sont envisageables pour éclaircir ce problème, aucune n'apportant de réponse certaine du fait de la complexité du problème posé et de l'incertitude des évolutions.

On peut d'abord construire un modèle théorique. Partant d'une connaissance sommaire du sujet (références, données, présupposés), on tente alors d'**extrapoler**, d'établir un pont entre le connu et l'inconnu, en faisant des hypothèses de similitude, de stabilité, d'inflexion des comportements, de dépendance ou d' indépendance des variables. Ici le gérant a plusieurs solutions. Il peut transposer des situations observées ailleurs ou à d'autres moments et supposées semblables: mais est-il sûr de la similitude ? Il peut également appliquer à la situation nouvelle des corrélations connues, par exemple entre le rythme des congés et celui des achats: mais ne s'agit-il pas de corrélations fausses, trompeuses ou non significatives? Enfin il peut prolonger des tendances passées en supposant par exemple que la clientèle est d'autant plus nombreuse que le nombre d'heures d'ouverture est élevé: mais n'y a-t-il pas des discontinuités, des infléchissements liés à des phénomènes de saturation? Une autre méthode, complément éventuel de la précédente, est possible. Elle consiste à interroger l'ensemble de la population concernée ou une partie d'entre elle seulement . La collecte des données n'est plus du tout la même et s'il faut encore avoir des hypothèses pour construire questionnaire et échantillon elles peuvent être relativement sommaires.

---

2 Comme ils le font depuis la pomme d'Eve et le paradis terrestre.

Le second exemple est du domaine de la science politique. Il a trait à la question, d'une permanente actualité, de la réélection d'un candidat sortant. Trois démarches sont possibles. On peut bien sûr réaliser un recensement. Le soir des élections la réponse est parfaitement connue puisque le vote est un recensement exhaustif, les abstentionnistes et les non inscrits s'excluant eux-mêmes de la population-mère. Il est également envisageable, quoique coûteux, de réaliser un recensement avant les élections. Dans ce cas l'observation est statistiquement parfaite mais ne correspond pas tout à fait au problème posé; il y a en effet un certain écart entre une anticipation de vote et un vote réel, entre la question telle qu'elle est posée (au moment de l'enquête) et telle qu'elle se pose (au départ).

La construction d'un modèle, plus ou moins sophistiqué, s'appuyant sur des données existantes, est également envisageable. Dans ce cas on peut transposer des situations connues et considérer par exemple qu'en période de crise tout candidat sortant est battu, mettre en corrélation le phénomène avec d'autres variables et supposer par exemple que le pourcentage de voix du candidat sortant est fortement lié au niveau de chômage, prolonger des tendances passées et déduire de la série des résultats antérieurs du candidat son score probable ou encore pratiquer l'intuition en disant par exemple que "tout laisse à penser" que le candidat ne sera pas, ou sera, réélu.

La troisième procédure envisageable est celle du sondage. S'il est organisé le soir des élections (ce qu'on appelle l'*opération-estimation*) il donne de très bons résultats à condition que la méthode soit rigoureuse, l'échantillon suffisamment important et correctement construit. S'il a lieu avant les élections (les "sondages de popularité", les "intentions de vote") il est moins satisfaisant du fait de l'écart, plus ou moins grand selon les modalités de l'enquête, entre intention et acte.

Dans ce livre on étudie uniquement la **méthode des sondages**, réservant à la statistique descriptive le problème des recensements et à l'économétrie celui des modèles. Quels sont alors les problèmes rencontrés dans la collecte des données ? Il reste à les répertorier, en précisant les termes utilisés et en réservant aux prochains chapitres leur approfondissement.

1. Quelle population ?

L'exhaustivité est un rêve inaccessible. Certes si l'on pouvait interroger "tout le monde" ce serait parfait mais en réalité ce tout (à supposer qu'il existe en soi , ce qui ne va pas de soi puisque cela suppose d'interrompre le temps, le temps de l'enquête) n'est pas là, ni forcément prêt à répondre. L'exemple du recensement de population, exhaustif en principe, illustre cette difficulté puisqu'on estime à 300.000 le nombre de personnes non recensées en France alors que le pays possède une longue tradition du recensement[3]. En pratique on

3 Ce n'est pas toujours ni partout le cas si l'on se rappelle par exemple le fort courant d'opinion opposé, en 1986, à la réalisation du recensement en Allemagne.

procède le plus souvent par **échantillonnage**. Pour cela on définit la population de référence, ou **population-mère**, qui regroupe l'intégralité des individus concernés par la question et **l'échantillon** qui n'en constitue qu'un sous-ensemble.

La détermination de l'échantillon pose essentiellement des problèmes de taille (toujours plus n'est pas toujours mieux) et de procédés de tirage, le calcul des probabilités n'étant pas le même pour des échantillons **aléatoires** ou **raisonnés**, **exhaustifs** ou **non exhaustifs**. L'introduction du hasard dans la construction de l'échantillon pose prioritairement le problème de sa représentativité, c'est à dire de la limitation et surtout du contrôle[4] des biais ou écarts entre échantillons et population d'origine, qu'ils soient liés au choix des variables d'échantillonnage ou aux conditions de l'enquête (moment et lieu notamment).

2. Quels procédés d'enquête ?

De nombreux problèmes se posent au moment même de la collecte de données. Ils concernent la nature des variables retenues qui peuvent être quantitatives ou qualitatives, discrètes ou continues, et la définition de leurs modalités ce qui pose en particulier le problème de la construction des nomenclatures. Ils concernent également la formulation des questions, leur degré de précision, d'objectivité, et les conditions d'interrogation, le souci essentiel à cet égard étant de réduire les risques d'influence et de subjectivité. Cette question des protocoles d'enquêtes est généralement mal connue[5] et sera détaillée dans le dernier chapitre du livre.

3. Quelle analyse des résultats ?

Dans un premier temps on étudie l'échantillon seul en le considérant comme un ensemble parfaitement défini, comme une population à part. On peut donc appliquer les notions habituelles de statistique descriptive. Puis on considére l'échantillon pour ce qu'il est, c'est à dire une sous-population extraite d'une population-mère. On tente alors d'extrapoler, de faire des **estimations** ou des jugements sur échantillon. L'ouvrage est consacré à l'étude de ces questions.

---

4 Contrôle que l'on ne sait pas réaliser lorsqu'une enquête, prétendument exhaustive, ne l'est pas totalement.

5 Si l'on en croit les débats ayant eu lieu en France, en septembre 1987, autour d'un institut de sondage chargé d'observer les comportements des télespectateurs à l'aide d'un dispositif nouveau, l'audimat.

II. LES METHODES STATISTIQUES: PLAN DE L'OUVRAGE

En statistique descriptive la population est unique et certaine et, même s'il s'agit d'un échantillon, on ne se préoccupe pas de son origine. Dans ce cas l'étude porte sur des individus définis selon des **caractères** appelés **variables** lorsqu'ils sont quantitatifs. Ces individus sont regroupés en fonction des **modalités** (ou **valeurs**) prises par les caractères (ou variables) ce qui permet de définir des fréquences. On analyse alors ces distributions statistiques en calculant des paramètres simplificateurs mais significatifs (mode, moyenne, écart-type...), en construisant des graphiques (effectifs simples ou cumulés), en cherchant des liaisons entre caractères (corrélation...).

En statistique probabiliste le problème est différent puisqu'on s'intéresse à des phénomènes aléatoires dont la construction dépend du hasard. Certes il y a des analogies de termes (entre fréquence et probabilité, entre moyenne et espérance mathémathique) mais fondamentalement le problème change de nature puisqu'on passe d'un univers certain à un univers aléatoire. La question principale devient alors celle des relations, forcément complexes, entre échantillons et population-mère. Cette question sera traitée en trois temps: définition d'une loi de probabilité quelconque (1° partie), connaissance des principales lois de probabilités et mise en oeuvre de la procédure d'ajustement (2° partie), établissement des règles de passage entre échantillons et population-mère (3° partie). Un schéma peut illustrer cette démarche.

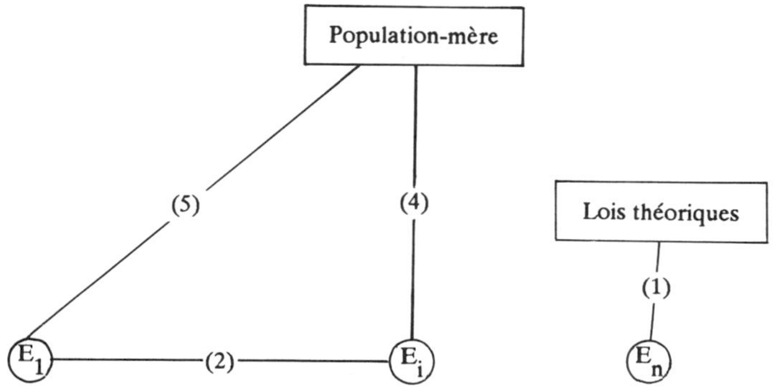

Echantillons (3)

Ce schéma permet de se représenter les principales questions théoriques et pratiques traitées dans l'ouvrage:

- Théorie de **l'ajustement** et test du khi-deux (1): a-t-on le droit de considérer que les effectifs observés sur un échantillon sont distribués selon une loi statistique connue ou une loi empirique admise a priori?
- Théorie des **tests** et comparaison de plusieurs échantillons (2): deux échantillons sont-ils issus de la même population-mère?
- Théorie des **sondages** et construction de l'ensemble des échantillons (3): quelles sont les relations entre les paramètres de la population-mère et ceux des échantillons?
- Théorie de **l'échantillonage** (4): connaissant la population-mère à quoi doit-on s'attendre concernant les échantillons?
- Théorie de **l'estimation** (5): connaissant un seul échantillon que peut-on en déduire sur la population-mère inconnue?

Plus précisément les chapitres de l'ouvrage s'organisent de la manière suivante:

1° partie: Généralités sur les probabilités
1. Les théorèmes de probabilités
2. L'analyse combinatoire
3. Variables aléatoires et lois de probabilité

2° partie: Les distributions théoriques
1. Les modèles statistiques "discrets"
2. Les modèles statistiques "continus"
3. L'ajustement et le test de khi-deux

3° partie: L'induction statistique
1. Les fondements théoriques essentiels
2. Les distributions d'échantillonage
3. La théorie de l'estimation
4. La technique des sondages

Par la suite on insistera prioritairement sur la *signification pratique* de chacun des instruments étudiés et on aura plus souvent recours à l'intuition et à l'illustration qu'à la démonstration mathématique. La singularité de l'ouvrage réside là car la formalisation des notions s'est largement inspirée des présentations habituelles[6]. Les chapitres sont illustrés par des exercices pris dans les divers champs d'application de la statistique et se terminent par des exercices

6 Voir les ouvrages cités en bibliographie et en particulier B. GRAIS, Méthodes Statistiques, Paris, Dunod, 1981.

d'application portant sur le même thème[7]. Enfin on propose en annexe une série d'exercices, sommairement corrigés, portant sur le jeu, la science politique, la recherche, en laissant au lecteur le soin de choisir selon ses préférences.

III- LE CHAMP D'APPLICATION DE LA STATISTIQUE PROBABILISTE

La statistique probabiliste s'utilise en de très nombreuses circonstances. Un premier domaine d'application est celui de la **prise de décision** dans l'entreprise. La gestion s'appuye en effet souvent (pour des raisons de rentabilité et de rapidité) sur une connaissance très partielle du réel. Afin de diminuer les risques d'une décision en univers incertain les décideurs utilisent alors la théorie des sondages et des tests. Si l'on reprend l'exemple initial du grand magasin les domaines d'application pourraient être les suivants: gestion des produits (approvisionnement de rayons, contrôle de qualité, respect des normes, choix des fournisseurs), gestion des équipements (panne de caisses, durée de vie des ampoules d'éclairage, déplacement des produits), gestion du personnel (organisation du travail, rythme d'ouverture des caisses, contrôle d'erreurs, surveillance de l'absentéisme), gestion des relations avec la clientèle (procédures de surveillance, rythmes d'achat et habitudes alimentaires)...

Le second domaine d'application est celui de la **recherche** et des études. D'une manière générale la théorie des sondages et de l'estimation fonde la pertinence de toute étude portant sur un échantillon. Elle permet en effet l'interprétation rigoureuse des données par le repérage des *différences significatives* dans un tableau de données. Elle permet aussi la généralisation et la prévision par l'estimation de paramètres inconnus dans la population-mère. De ce fait la statistique probabiliste est utilisée dans de nombreuses disciplines et constitue même parfois pour elles l'instrument privilégié de connaissance. Ceci est évident pour les sciences politiques qui procèdent très souvent à des sondages d'opinion, des anticipations de résultats, des interprétations qui n'existeraient pas sans les acquis de la statistique probabiliste. Mais c'est également le cas de disciplines comme la médecine qui fonde une partie de sa connaissance sur la théorie des *facteurs de risque* laquelle est bien une théorie probabiliste puisqu'elle repère, à partir d'échantillons, la probabilité que telle population ayant telle pratique (alimentaire, professionnelle, sociale) ait telle maladie. Bien d'autres sciences pourraient être citées à ce propos qu'il s'agisse de l'économie (avec par exemple la théorie de la décision), de la physique, de la biologie ou de l'agronomie.

Enfin la statistique probabiliste peut orienter de nombreuses réflexions et décisions courantes. La vie quotidienne est en effet constituée de nombreux phénomènes aléatoires et l'ignorer génère bien des illusions. En ce sens le

7 Par souci de continuité on prendra constamment l'exemple de la gestion d'une grande surface de vente mais la transposition à d'autres situations peut se faire sans problème.

raisonnement probabiliste peut devenir *un art de vivre*...un "nouvel espace culturel en rupture avec le manichéisme...Ainsi on peut dire que la connaissance des probabilités est un recours précieux dans la part ludique de la vie puisqu'elle permet de maitriser l'art des impasses dans les jeux de cartes (ou ailleurs), de mesurer la part du rêve dans les fêtes et jeux de hasard, de s'amuser en société avec les paradoxes de la statistique, voire même de faire fortune en inventant des jeux inégaux. Elle peut être aussi un soutien actif pour orienter sa vie en société. On peut organiser le déroulement de ses études en se demandant par exemple, comme on le fait dans certaines théories économiques, si la probabilité de trouver un emploi ou un salaire élevé augmente avec le prolongement des études. On peut veiller à sa santé, en adoptant un mode de vie qui réduise les risques, ou même choisir son conjoint en évitant les variables propices à la séparation ou en les recherchant si l'on préfère les rencontres sans lendemain...Bien sûr, dans tous ces cas, on détermine seulement la probabilité d'apparition de tel événement. Rien n'assure qu'il se réalisera effectivement et rien ne dit, a fortiori, que la satisfaction est plus forte lorsque la probabilité est plus grande... elle est peut-être supérieure lorsque l'on pratique le "cas aberrant", au sens statistique du terme s'entend.

IV- LES ETAPES D'ELABORATION DE LA THEORIE

La statistique, au sens général du terme, a une histoire très ancienne[8]. La pratique des recensements a en effet au moins 4 millénaires d'existence. Des sumériens aux romains en passant par les égyptiens, les chinois, les grecs, les hindous, chaque puissance publique centralisée a désiré dénombrer sa population. Ces recensements étaient à usage essentiellement pratique (construire des pyramides, lever une armée...), sommairement réalisés et souvent imprécis[9]. Mais ils n'ont été l'objet de réflexions poussées qu'au 17° siècle avec notamment les travaux de Descartes, Vauban et Colbert.

Depuis longtemps également les hommes jouent et particulièrement aux dés[10] au point d'ailleurs que le langage a fait du mot "az-zahr", signifiant "dé" en arabe, le terme abstrait de "hasard". Mais longtemps ces pratiques ludiques sont restées symboliques et non rationalisées, l'intérêt pour les figures formées par les chiffres ou les cartes, leur signification (divinatoire par exemple) et leur mise en correspondance avec d'autres éléments de l'univers étant plus importants que la

8 J. HECHT, "L'idée de dénombrement jusqu'à la Révolution", Pour une histoire de la statistique, I.N.S.E.E., 1976, pp 21-71.

9 Ainsi en France on a longtemps vécu sur la légende des 17 cent milles feux, résultat d'un recensement réalisé à l'époque de Philippe le Bon, qui attribuait environ 600 millions d'habitants au pays !

10 Ajax et Achille sont représentés sur des amphores jouant aux dés, les soldats de Ponce Pilate ont joué aux dés les vêtements du Christ...

quantification des chances. D'une certaine manière, à cette époque, le jet de dés n'est pas considéré comme hasardeux, puisqu'on peut décrire parfaitement son mouvement et donc le résultat, mais plutôt comme un message sur les lois de l'univers.

La statistique, au plein sens du terme et dans toutes ses composantes (descriptive, probabiliste...) ne s'est, semble-t-il, développée qu'à partir du moment où s'est réalisée une conjonction particulière de conditions. La première est l'existence de moyens matériels de collecte des informations (des institutions dotées de moyens financiers suffisants, des réseaux, un pouvoir politique fort...) et la nécessité économique de réaliser cette collecte c'est à dire la reconnaissance explicite de problèmes de coût ou de rareté. De nombreuses civilisations remplissaient ces conditions ce qui a permis le développement des recensements et donc les prémisses de la statistique descriptive. Mais pour aller au delà il fallait qu'évoluent idées et connaissances. On peut penser en effet que la construction de la théorie statistique exige des conditions idéologiques favorables et des connaissances suffisantes. Il faut, pour simplifier, que l'on quitte le monde de la divination pour celui de la science, que triomphe, avec le siècle des Lumières, l'*idée de calcul.*

Ainsi l'histoire montre que l'intérêt scientifique pour les lois du hasard est relativement récent si on le compare à l'histoire des mathématiques ou de la physique. Il date seulement du 17° siècle et en particulier des travaux de Pascal. A titre d'illustration on peut retenir quelques points de repère dans cette brève histoire de la statistique moderne. En 1660 Bernoulli publie le premier traité de calcul des probabilités. Au 18° siècle les savants se passionnent pour des problèmes célèbres[11] et élaborent ainsi progressivement des résultats théoriques. Au milieu du 18° siècle Laplace développe la théorie analytique des probabilités qui fonde véritablement cette science et Bayes réalise pour ainsi dire l'acte de naissance de l'induction formalisée. Enfin au 19° siècle les applications de la statistique probabiliste s'étendent, en particulier à la physique mais aussi à des problèmes concrets comme ceux de l'assurance. Parallèlement les savants produisent les principaux résultats: Gauss et la théorie des erreurs, Poisson et la loi des grands nombres, Pearson et le khi-deux, Poincarré, Markov, Tchebichev, Fisher...

On en arrive ainsi à la période actuelle marquée par la coexistence de deux grands courants . L'un est l'héritier direct de cette histoire et correspond à la statistique fondée sur l'inférence et les probabilités; c'est l'unique objet de cet ouvrage. L'autre courant est celui de l'analyse des données. On le qualifie aujourd'hui de statistique moderne mais il peut être considérée (paradoxe fréquent du label de modernité) comme le prolongement sophistiqué de la

---

11 Par exemple celui de l'"aiguille de Buffon" qui s'interroge sur la probabilité qu'une droite de longueur l, jetée au hasard dans un espace rempli de droites parallèles et équidistantes d'une longeur d, touche l'une d'elles.

statistique descriptive ancienne puisqu'il développe l'analyse de la variance et se construit sans hypothèses.

La conclusion de cette introduction sera laissée à Hubert Reeves qui montre bien la place accordée à la statistique probabiliste dans les sciences: " Par un extraordinaire retournement des choses, le hasard largement connu comme agent de désorganisation et de désordre, devient maintenant l'agent même de l'organisation. La nature a "su" créer les structures biochimiques qui permettent de retenir ses bons coups et d'ignorer ses bavures. C'est la "sélection" naturelle. Einstein disait "Dieu ne joue pas aux dés". C'est faux. Dieu adore les jeux de dés. On le comprend. Dans son Casino, les croupiers sympathiques ignorent les coups perdants. Encore fallait-il inventer ce Casino. Comment vint-il au monde ? Est-il le fruit du pur hasard ? Les biologistes ici ne sont pas d'accord..."[12] Mais telle n'est pas notre problème ici.

12 H. REEVES, Patience dans l'azur, Paris, le Seuil, 1981.

I° PARTIE

GENERALITES SUR LES PROBABILITES

"La chance qu'Henri Poincaré a vainement essayé de capter dans une formule mathématique (...) la chance, cela ne s'enseigne pas".
B. Cendrars,"L'homme foudroyé".

L'objectif de cette partie est d'apprendre à étudier un phénomène aléatoire quelconque et en particulier à définir une variable aléatoire. Cette question ne doit pas être considérée comme entièrement nouvelle. Il y a en effet une forte analogie entre les variables aléatoires et les variables statistiques. Pour ces dernières, la statistique descriptive nous apprend qu'elles font l'objet d'une opération de mesure selon un caractère ou une variable donnés. Cette mesure consiste à attribuer des modalités ou des valeurs spécifiques à chaque individu observé et à déterminer des fréquences d'apparition de ces modalités ou valeurs dans une population donnée. On sait également dans ce cas définir une distribution statistique en associant des effectifs ou des fréquences à chacune des modalités ou valeurs et décrire des distributions à partir des caractéristiques de tendance centrale, de dispersion ou de forme.

Lorsque la variable est aléatoire il n'y a plus de fréquence d'apparition puisque l'expérience est le fruit du hasard. On parle alors de probabilité associée à chacune des valeurs de la variable. Analogiquement on parle dans ce cas de distribution aléatoire (et non plus statistique) mais on utilise les mêmes caractéristiques et paramètres de tendance centrale, de dispersion ou de forme. Ceci sera l'objet du chapitre 3 qui fonde toute la suite de l'ouvrage. Mais auparavant il faut présenter quelques instruments intermédiaires. Les premiers relèvent du calcul sur les probabilités et seront présentés dans le chapitre 1. Les seconds concernent le dénombrement dans les situations complexes et seront exposés dans le chapitre 2 consacré à l'analyse combinatoire.

CHAPITRE 1

LES PRINCIPAUX THEOREMES DE PROBABILITES

Où l'on apprend, le hasard s'arrêtant quand le jeu est ouvert, que tirer une carte est une épreuve alors qu'obtenir un as est un événement.

I. NOTIONS DE PROBABILITE ET DE VARIABLE ALEATOIRE

A. PRECISIONS TERMINOLOGIQUES

1. Epreuve

Par définition on appelle épreuve une expérience dont le résultat est incertain ou aléatoire. L'épreuve est parfaitement définie si l'on connait l'ensemble des conditions pratiques et théoriques caractérisant le processus à la suite duquel un événement se réalise ou non. Par exemple on appelle épreuves les expériences aléatoires suivantes: jeter une pièce de monnaie équilibrée, extraire une carte d'un paquet de 32 cartes, prendre un échantillon d'objets dans un stock, interroger une personne en un lieu et un moment précis, choisir une carte par couleur dans un jeu de 32.

Une épreuve peut concerner un ou plusieurs individus, au sens statistique du terme, et une ou plusieurs caractéristiques ou variables possédant chacunes un certain nombre de modalités. Si l'on réalise plusieurs épreuves elles sont dites **dépendantes** ou **indépendantes** selon que les résultats de l'une affectent ou non ceux de l'autre. Ainsi la répétition d'une expérience n'est répétition à l'identique qu'à condition que les individus concernés la seconde fois soient absolument les mêmes que la première fois; ceci dépend des conditions de tirage des individus. On voit bien par exemple que le choix au hasard de 2 cartes dans un même paquet n'est pas la même épreuve selon que l'on remet ou non la première carte obtenue avant tirage de la seconde. En théorie on distingue deux types de tirages:

- le tirage **non exhaustif ou avec remise** d'individus extraits un à un de la population (ou tirage bernoullien).
- le tirage **exhaustif ou sans remise** d'individus extraits un à un, sans être remis ensuite ou extraits simultanémént[1].

2. Evénement ou éventualité

Par définition on nomme événement tout ce qui peut se produire à la suite d'une épreuve aléatoire. L'univers des événements est donc l'ensemble des résultats possibles d'une expérience aléatoire quelconque. Cet univers est fini ou non. Si l'on reprend les exemples précédents "obtenir pile", "tirer un roi ou un as", "extraire 3 objets défectueux", "rencontrer une femme de plus de 35 ans", "obtenir la séquence ordonnée as de trèfle, roi de carreau, dame de coeur, valet de pique" sont des événements au sens statistique du terme.

La définition d'un événement n'est pas toujours aussi simple car elle exige l'analyse précise des conditions de l'expérience et des hypothèses implicites. Au jeu de pile ou face on peut très bien imaginer des situations dans lesquelles de nombreux événements sont possibles: il est possible certes d' obtenir pile ou face mais on peut également "voir la pièce s'immobiliser sur la tranche", "ne pas la voir retomber" ou même, pourquoi pas, "la récupérer en deux morceaux indiquant respectivement pile et face". De même au jeu de fléchettes on doit considérer qu'il y a une infinité de résultats possibles puisqu'il y a une infinité de points d'impact plus ou moins proches du centre, mais, en pratique, ils se réduisent à quelques valeurs simples correspondant aux zones de score.

Dans l'ensemble des événements, c'est à dire dans le référentiel correspondant à la totalité des éventualités possibles, on parle d'événements:

- **élémentaire** pour l'événement le plus simple, le plus précisément défini parmi les éventualités possibles[2],
- **certain** pour l'ensemble de référence,
- **impossible** pour l'événement inaccessible,

---

1 En toute logique on devrait distinguer trois cas selon que la procédure est ou non exhaustive et selon que les objets sont saisis ou non simultanément. En effet deux procédures également exhaustives consistant d'une part à "prendre un objet, le remettre puis en prendre un second" et d'autre part à "prendre deux objets en même temps" ne sont pas rigoureusement identiques: dans le premier cas l'ordre d'apparition est inhérent à la procédure alors que dans le second l'ordre est a priori non décelable sauf si les objets sont différentiables (par leur couleur par exemple). En pratique on ne distingue pas ces situations car elles génèrent des échantillons silimaires mais certains ouvrages distinguent le tirage sans remise du tirage exhaustif et attribuent ce dernier terme au seul tirage simultané d'individus.

2 Signalons qu'on appelle parfois "éventualité" l'événement élémentaire afin de réserver le terme d'événement à des événements plus complexes correspondant à des regroupements partiels d'événements élémentaires.

- **complémentaire** d'un autre événement si, réunis, ils constituent le référentiel,
- **incompatibles** ou disjoints si les deux ne peuvent se produire ensemble, s'ils s'excluent mutuellement.

Ainsi "tirer une carte précise" est un événement élémentaire, "tirer une carte quelconque" un événement certain, "tirer une carte n'existant pas dans le paquet" un événement impossible, "tirer un roi" et "tirer tout sauf un roi" deux événements complémentaires, "tirer les 4 rois puis, sans remise, le roi de coeur" deux événements incompatibles. L'application de ces définitions n'est pas toujours aussi limpide et par exemple "extraire une colombe d'un jeu de cartes" est généralement un événement impossible, sauf pour un statisticien magicien.

Ces divers qualificatifs n'ont le plus souvent pas de sens en soi car ils dépendent de la façon dont sont observés et décrits les événements et en particulier du choix des modalités caractérisant les variables de l'épreuve. Il s'agit d'une *construction de l'observateur* qui définit lui-même ce qu'il nomme résultat en fonction de ses préoccupations. L'espace de définition de l'ensemble des événements-résultats d'une épreuve peut donc varier entre la théorie et la pratique. Ainsi, lorsqu'on interroge une personne sur son âge l'ensemble des événements possibles est a priori continu et infini si l'on suppose qu'une mesure infinitésimale du temps est possible. Mais en pratique l'ensemble est fini et discontinu dès lors qu'on limite la connaissance de l'âge à l'année de naissance; dans ce cas il est possible de rencontrer deux individus du même âge alors que théoriquement ceci est quasi-impossible.

La notion d'événement est souvent difficile à définir rigoureusement car un événement peut en cacher un autre . Ainsi, dans une grande gare, on est pratiquement sûr de pouvoir "prendre un train en partance" dans un intervalle de temps très court (l'événement aléatoire "partir en train" étant alors quasi-certain) mais on ne sait pas où cela mène, l'événement "aller à tel endroit" devenant très rare...sauf si l'on fait l'hypothèse que tous les chemins mènent à Rome. La notion d'aléatoire est également complexe. Jeter une pièce de monnaie en infléchissant son cours est à la portée de n'importe quel tricheur. Considérer que la probabilité de mourir en jouant à la roulette russe est proportionnelle au nombre de balles chargées suppose implicitement que la vie du joueur est à la merci du seul impact de la balle alors qu'elle peut dépendre aussi de la simple émotion liée à l'événement, l'arrêt cardiaque venant accroitre la probabilité de décès.

3. Variable aléatoire

Définir une variable aléatoire X c'est associer des valeurs numériques x_i à chaque résultat d'une expérience aléatoire, c'est réaliser une application de l'ensemble des événements sur l'ensemble des réels. Il y a donc une différence fondamentale entre la variable aléatoire X, opération abstraite, et les valeurs de cette variable qui sont des nombres correspondant aux valeurs que peut prendre cette fonction sans qu'elles soient pour autant réalisées. Une fois de plus on constate une grande analogie avec la statistique descriptive: en effet l'opération de mesure définissant une variable statistique X est ici généralisée à des expériences aléatoires.

Selon les cas cette attribution de valeurs numériques est intégrée dans le résultat lui même ou associée arbitrairement à ce résultat. De ce fait définir une variable aléatoire ne préjuge pas du caractère quantitatif des modalités du caractère étudié au départ. Sont par exemple des variables aléatoires:

- le nombre d'hommes rencontrés dans un échantillon (ici la variable aléatoire est directement définie par les conditions de l'expérience),
- le nombre de points obtenus en lançant au hasard une flèche sur une cible numérotée (ici l'épreuve intègre directement les valeurs des résultats),
- le nombre de points obtenus en tirant une carte d'un jeu de 32 cartes (ici on ne peut parler de variable aléatoire qu'à condition de donner arbitrairement des valeurs à chacun des résultats possibles).

Si l'on associe à ces valeurs numériques les probabilités de chaque événement on définit une loi ou une distribution de probabilité; on précisera cela dans le chapitre 3.

Signalons enfin qu'on parle de variables aléatoires indépendantes lorsque la connaissance de la valeur prise par l'une ne donne aucune information sur la valeur prise par l'autre et inversement; il s'agit donc d'une extension de la notion d'indépendance de deux événements aux variables aléatoires. Enfin on sera amené à parler plus loin d'échantillon aléatoire: compte tenu de ce qui vient d'être dit on peut considérer que chaque échantillon est un vecteur de variable aléatoire et qu'une fois tiré l'échantillon on obtient une réalisation de ce vecteur.

4. Probabilité

Par définition on appelle probabilité d'un événement A au cours d'une épreuve le rapport entre le nombre de cas correspondant à cet événement (les cas favorables) et le nombre total de cas correspondant à l'ensemble de référence (les cas possibles). On dit aussi que la probabilité est un rapport entre cardinaux , le *cardinal de A* et celui de l'ensemble des événements possibles;on écrit alors Card A ou /A/.

La probabilité s'écrit P{X} et prend les valeurs P{x} que l'on écrit parfois $p_i = P\{X = x_i\}$

Si la variable est à deux dimensions on écrit $p_{ij} = P\{X = x_i , Y = y_j\}$

Ceci correspond à la probabilité d'apparition simultanée de deux valeurs spécifiques des deux variables caractérisant l'épreuve; de la même façon ici la probabilité est un rapport de nombre d'événements (favorables et possibles). Cette première définition suffit généralement pour résoudre les exercices sur les probabilités à condition de savoir dénombrer les cas. Elle correspond analogiquement à la notion de fréquence, utilisée en statistique descriptive, mais transposée dans des situations aléatoires. On verra ultérieurement une seconde définition de la probabilité comme limite d'une fréquence. Du fait de la définition retenue, la probabilité varie de 0 à 1, valeurs correspondants, par simple application de la définition d'une probabilité, aux événements impossibles et certains.

Le plus souvent les événements élémentaires sont **équiprobables**. S'ils sont tous équivalents on peut en effet considérer que leur probabilité est 1/n avec n le nombre de cas possibles. Mais ce n'est pas une règle absolue et les apparences sont parfois trompeuses. En effet l'expérience peut être formulée à partir d'événements non équiprobables alors qu'en réalité chaque événement est équiprobable, le fait que certains d'entre eux ne soient pas décomposés en événements élémentaires ne signifiant pas qu'ils ne sont pas décomposables en théorie. Ainsi dans un jeu de dés on peut, pour déterminer les gains, utiliser seulement quatre événements (1, 3, 5, pair) dont le dernier est plus fréquent que les autres alors que l'expérience définit implicitement des événements équiprobables. De plus les conditions même de l'expérience peuvent être telles que des événements élémentaires ne sont pas équiprobables. C'est ce qui fonde la distinction entre les *jeux de pronostic* (tiercé, quarté, loto sportif) et les *loteries* (loto, tac-o-tac, tapis vert, roulette). En effet dans le premier cas les événements ("arrivée en tête de tel cheval", "victoire de telle équipe") ne sont pas équiprobables car les individus ne se valent pas. Le problème reste toutefois entier pour les parieurs puisque les probabilités élémentaires ne sont pas connues, mais le gain est plus probable en faisant des pronostics qu'en répondant au hasard. Par contre c'est l'inverse pour les jeux de loterie, l'équiprobabilité rendant absurde la notion de pronostic.

Bien sûr la probabilité dépend de la façon dont les événements sont définis ou jugés impossibles. Ainsi dans l'exemple du jeu de pile ou face on retient généralement l'hypothèse que seulement deux événements sont possibles et équiprobables parce que l'on fait l'hypothèse d'une pièce équilibrée se déplaçant dans un espace régi par la loi de la gravitation. De même, dans un jeu de 32 cartes, la probabilité d'"extraire un roi" est de 4/32 à condition que le tirage soit véritablement aléatoire et les cartes non biseautées. Il y a donc des événements impossibles théoriquement, car leur probabilité est nulle par définition, et d'autres pratiquement, car leur probabilité existe mais elle est tendanciellement nulle. On parle dans ce dernier cas d'événements **quasi-impossibles** pour signifier qu'ils sont possibles mais extrêmement rares; par analogie on parle aussi d'événements **quasi-certains**. Ainsi, pour reprendre un exemple célèbre, la probabilité qu'un singe dactylographe tape les 144 vers du "Cimetière marin" est infinimemt rare mais elle n'est pas nulle.

On le voit, la détermination d'une probabilité, même élémentaire, est souvent malaisée et il faut se méfier des apparences. Ainsi, pour l'anecdote, on peut dire que la probabilité d'"obtenir l'heure exacte" est plus forte avec une montre arrêtée qu'avec une montre légèrement en retard, qu'il est plus fréquent de rencontrer des ainés que des cadets, que la probabilité qu'un ascenseur arrive pour descendre est d'autant plus forte qu'on l'attend plus bas, etc[3]...

B. EXEMPLE D'ILLUSTRATION

Soit l'épreuve "interroger une personne au hasard dans un magasin et lui demander quel moyen de locomotion elle utilise habituellement pour aller faire ses courses". Ici il y a un seul individu défini par un seul caractère dont les modalités sont a priori infinies mais limitées en fonction de la manière de décrire l'expérience. On peut par exemple supposer qu'existent seulement trois moyens de locomotion (automobile, bus, marche à pied) dont les probabilités respectives sont connues. Dès lors interroger une personne "venant à pied" est un événement élémentaire, "utilisant un moyen de locomotion ou un autre" est un événement certain, "venant à la fois en auto et en bus" sont des événements incompatibles et "allant en bus puis à pied" est considéré comme un événement impossible. Quant à la variable aléatoire elle n'a pas de signification spontanée. Pour en définir une il faut attribuer une valeur numérique à chacun de ces événements et étudier par exemple le "nombre de points obtenus en rencontrant une personne par hasard": ici cela n'a guère de sens mais c'est le principe même de la codification.

Si par contre l'épreuve consiste à choisir au hasard dix personnes et à les interroger sur leur moyen de locomotion la situation est différente. A partir de la même caractéristique et des mêmes modalités on définit en effet des événements et des variables aléatoires nouvelles. Ainsi "rencontrer 6 personnes venant à pied" et "rencontrer 4 personnes venant en bus ou en automobile" sont deux événements complémentaires. De même si l'on décide de n'étudier que le phénomène automobile on peut construire la variable aléatoire "nombre de personnes étant venues en automobile parmi les dix interrogées". Dans ce cas les modalités sont quantitatives et au nombre de 11 (de 0 à 10). Quant aux probabilités d'apparition de chacunes d'entre elles, elles sont un peu plus délicates à calculer car elles exigent l'utilisation des règles du dénombrement qui seront bientôt exposées.

II. THEOREME DES PROBABILITES TOTALES

On suppose que les principales opérations de la théorie des ensembles (réunion, intersection, inclusion...) et les symboles associés sont parfaitement connus.

A. LE CAS DE DEUX EVENEMENTS

Ce théorème permet de déterminer la probabilité de la réalisation de **l'un ou l'autre** au moins de deux événements, c'est à dire celle de leur réunion.

---

3 Sur ces exemples, et bien d'autres, on peut consulter M. GARDNER, La magie des paradoxes, Paris, Diffusion Belin, 1980.

Le résultat dépend de la nature des événements et en particulier du fait qu'ils sont ou non compatibles.

1. Evénements incompatibles (exclusifs, disjoints)

Le théorème des probabilités totales s'écrit ainsi:

$$P\{A \cup B\} = P\{A\} + P\{B\}$$

Il est possible de vérifier ceci dans le cas d'un ensemble d'événements équiprobables en appliquant simplement la définition d'une probabilité. Soit en effet deux événements A et B incompatibles, auxquels correspondent respectivement N_A et N_B événements parmi les N événements équiprobables possibles. On peut alors écrire:

$$P\{A \cup B\} = (N_A + N_B)/N = N_A/N + N_B/N = P\{A\} + P\{B\}$$

2. Evénements non incompatibles

On montre le résultat suivant:

$$P\{A \cup B\} = P\{A\} + P\{B\} - P\{A \cap B\}$$

La démonstration est simple et utile car elle applique un mode de raisonnement, par recherche d'événements incompatibles et utilisation de la notion d'événements complémentaires, transposable à de nombreux exercices. L'événement $\{A \cup B\}$ peut être défini comme la réunion de deux événements incompatibles $\{A\}$ et $\{B - (A \cap B)\}$. Par application du cas précédent on obtient:

$$P\{A \cup B\} = P\{A \cup [B - (A \cap B)]\} = P\{A\} + P\{B - (A \cap B)\}$$

On peut également décomposer B en deux événements incompatibles $\{A \cap B\}$ et $\{B - (A \cap B)\}$

dès lors $P\{B\} = P\{A \cap B\} + P\{B - (A \cap B)\}$

d'où $P\{B - (A \cap B)\} = P\{B\} - P\{A \cap B\}$

Et donc $P\{A \cup B\} = P\{A\} + P\{B\} - P\{A \cap B\}$

Figure n°1

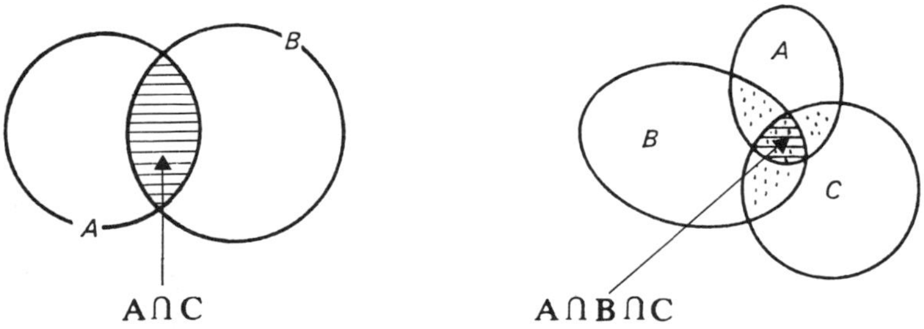

Diagramme de Venn associé au théorème des probabilités totales

B. LA GENERALISATION DU THEOREME

Les résultats précédents sont transposables lorsque, à l'issue d'une épreuve, plus de deux événements sont possibles. Le principe de démonstration est le même et on l'applique ici sur le seul cas de trois événements.

1. Si les événements sont incompatibles

$$P\{A \cup B \cup C\} = P\{A\} + P\{B\} + P\{C\}$$

En effet si l'on pose $A \cup B = R$ on peut écrire:

$$P\{A \cup B \cup C\} = P\{(A \cup B) \cup C\} = P\{R \cup C\}$$

Les événements A, B et C étant incompatibles leurs intersections sont des ensembles vides et donc on peut appliquer l'axiome démontré précédemment pour deux événements et écrire:

$$P\{A \cup B \cup C\} = P\{R\} + P\{C\} = P\{A\} + P\{B\} + P\{C\}$$

2. Si les événements ne sont pas incompatibles

On pose toujours $R = A \cup B$ et on applique l'axiome démontré dans le cas de deux événements compatibles.

$$P\{A \cup B \cup C\} = P\{R \cup C\} = P\{R\} + P\{C\} - P\{R \cap C\}$$

$$P\{R\} = P\{A\} + P\{B\} - P\{A \cap B\}$$

$$\text{or } \{R \cap C\} = \{A \cup B\} \cap C = \{A \cap C\} \cup \{B \cap C\}$$

$$P\{R \cap C\} = P\{A \cap C\} + P\{B \cap C\} - P\{(A \cap C) \cap (B \cap C)\}$$

le dernier terme vaut $P\{A \cap B \cap C\}$ et donc:

$$P\{A \cup B \cup C\} = P\{A\} + P\{B\} + P\{C\} - P\{A \cap B\} - P\{A \cap C\} - P\{B \cap C\} + P\{A \cap B \cap C\}$$

Ce théorème des probabilités totales permet de résoudre de très nombreux problèmes. Certains sont célèbres comme celui du téléphone arabe. Si l'on suppose que N personnes se transmettent une information avec une probabilité p de l'inverser on montre que la probabilité qu'elle arrive non déformée en bout de chaîne tend vers 0,5 et ceci quelle que soit la probabilité de transmettre correctement l'information, ce qui laisse réveur sur l'intérêt d'être un bon messager[4].

III. THEOREME DES PROBABILITES COMPOSEES

Ce théorème permet de déterminer la probabilité de la réalisation **simultanée** de plusieurs événements, c'est à dire de leur intersection.

A. LES PROBABILITES CONDITIONNELLES

On appelle probabilité conditionnelle de A liée par B la probabilité de réalisation de l'événement A lorsqu'on sait que l'événement B s'est déjà réalisé. On l'écrit A/B. Elle correspond donc aux situations dans lesquelles une information complémentaire est donnée à l'observateur. A partir de ces deux événements on peut définir deux probabilités conditionnelles qui s'écrivent:

$$P\{A/B\} = P\{B \cap A\} / P\{B\} \quad \text{et} \quad P\{B/A\} = P\{A \cap B\} / P\{A\}$$

La notion de probabilité conditionnelle se simplifie lorsque les événements sont indépendants, c'est à dire lorsque le fait de savoir qu'un événement s'est réalisé n'a aucune incidence sur la probabilité que l'autre se réalise (ou inversement car la relation est symétrique). A cet égard il ne faut pas confondre *indépendance* et *incompatibilité*, la première notion concernant les probabilités alors que la seconde est liée aux événements: deux événements indépendants ne sont en effet incompatibles que si l'un des deux au moins est quasi-impossible. Lorsqu'il y a indépendance on peut écrire:

$$P\{A/B\} = P\{A\} \qquad \text{et} \qquad P\{B/A\} = P\{B\}$$

La notion de probabilité conditionnelle est d'un usage très fréquent car les probabilités, comme beaucoup de choses, sont très, voire trop souvent,

4 Voir la démonstration dans C. LEBOEUF, J.L. ROQUE, J. GUEGAND, Cours de probabilités et de statistiques, Paris, Ellipses, 1987, 2° édition.

conditionnelles. Mais elle est complexe parce que la formulation même de la condition est déterminante. Si par exemple on étudie le jet successif de deux pièces de monnaie équilibrées la probabilité que les deux pièces de monnaie soient pile, sachant que la première est pile (1/2) n'est pas équivalente à la probabilité que les deux pièces soient également pile sachant qu'on a obtenu au moins un pile (1/3).

B. LES PROBABILITES COMPOSEES

En développant la formule de définition des probabilités conditionnelles on obtient le théorème des probabilités composées:

$$P\{A \cap B\} = P\{A\} . P\{B/A\} = P\{B\} . P\{A/B\}$$

Lorsque les événements sont indépendants le résultat devient:

$$P\{A \cap B\} = P\{A\} . P\{B\}$$

On peut généraliser ce résultat. Pour trois événements cela donne:

$$P\{A \cap B \cap C\} = P\{A\} . P\{B/A\} . P\{C/B\}$$

L'expression $P\{C/B\}$ doit s'entendre comme la probabilité que C se produise si B s'est produit et, implicitement, si A s'est également produit. Ces deux formules, complétées par les notions habituelles de la théorie des ensembles comme par exemple les lois de Morgan qui permettent de déterminer les complémentaires de la réunion ou de l'intersection d'événements, suffisent théoriquement pour traiter la plupart des problèmes de probabilités. Toutefois leur mise en oeuvre est souvent complexe et doit être réalisée ad hoc; c'est ce que l'on fait dans le théorème de Bayes.

IV. LES PROBABILITES DE BAYES

A. LE PROBLEME DE BAYES ET SON USAGE

Révérend père anglais du 18° siècle, Bayes s'est intéressé à la **probabilité des causes**. Son expérience consistait à utiliser deux urnes (U1 et U2) contenant chacunes des boules blanches (B) et noires (R) en nombres distincts. Il définissait ainsi une épreuve probabiliste à *deux niveaux d'aléatoire:* la désignation d'une urne puis le tirage d'une boule dans l'urne désignée. Supposant connues les probabilités de choix de chaque urne (P_1 et P_2) et les probabilités d'obtenir une boule blanche dans chaque urne (p_1 et p_2) il voulait répondre à la question suivante: sachant que la boule obtenue finalement est d'une certaine couleur, quelle est la probabilité qu'elle provienne d'une certaine urne. Dans cette procédure on a coutume d'appeler cause l'événement lié au premier niveau d'aléatoire et conséquence celui lié au second. La formule de Bayes correspond donc à la probabilité conditionnelle de la cause (appelée aussi probabilité a posteriori) à l'origine de la conséquence; ceci n'a véritablement de sens que si les probabilités a priori des causes sont parfaitement connues ce qui, il faut bien le dire, est assez rare.

Le problème posé par Bayes est très fréquent en pratique. En effet l'information dont on dispose est souvent incomplète ou indirecte par rapport au problème posé alors que l'on doit tout de même prendre une décision. Ainsi, partant de deux groupes de personnes, dans lesquels la proportion d'individus ayant tel caractère est connue, il est possible de déterminer la probabilité d'appartenance d'une personne à l'un de ces groupes à partir de la seule connaissance de son caractère[5]. Si l'on suppose par exemple que des étudiants peuvent s'inscrire à deux filières de formation et si l'on connait la proportion de filles dans chacune de ces filières, il est possible, sachant qu'une personne rencontrée est une fille, d'en déduire la probabilité qu'elle soit étudiante d'une filière donnée.

B. RESULTAT ET UTILISATION DU THEOREME

La résolution du problème est simple puisqu'elle revient à appliquer les théorèmes de probabilités totales et composées; en un certain sens cela rend secondaire la mémorisation du théorème. Par application du théorème des probabilités conditionnelles on a le résultat suivant:

$$P\{U_1/B\} = P\{U_1 \cap B\} \,/\, P\{B\}$$

$$= P\{U_1\} \,.\, P\{B/U_1\} \,/\, P\{B\} = P_1 . p_1 \,/\, P\{B\}$$

Les urnes U_1 et U_2 étant indépendantes, on peut chercher successivement à choisir l'urne puis la boule. L'événement B se décompose en $\{U_1 \cap B\}$ et $\{U_2 \cap B\}$. En utilisant les théorèmes de probabilités ceci devient:

$$P\{B\} = P\{U_1 \cap B\} + P\{U_2 \cap B\}$$

$$P\{B\} = P\{U_1\} . P\{B/U_1\} + P\{U_2\} . P\{B/U_2\} = P_1 . p_1 + P_2 . p_2$$

$$\text{et donc } P\{U_1/B\} = P_1 . p_1 \,/\, (P_1 . p_1 + P_2 . p_2)$$

Le théorème se généralise au delà de deux urnes et deux boules.

5 Il s'agit d'une probabilité et non d'une certitude d'appartenance sinon ce serait de la divination.

EXERCICE D'APPLICATION[6]

EXERCICE N° 1

Dans la perspective de l'ouverture des grands magasins le dimanche, on réalise une enquête auprès de consommateurs définis par deux critères considérés comme étroitement liés à la possibilité pour les personnes de profiter de cette opportunité: le moyen de locomotion qui peut être l'automobile (A), le bus (B) ou la marche à pied (P) et la possession (R) ou non (nR) d'une résidence secondaire. On suppose que dans la clientèle les probabilités des événements suivants sont connues:

$$P\{A\} = 0{,}7 \quad ; \quad P\{B\} = 0{,}2 \quad ; \quad P\{R\} = 0{,}3$$

$$P\{A \cap R\} = 0{,}28 \quad ; \quad P\{B \cap R\} = 0$$

Quelle est la probabilité:

1. Qu'une personne choisie au hasard dans la clientèle n'utilise aucun moyen de locomotion motorisé?
2. Qu'une personne soit venue en automobile ou possède une résidence secondaire ?
3. Qu'une personne ne soit pas venue en bus ou ne possède pas de résidence secondaire ?
4. Qu'une personne ait une automobile si elle a une résidence secondaire ?
5. Qu'une personne ait une résidence secondaire si l'on sait qu'elle possède une automobile ?
6. Qu'une personne ait une résidence secondaire si l'on sait qu'elle est venue à pied?
7. Que sur deux personnes interrogées simultanément dans une population de 10 personnes respectant les proportions de la clientèle totale, une seule ait une résidence secondaire ?

---

6 Après chaque chapitre, des exercices d'application directe du cours sont proposés. Choisissant l'unité au risque d'une certaine lassitude ils ont tous été construits sur le même thème. Le lecteur est conduit dans un grand magasin et invité à s'interroger sur des problèmes de gestion susceptibles d'être traités par la statistique probabiliste. Souvent les questions sont ouvertes ou imprécises afin de stimuler la réflexion, les corrections permettant de préciser certains aspects exposés dans le texte.

CORRIGE

1. Par application du théorème des probabilités totales et utilisation des notions d'événements complémentaires et incompatibles on peut écrire:

$$P\{P\} = 1 - P\{A \cup B\} = 1 - P\{A\} - P\{B\} = 1 - 0{,}7 - 0{,}2 = \mathbf{0{,}1}$$

2. Par application du théorème des probabilités totales lorsque les événements sont a priori compatibles on écrit:

$$P\{A \cup R\} = P\{A\} + P\{R\} - P\{A \cap R\}$$
$$= 0{,}7 + 0{,}3 - 0{,}28 = \mathbf{0{,}72}$$

3. Toujours en appliquant le théorème des probabilités totales on peut écrire:

$$P\{nB \cup nR\} = P\{nB\} + P\{nR\} - P\{nB \cap nR\}$$

Pour déterminer le troisième terme on décompose l'événement B en toutes les façons de le combiner avec R. On peut donc écrire:

$$P\{B\} = P\{B \cap R\} + P\{B \cap nR\}$$
soit $P\{B \cap nR\} = 0{,}2 - 0 = 0{,}2$
de même $P\{nR\} = P\{nR \cap B\} + P\{nR \cap nB\}$
soit $P\{nR \cap nB\} = 0{,}7 - 0{,}2 = 0{,}5$

Finalement $P\{nB \cup nR\} = 0{,}8 + 0{,}7 - 0{,}5 = \mathbf{1}$

4. Par définition d'une probabilité conditionnelle on peut écrire:

$$P\{A / R\} = P\{A \cap R\} / P\{R\} = 0{,}28 / 0{,}30 = \mathbf{0{,}93}$$

5. On pourrait ici appliquer le théorème de Bayes mais la réponse est plus spontanée:

$$P\{R / A\} = P\{ R \cap A \} / P\{ A \} = 0{,}28 / 0{,}70 = \mathbf{0{,}4}$$

6. Il s'agit ici de probabilités conditionnelles. En décomposant R selon toutes les intersections avec l'autre critère on peut écrire le numérateur autrement:

$$P\{R/P\} = (P\{R \cap P\}) / P\{P\}$$
$$= (P\{R\} - P\{R \cap A\} - P\{R \cap B\}) / P\{P\}$$
$$= (0{,}3 - 0{,}28 - 0) / 0{,}1 = 0{,}02 / 0{,}1 = \mathbf{0{,}2}$$

7. L'événement E recherché se décompose en deux cas:

$$P\{E\} = P\{R \text{ puis } nR\} + P\{nR \text{ puis } R\}$$

En appliquant le théorème des probabilités composées au cas d'événements indépendants on peut écrire:

$$P\{E\} = P\{R\} . P\{nR/R\} + P\{nR\} . P\{R/nR\}$$
$$= (3/10)(7/9) + (7/10)(3/9) = 42/90 = \mathbf{0{,}46}$$

Pour vérifier l'ensemble de ces résultats on peut construire un *tableau de contingence* qui récapitule, pour chaque modalité de chaque variable, les distributions marginales et conditionnelles. A partir des données initiales on peut, en sachant simplement que la somme des probabilités est égale à 1, reconstituer l'ensemble des données. Les résultats des diverses questions apparaissent alors soit directement dans le tableau soit par simple rapport de valeurs présentes dans le tableau.

moyen de locomotion / possession d'une résidence	A (autobus)	B (bus)	P (à pied)	Total
R (oui)	0,28	0	0,02	0,3
nR (non)	0,42	0,2	0,08	0,7
Total	0,7	0,2	0,1	1

CHAPITRE 2

L'ANALYSE COMBINATOIRE

Où l'incompatibilité simplifie les choses alors que l'ordre les complique.

I. LES DIFFICULTES DU DENOMBREMENT

A. LE PARADOXE DU CHEVALIER DE MÉRÉ

Le chevalier de Méré, homme fortuné du 17° siècle, était un joueur invétéré mais un piètre statisticien. Il perdait beaucoup d'argent au "passe dix", jeu de dés dans lequel les joueurs gagnent lorque la somme des points obtenus par le lancer de trois dés dépasse 10. Selon le chevalier il y avait autant de chances de faire 11 que 12 mais Pascal lui montra qu'il était dans l'erreur. Certes il avait franchi un premier obstacle par rapport aux évidences spontanées en observant que 11 et 12 ne sont pas, a priori, des événements équiprobables (même si, pour un seul dé, il est équiprobable d'obtenir 1,2,3,4,5 ou 6) car plusieurs trios différents de valeurs de dés donnent ces résultats. Malheureusement pour sa fortune, il se trouve, par hasard, que le nombre de trios est équivalent dans ces deux cas puisque 6 types de résultats permettent d'obtenir 11 (par exemple 4,4,3) et autant pour 12 (par exemple 4,4,4).

Pascal lui fit observer[1] qu'il avait oublié de considérer que ces types de résultats ne sont pas équiprobables à cause de la répétition possible de certaines valeurs. Ainsi un seul jet de dés permet d'obtenir le trio (4,4,4) alors qu'il y en a

1 Il n'était à vrai dire pas le premier puisqu'on prétend (L. BACHELIER, Le jeu, la chance et le hasard, Paris, Le Cherche Midi Editeur, 1982) que "Galilée montra qu'en jetant trois dés il peut se produire 216 cas différents et que parmi eux 27 sont favorables à l'arrivée du point 10 alors que 25 seulement sont favorables au point 9"...Encourageant voisinage pour le lecteur qui, à l'instant et quasi spontanément, vient d'établir ce résultat.

trois pour le trio (4,4,3) et six pour le trio (4,5,3). Ceci provient du fait que les dés sont différenciés dans la réalité même s'ils ne le sont pas au regard des règles du jeu; pour le comprendre il suffit d'imaginer que les dés sont de couleurs différentes. Dès lors le nombre de manières ordonnées d'obtenir 11 et 12 n'est pas le même: après développement des calculs on constate qu'elles sont respectivement 27 et 25.

La résolution de ce paradoxe par Pascal, qui inventa en quelque sorte la théorie des probabilités pour empêcher la ruine d'un ami, permet de comprendre plusieurs points essentiels. Le premier concerne la notion d'équiprobabilité. Tant que l'on n'a pas décomposé un problème jusqu'à mise en évidence des événements élémentaires il faut se prémunir des intuitions d'équiprobabilité. Le second a trait à la notion de différenciation. Dès lors qu'une épreuve consiste à lancer plusieurs objets (ou plusieurs fois le même objet) on doit considérer qu'il s'agit d'épreuves différentes. Dans la pratique (pensons aux dés de couleurs différentes) ,et donc dans la théorie, les dés sont différenciés c'est à dire que l'ordre d'apparition des résultats (les valeurs élémentaires 1,2,...,6) importe pour le dénombrement même si pour le jeu lui-même il ne compte pas. La troisième confirme l'intérêt de l'analyse combinatoire. Il est assez singulier d'observer combien un phénomène, apparamment simple, est resté confus aussi longtemps. Si donc il faut quelques heures pour comprendre les principes du dénombrement ce n'est rien à l'échelle de l'histoire.

B. LES PRINCIPES DE L'ANALYSE COMBINATOIRE

L'analyse combinatoire est une méthode de dénombrement des configurations possibles à partir d'un ensemble d'événements ou d'éventualités équiprobables correspondant à une épreuve. Elle est donc un intermédiaire essentiel pour le calcul des probabilités puisque celles-ci sont des rapports de nombres.

D'une manière générale, lorsqu'une expérience résulte de la réalisation de plusieurs expériences E_1, E_2,...,E_n, ayant chacune des nombres N_1, N_2,...N_n, de résultats possibles, le nombre global de résultats possibles est le **produit** de tous ces nombres. Cette règle de base, indispensable pour la résolution de la plupart des problèmes, est une simple application du principe de raisonnement des *arbres de possibilités*. Si, par exemple, l'expérience consiste à lancer un dé, puis à tirer une carte dans un paquet de trente deux cartes, enfin à jeter une pièce, le nombre de solutions possibles est ici le produit 6.32.2. De la même façon au *Tapis vert* (ce jeu de loto qui assure le paiement de 1.000 fois la mise si l'on trouve 4 cartes, une par couleur, tirées dans un jeu de 32 cartes) il y a 8.8.8.8 soit 4.096 solutions[2]. Dans un tout autre domaine le fameux texte de R. Queneau, *"Cent mille milliards de poèmes"*, est aussi une illustration de ce principe multiplicatif puisqu'avec 14 ensembles de 10 vers chacun on peut effectivement constituer 10^{14} poèmes différents de 14 vers chacun.

2 On pressent déjà tout l'intérêt de ce jeu...pour l'organisateur.

Plus précisément les règles du dénombrement varient selon deux critères: les **conditions du tirage** et la **nature du résultat**. Les tirages peuvent être sans ou avec **remise** (on dit aussi exhaustifs ou non) ce qui rend ou non indépendants les événements. L'**ordre** d'apparition des résultats peut ou non être pris en considération. Concernant ces deux critères il faut insister sur le fait qu'il sont généralement liés non pas aux conditions naturelles de l'expérience mais à la manière dont l'observateur a décidé de la réaliser, à la façon dont il souhaite définir les modalités et les résultats. En un certain sens on peut considérer que le réel est toujours ordonné en théorie mais rarement en pratique. Il est en effet impossible, si l'on raisonne sur une échelle infinitésimale du temps, d'imaginer une concomittance parfaite de deux événements. Par contre, lors d'une épreuve concrète, il est possible de décider de tenir compte ou non de l'ordre d'apparition des résultats. Sur ce plan les apparences sont parfois trompeuses. Ainsi au jeu de loto il semble, au vu du déroulement du tirage, que l'on tienne compte de l'ordre alors que dans la réalité du paiement des gains l'ordre n'intervient pas; on peut dire qu'il y a ordre du point de vue des boules qui descendent dans le tunnel le soir du tirage mais pas du point de vue du joueur qui gagne même si ses chiffres ne suivent pas l'ordre du tirage.

Ces quatre situations, qui vont être détaillées dans les prochaines sections, constituent en quelque sorte les opérations de base pour toute expérience aléatoire. Mais il est rare qu'elles apparaissent aussi clairement. En pratique on décompose souvent l'expérience ou les événements, en appliquant notamment les théorèmes de probabilités, avant de pouvoir mettre en oeuvre les procédés de dénombrement. Pour s'en convaincre on peut réfléchir à l'événement "gagner au loto" en répertoriant toutes les manières différentes de gagner et, seulement après, en dénombrant chacunes de ces manières[3].

II. LES PERMUTATIONS

Par définition une permutation est une disposition **ordonnée** d'un ensemble de n éléments. On distingue deux situations selon que les répétitions d'éléments sont possibles ou non.

A. LORSQUE TOUS LES ELEMENTS SONT DISTINCTS

Dans ce cas général, souvent appelé permutation sans plus de précision, chaque élément figure une fois et une seule dans la disposition des n éléments.

Par application du principe général des dénombrements on voit que le nombre total de permutations possibles est égal au produit des n premiers nombres entiers. En effet pour choisir le premier élément on dispose de n solutions mais seulement de n-1 pour le second élément du fait des non répétitions, de n-2 pour le troisième et ainsi de suite jusqu'à 1. On écrit:

---

3 On peut aussi jouer au loto et, seulement après, ne pas s'étonner qu'on a perdu.

$$P_n = n\,(n\text{-}1)\,(n\text{-}2)...2\,.\,1 = n!$$

La démonstration se fait par récurrence. A partir des P_{n-1} permutations de (n-1) éléments on peut constituer P_n permutations en associant à chacune l'élément supplémentaire parmi les n possibles. On a donc:

$$P_n = n\,.P_{n-1} \text{ puis } P_{n-1} = (n\text{-}1)\,P_{n-2} ...\ P_2 = 2\,P_1 \text{ et } P_1 = 1$$

Il suffit de remplacer chaque terme pour retrouver la formule de définition. Ainsi avec 9 lettres (comme dans le jeu télévisé *Des chiffres et des lettres*) on peut constituer 9! = 362.880 mots de 9 lettres distinctes, dont naturellement beaucoup n'ont pas de sens en français.

B. LORSQUE CERTAINS ELEMENTS SONT IDENTIQUES

Dans ce cas la population comprend toujours n éléments mais ils forment des groupes discernables d'éléments indiscernables de tailles n_1, n_2,...n_n. A l'issue d'une démonstration un peu longue on établit le résultat suivant:

$$P_{n,n1,n2,..nn} = n! \,/\, n_1!\, n_2!..n_n!$$

Si, par exemple, on dispose d'un ensemble de 9 lettres dont certaines se répètent (4 "a", 3 "b" et 2 "c") il y a 1.260 mots de 9 lettres éventuellement identiques (9!/4! 3! 2!) , c'est à dire beaucoup moins que précédemment.

III. LES ARRANGEMENTS

Par définition un arrangement est une disposition **ordonnée** de p éléments choisis parmi n disponibles. L'ensemble des arrangements est donc l'ensemble des résultats possibles et différents en tenant compte de l'ordre. On observe que les permutations sont des cas particuliers d'arrangements correspondant au cas où p est égal à n. De nombreux problèmes pratiques correspondent à cette situation. Il convient de différencier les arrangements selon qu'ils excluent ou non les répétitions. Ainsi les mots ou les nombres sont des arrangements avec répétitions éventuelles, jouer au tiercé, classer des individus consistent à réaliser des arrangements sans répétition.

A. LORSQUE CERTAINS ELEMENTS PEUVENT SE REPETER

Toujours par application du principe général des dénombrements on voit que le nombre d'arrangements de "n éléments pris p à p" est le produit, réalisé p fois, des n éléments. Il existe en effet pour chacun des termes de l'arrangement n solutions. Au total[4] on a:

$$\ddot{A}^p_n = n \,.\, n \,.\, n ... n = n^p$$

B. LORSQU'AUCUN ELEMENT NE SE REPETE

Le même principe de raisonnement conduit cette fois ci à un résultat différent car, à mesure que l'on sélectionne les éléments, leur nombre décroit puisqu'il ne peut y avoir de répétition. Dès lors le nombre total d'arrangements est le produit suivant:

$$A^p_n = n! / (n-p)! = n (n-1)(n-2)...(n-p+1)$$

On démontre ce résultat en raisonnant par récurrence. A partir des arrangements de n éléments pris par groupes de (p-1) éléments on peut construire les arrangements de n éléments pris par groupes de p éléments en associant à chacun des premiers les éléments restants, au nombre de n-(p-1). On a donc:

$$A^p_n = (n-p+1)\, A^{p-1}_n \quad \text{et} \quad A^{p-1}_n = (n-p+2)\, A^{p-2}_n$$

$$\text{ainsi jusqu'à } A^2_n = (n-1)\, A^1_n \quad \text{et} \quad A^1_n = n$$

$$\text{dès lors } A^p_n = (n-p+1)(n-p+2)....(n-1)n$$

en multipliant par [(n-p)(n-p-1)...] / [(n-p)(n-p-1)..] qui est égal à l'unité on obtient finalement:

$$A^p_n = [n(n-1)...(n-p+1)(n-p)(n-p-1)...2.1] / [(n-p)\,(n-p-1)...2.1]$$

$$\text{soit } A^p_n = n! / (n-p)!$$

La distinction entre ces deux types d'arrangements apparait visiblement sur l'exemple de la construction des mots, au sens d'agencement ordonné mais non nécessairement porteur de sens, de lettres. Ainsi avec un alphabet de 26 lettres on peut concevoir A^3_{26} soit 26.25.24 = 15 600 mots de 3 lettres distinctes et 26^3 soit 17 576 mots de 3 lettres éventuellement identiques.

4 L'écriture des symboles pourra apparaître singulière; elle révèle une des limites du traitement de texte "artisanal", lequel ne nous a pas permis d'inscrire deux informations sur le même espace.

IV. LES COMBINAISONS

Une combinaison est une disposition **non ordonnée** d'éléments. L'ensemble des combinaisons possibles de n éléments pris "p à p" est l'ensemble des possibilités différentes. Il est nécessairement inférieur à l'ensemble des arrangements de n éléments pris p à p puisque le critère de disposition, qui ne prend pas en compte l'ordre, est moins précis. Correspondent à cette situation la plupart des jeux de loterie, le jeu de tiercé dans le désordre et la constitution d'échantillons dans une population. Le dernier exemple montre l'ampleur du champ d'application des combinaisons.

A. LES COMBINAISONS SANS REPETITION D'ELEMENTS

Le nombre de combinaisons de ce type se déduit directement des notions d'arrangements et de permutations. A partir d'une combinaison quelconque il est en effet possible de constituer p! arrangements ordonnés de ces mêmes éléments.

On écrit $C^p_n = A^p_n / p! = n! / (n-p)!\, p!$

Les combinaisons possèdent deux propriétés remarquables.

* On montre que $C^p_n = C^{n-p}_n$

Ce résultat est la simple application de la formule de définition. On le comprend aisément en notant qu'il est indifférent de combiner n éléments en les prenant p à p ou en les prenant (n-p) à (n-p) puisqu'en faisant l'une on fait automatiquement l'autre.

* On montre que $C^p_n = C^{p-1}_{n-1} + C^p_{n-1}$

Pour comprendre cette relation il faut imaginer n éléments parmi lesquels un s'appelle **a**. L'ensemble des combinaisons possibles peut se décomposer en deux parties:

- les agencements dans lesquels il y a nécessairement l'élément **a** et qui sont les combinaisons de (n-1) éléments pris (p-1) à (p-1) puisque **a** est déjà placé dans ces combinaisons.
- ceux dans lesquels il ne doit pas y avoir "a" c'est à dire les combinaisons de (n-1) éléments pris p à p (tous sauf"a").

Ce résultat permet de construire le *triangle de Pascal* qui fournit toutes les valeurs possibles des combinaisons, quels que soient n et p, chaque terme du tableau indicé (n,p) étant la somme des termes de la ligne précédente (n-1) correspondant aux valeurs p et (p-1); par exemple 10 = 4 + 6.

p / n	0	1	2	3	4	5
0	1	-	-	-	-	-
1	1	1	-	-	-	-
2	1	2	1	-	-	-
3	1	3	3	1	-	-
4	1	4	6	4	1	-
5	1	5	10	10	5	1

On vérifie $C^0_n = 1$ $C^n_n = 1$ $C^1_n = n$

B. LES COMBINAISONS AVEC REPETITION EVENTUELLE D'ELEMENTS

Cette situation est dans la pratique extrêmement rare puisqu'elle revient à la fois à négliger l'ordre d'apparition des résultats et à envisager la répétition des éléments. Elle consiste par exemple à tirer des cartes avec remise et à observer les résultats sans tenir compte de l'ordre de tirage. On montre que:

$$K^p_n = C^p_{n+p-1} = (n+p-1)! \,/\, (n-1)!\, p!$$

Ainsi à partir des éléments (a,b,c) on a C^2_3 combinaisons sans répétition soit 3 possibilités (ab, ac, bc) et K^2_3 combinaisons avec répétition soit 6 possibilités (les trois précédentes plus aa, bb et cc).

EXERCICES D'APPLICATION

EXERCICE N° 2

En vue de rationaliser l'organisation du travail de son magasin le gérant étudie l'affectation des caissières aux diverses caisses en fonction de l'importance de la clientèle. On suppose qu'il y a 2 caisses, 3 périodes d'affluence par jour (forte, moyenne, faible) et 6 caissières (dont 2 débutantes ayant des compétences différenciables).

1. Dénombrer:

a) l'ensemble des répartitions possibles des caissières selon les types de caisses et d'affluence ?

b) l'ensemble des répartitions possibles aux deux caisses à un moment donné ?

c) l'ensemble des répartitions possibles à une seule caisse en fonction de l'affluence et en supposant que les caissières peuvent travailler plusieurs fois.

2. Déterminer la probabilité:

a) que la première personne affectée à la première caisse soit une débutante ?

b) que trois caissières expérimentées soient affectées à cette caisse lors des trois périodes d'affluence ?

c) que les meilleures caissières soient affectées à cette caisse lors des trois périodes d'affluence ?

d) de chacune des affectations possibles aux deux caisses au seul moment de forte affluence ?

CORRIGE

1 a. On suppose que chacune des six caissières ne peut être affectée qu'à un poste de travail, défini par une caisse et un moment d'affluence.

Il s'agit donc de permutations: $P_6 = 6! = \mathbf{720}$

1 b. Cette fois-ci il n'y a que deux personnes à choisir parmi six. Si les caisses sont indifférenciables cela revient à constituer des couples de personnes c'est à dire des combinaisons:

$$\text{soit } C^2_6 = 6! \,/\, 2!\,(6-2)! = \mathbf{15}$$

Si les caisses sont différenciables cela revient à constituer des duos ordonnés de caissières, c'est à dire des arrangements:

$$\text{soit } A^2_6 = 6!/4! = \mathbf{30}$$

On remarque que pour passer de l'un à l'autre de ces cas il faut multiplier par le nombre de permutations de 2 éléments c'est à dire par l'ordonnancement possible entre deux caisses.

1 c. Cette fois-ci il faut constituer des trios ordonnés, avec répétitions possibles, parmi 6 personnes. Ce sont des arrangements avec répétition:

$$\text{soit } \ddot{A}^3_6 = 6^3 = 6 . 6 . 6 = \mathbf{216}$$

On remarque que ce n'est pas la même chose que $\ddot{A}_3^{\,6}=3^6$ (soit 729) qui correspondrait au dénombrement, pour une personne, de l'ensemble des séquences possibles pour 6 périodes de travail.

2 a. Il y a 2 possibilités parmi 6 soit $C^1_2/C^1_6 = \mathbf{1/3}$

2 b. On peut obtenir le résultat en utilisant les combinaisons ou les arrangements:

$$A^3_4 \,/\, A^3_6 = C^3_4 \,/\, C^3_6 = 4!\,3!\,3! \,/\, 3!\,1!\,6! = \mathbf{0{,}2}$$

On remarque que la différence entre combinaisons et arrangements est déterminante pour les dénombrements mais secondaire pour les probabilités qui sont des rapports de nombres. Ceci est vrai à condition qu'il y ait cohérence dans les manières de dénombrer les cas favorables et possibles.

2 c. Cette fois-ci il n'y a qu'une solution favorable puisque l'on doit retenir les meilleures caissières.

$$1 \,/\, C^3_6 = 3!\,3! \,/\, 6! = 1/20 = (3/6)(2/5)(1/4) = \mathbf{0{,}05}$$

Si on veut, en plus, que les trois meilleures caissières soient affectées aux trois diverses affluences en fonction de leur compétence, supposée différente, la probabilité est beaucoup plus faible. On doit en effet prendre d'abord la meilleure, puis la seconde, enfin la troisième ce qui donne (1/6)(1/5)(1/4) ou $1/A^3_6 = 3!/6! = \mathbf{1/120}$

2 d. Si l'on tient compte uniquement du critère de l'expérience en distinguant débutantes et expérimentées on peut isoler 3 types d'événements qui,

réunis, forment l'ensemble des possibles et dont les probabilités sont les suivantes:

- 2 débutantes: $C^2_2 / C^2_6 = 1/15$

- 2 expérimentées: $C^2_4 / C^2_6 = 6/15$

- 1 seule débutante: $C^1_2 C^1_4 / C^2_6 = 8/15$

Si l'on tient compte, en plus, du degré de compétence différent des personnes on peut encore différencier ces cas. Ainsi l'événement "2 expérimentées" réunit le cas où ce sont les meilleures caissières et celui où ce ne sont pas elles. Leurs probabilités sont respectivement les suivantes:

- les 2 meilleures soit $1 / C^2_6 = 1/15$

- 2 qui ne soient pas nécessairement les 2 meilleures soit:

$$(C^1_2 C^1_2 + C^2_2) / C^2_6 = 5/15 = 1/3$$

Les réponses à ces diverses questions peuvent être visualisées sur un schéma combinant les caisses (C_1, C_2,) les horaires (F, M, f) et les personnes (E_1, E_2, E_3, E_4, D_5, D_6) affectées ou non, selon les questions, de leurs indices.

EXERCICE N° 3

Quatre employés d'un magasin sont répartis aléatoirement dans trois horaires distincts de travail. Dénombrer l'ensemble des cas de figure possibles selon que les employés sont ou non différenciables ?

CORRIGE

On détermine d'abord l'ensemble des cas possibles. Si les employés et les horaires sont différenciables il s'agit d'arrangements d'horaires avec répétitions possibles:

$$\text{soit } \ddot{A}^4_3 = 3^4 = 81$$

Il y a en effet 3 horaires possibles pour chacun des 4 employés (c'est un peu comme si l'on affectait les horaires de manière ordonnée entre 4 employés) et l'on suppose que les horaires peuvent se répéter, autrement dit que le nombre de personnes par horaire varie.

Notons que $Ä^3_4 = 4^3 = 64$ correspond à tout autre chose. Il s'agit en effet d'arrangements de personnes par horaires avec répétition éventuelle de personnes ce qui suppose qu'une même personne peut travailler à plusieurs horaires ou que le nombre d'horaires de travail peut varier selon les personnes.

Parmi ces cas possibles on peut isoler ceux correspondant à l'hypothèse de non différenciation des individus. C'est une manière de ne pas considérer l'ordre d'affectation des horaires. Il s'agit alors de combinaisons de 3 horaires affectés à 4 employés avec répétition possible des horaires:

$$\text{soit } K^4_3 = C^4_6 = 6!/4!\,2! = 15$$

Il y a donc 15 façons de choisir 4 horaires parmi 3 possibles pour les affecter aux 4 employés sans les distinguer (là encore le nombre d'employés par horaire est supposé variable).

Il est encore possible de différencier 4 grands types d'affectation des employés par horaires: 4 peuvent travailler au même horaire, 3 à un horaire et un à un autre, 2 à un horaire et deux à un autre, enfin 2 à un premier horaire, un à un second et le troisième à un dernier horaire. Pour chacun de ces cas on peut raisonner uniquement sur les horaires, les employés étant alors non différenciés; ce sont les 15 cas évoqués plus haut. Mais on peut aussi raisonner à la fois sur les horaires et les employés, les deux étant différenciés (ce sont les 81 cas); les résultats sont alors des produits des précédents. En raisonnant empiriquement à l'aide du principe des arbres de possibilités ou en appliquant les résultats de l'analyse combinatoire (combinaisons ou arrangements) on obtient les résultats suivants en distinguant le cas où seuls les horaires sont différenciés (colonne 1) et celui où horaires et employés sont différenciés (colonne 2):

Cas de figure	(1)	(2)
4 employés dans le même horaire	$C^1_3 = 3$	$A^1_3 = 3$
3 dans un horaire 1 dans un autre	$C^1_3 . C^1_2 = 6$	$A^3_4 = 24$
2 dans un horaire 2 dans un autre	$C^2_3 = 3$	$C^2_3 . C^2_4 = 18$
2 dans un horaire 1 dans un second 1 dans un troisième	$C^1_3 = 3$	$C^1_3 . A^2_4 = 36$
TOTAL	$K^4_3 = 15$	$Ä^4_3 = 81$

CHAPITRE 3

VARIABLES ALEATOIRES ET LOIS DE PROBABILITES

> Où l'on constate que l'espérance est introuvable parmi les individus alors que le mode y pullule.

Dans le premier chapitre on a défini une variable aléatoire quelconque comme l'association de valeurs numériques à chacun des événements possibles d'une expérience aléatoire. On a également défini une loi de probabilité comme l'association, à chaque valeur d'une variable aléatoire, des probabilités des événements correspondants. Cette procédure est parfois directement liée à la nature de l'expérience: par exemple les événements issus du jet d'un dé ont une valeur spontanée correspondant au nombre inscrit sur chaque face. Mais le plus souvent elle dépend de la manière dont l'expérience et ses résultats sont décrits. Ainsi, en jetant trois dés on peut définir la variable "nombre de fois que l'on obtient la face numérotée 5": dans ce cas les valeurs de la variable (0,1,2,3) ne correspondent pas du tout à ce qu'on lit directement sur les dés. On pourrait aussi, et dans ce cas l'association serait "spontanée", prendre pour valeur de la variable celles qui apparaissent sur les faces des dés. Soulignons à nouveau l'analogie avec la statistique descriptive. Une loi de probabilité est en effet équivalente, dans un univers aléatoire, à une distribution de fréquence définie sur une population "certaine": dans les deux cas on part d'un événement (aléatoire ou non) auquel on associe une variable (aléatoire ou non) ce qui permet, après classement des valeurs obtenues, de définir des probabilités et des distributions de probabilités dans le premier cas, des fréquences et des distributions de fréquence dans le second cas.

Les lois de probabilités sont différentes selon la nature des valeurs que prend la variable. On parle de **loi discrète** lorsque la variable aléatoire ne prend que des valeurs en nombre fini ou infini dénombrable, et de **loi continue** lorsque son ensemble de définition est un intervalle. On distingue les lois **à une dimension** lorsqu'il y a une seule variable aléatoire (par exemple le jet d'un seul dé) et les lois **à deux dimensions** lorsqu'il y a deux variables aléatoires définies sur un même ensemble E; dans ce dernier cas on associe à chaque couple de valeurs la probabilité de l'événement correspondant (par exemple le jet de deux dés). Lorsque la loi de probabilité est associée à une variable à deux dimensions (X, Y) on peut naturellement, comme pour les distributions statistiques à deux dimensions, distinguer les lois marginales de chacune de ces deux variables X et Y et les lois conditionnelles de l'une en fonction des valeurs prises par l'autre (et réciproquement).

Quant à l'étude d'une loi de probabilité elle revient d'une part à représenter graphiquement la loi elle-même et sa fonction de répartition et d'autre part à calculer les principaux paramètres que sont l'espérance mathématique, la variance, l'écart-type, le mode et la médiane. C'est ce qui va être fait maintenant pour les variables discrètes et continues.

I. LES VARIABLES ALEATOIRES DISCRETES

A. DEFINITION DE LA LOI DE PROBABILITE

1. Les variables aléatoires discrètes

Par définition, une variable aléatoire discrète est l'application de l'ensemble fondamental F de tous les événements possibles dans l'ensemble R des réels et ceci à condition que l'ensemble des valeurs soit fini et discontinu. Certains exemples pris précédemment (jet de dés, tirage de cartes...) correspondent à cela.

Un cas particulier de variable aléatoire discrète est la *variable de Bernoulli*. Par définition celle-ci correspond aux situations dans lesquelles une épreuve ne comporte que deux résultats possibles auxquels on associe respectivement les valeurs 0 et 1. La variable de Bernoulli est très importante car, outre ses propriétés singulières que l'on verra plus loin, elle correspond à de très nombreuses situations concrètes. Le jeu de pile ou face, les tests de type vrai/faux sont des illustrations de cette variable. De plus toute variable aléatoire de type "nombre de fois que l'on obtient tel résultat" peut-être considérée comme la somme de variables de Bernoulli puisque la valeur 1 correspond à la présence du résultat et la valeur 0 à son absence.

2. Loi de probabilité

Une probabilité p(x) quelconque correspond, par définition, à la probabilité des événements de F ayant pour image le nombre x dans l'application qui définit X (par convention on utilise les lettres majuscules pour la variable aléatoire et minuscules pour des valeurs particulières de cette variable).

On écrit:

$$p(x) = P_x = P\{X = x\} \quad \text{ou} \quad p_i = P\{X = x_i\}$$

La représentation graphique de cette variable est le diagramme en bâtons.

Figure n°2

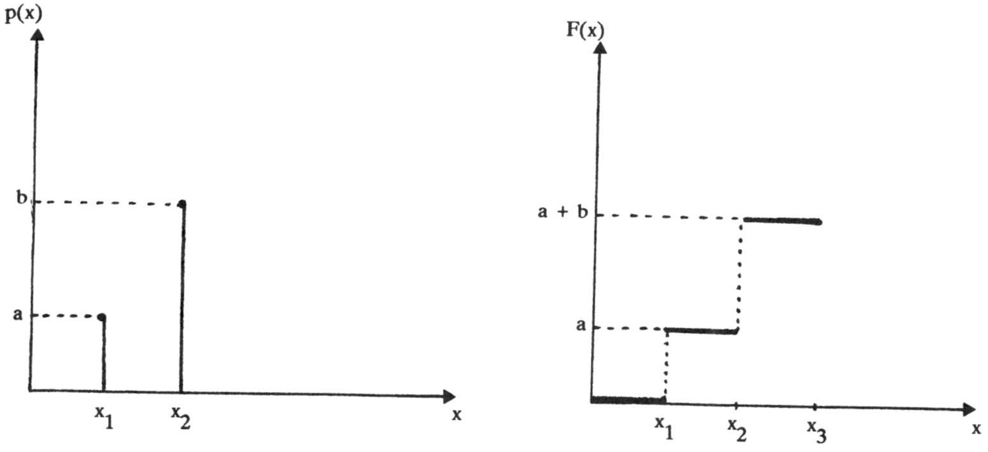

Loi de probabilité — Fonction de répartition

3. La fonction de répartition

Par définition, la fonction de répartition, définie sur l'ensemble des réels de moins à plus l'infini, est la fonction cumulative croissante correspondant à la probabilité que X soit strictement inférieur à une valeur donnée x(i). On écrit $F(x) = P\{X < x\}$ somme des probabilités des valeurs x_i de X inférieures à x.

On rencontre parfois, en particulier dans les ouvrages anglo-saxons, une fonction de répartition un peu différente qui définit l'intervalle en incluant la valeur limite ($X \leq x$) mais cela ne change rien quant au fond même si cela change le résultat aux bornes. Il est équivalent de connaître la loi de probabilité ou la fonction de répartition puisqu'elles se déduisent l'une de l'autre. On peut en effet écrire $P(X = x_i) = F(x_{i+1}) - F(x_i)$

Dès lors, connaissant la fonction de répartition, on peut définir la probabilité d'un intervalle quelconque comme la différence de deux fonctions de répartition. On écrit:

$$P\{a \leq X < b\} = P\{X < b\} - P\{X < a\} = F(b) - F(a)$$

Cette fonction est positive non décroissante et définie sur l'intervalle plus ou moins l'infini. Lorsque l'ensemble des valeurs possibles est fini, c'est à dire qu'il prend des valeurs (x_1, x_2 ...x_n) alors:

$F(x) = 0$ de moins l'infini à à x_1
$F(x) = 1$ de x_n à plus l'infini

Au point d'abscisse x la fonction fait un saut de p(x). La représentation graphique de cette fonction est la courbe cumulative en escalier analogue à la fonction cumulative des fréquences en statistique descriptive. Sur l'exemple du jet d'un dé on obtient les résultats suivants:

X	1	2	3	4	5	6	_
P(X)	1/6	1/6	1/6	1/6	1/6	1/6	1
F(X)	0	1/6	2/6	3/6	4/6	5/6	1

B. CARACTERISTIQUES DE LA LOI DE PROBABILITE

1. L'espérance mathématique

Supposons que l'on renouvelle un grand nombre de fois l'expérience consistant à jeter un dé et à relever sa valeur. Tous les résultats sont possibles et on peut très bien calculer, sur cet ensemble de jets, le nombre moyen de points obtenus en utilisant la notion de moyenne arithmétique. On obtiendra sans doute une valeur très proche de 3,5 points, moyenne des six résultats possibles. Cette valeur nous donne l'intuition de l'espérance mathématique.

Par définition, on appelle espérance mathématique d'une variable aléatoire, ou encore caractéristique de tendance centrale d'une loi de probabilité, la moyenne arithmétique des valeurs possibles de cette variable pondérées par les probabilités correspondantes. On l'écrit:

$$E(X) = \Sigma p_i x_i \quad \text{avec } p_i = P\{X = x_i\} \text{ et } i \text{ de } 1 \text{ à } n$$

L'unité de mesure de l'espérance mathématique est celle de la variable aléatoire. Elle est pourtant une abstraction au sens où elle ne correspond pas nécessairement (c'est même fort rare) à l'une des valeurs concrètes de cette variable. Et pourtant c'est un nombre certain même s'il résume les résultats d'une expérience aléatoire. Ainsi dans le cas du jet d'un dé équilibré l'espérance mathématique du gain est de 3,5 points, résultat inaccessible concrètement sur un jet. De ce point de vue l'espérance est analogue à la moyenne arithmétique de la statistique descriptive.

Pour mieux comprendre cette notion on peut prendre deux illustrations. Dans les jeux de loterie le gain moyen est celui obtenu, en moyenne, au cours d'un nombre précis et limité de parties alors que l'espérance mathématique correspond au gain moyen sur un nombre de parties très grand et même théoriquement infini comme on le verra plus loin en étudiant la loi des grands nombres. L'espérance prend une valeur le plus souvent inaccessible aux joueurs (qui ne peuvent obtenir que certaines valeurs précises de gain) et pourtant elle est le point de repère essentiel de l'organisateur de la loterie puisqu'elle lui indique la tendance du gain moyen par partie et donc lui permet de fixer le prix du billet lui assurant le bénéfice recherché. Ainsi, dans les jeux de loto, l'analyse du tableau des remboursements associés aux probabilités des gains permet de définir la marge réservée à l'organisateur. Il faut souligner que la même espérance mathématique (le même prix de billet) peut correspondre à des loteries très différentes dans lesquelles soit les lots sont très grands (X prenant des valeurs élevées) et les billets très nombreux (les probabilités de gain sont alors très faibles) soit les lots sont petits et les billets peu nombreux (les valeurs de la variable étant faibles mais leurs probabilités élevées). Ainsi l'espérance mathématique correspondant au tirage d'un billet est la même (un franc) dans une loterie de 1000 billets ne comprenant que deux lots de 500 francs chacun ou dans une loterie de 10 billets gagnants tous 1 franc. Mais la sensation du joueur n'est pas équivalente: c'est toute la différence entre le loto, dans lequel les gains sont rares mais élevés, et la loterie nationale où les gains sont faibles mais plutôt fréquents.

Le second exemple, encore un jeu mais cette fois-ci métaphysique, est celui du *pari de Pascal*. Selon le philosophe la probabilité que Dieu existe est sans doute infiniment petite mais le gain obtenu alors est tellement grand (l'éternité n'étant après tout qu'une figure de l'infini) que l'espérance est forte. Le pari est donc jouable. On retrouve là tous les éléments, y compris le terme d'espérance ce qui n'est peut-être pas un hasard, définissant la notion d'espérance mathématique. On remarque toutefois[1] que l'espérance serait la même si l'existence de Dieu était presque certaine mais le gain obtenu par le croyant très faible, Dieu n'ayant par exemple pas toutes les qualités escomptées. Par contre l'espérance devient beaucoup plus forte si l'on croit à tous les dieux inventés par les hommes puisque dans ce cas les gains sont cumulatifs[2]. Autrement dit, si l'on mesure le risque à l'ampleur de la perte, il n'est pas grand risque pour qui n'a rien à perdre.

L'espérance mathématique possède plusieurs propriétés remarquables. Elles sont très utiles pour résoudre les problèmes concrets car souvent les variables étudiées sont des constructions (par changement, addition, multiplication) de variables. Les trois propriétés présentées ici correspondent à

1 Et uniquement, bien sûr, pour faire comprendre cette notion.

2 Cceci pouvant être considéré comme une remise en cause, par saturation, de l'argument pascalien.

ces trois situations. Elle se démontrent par simple application de la définition de l'espérance mathématique et des propriétés d'un opérateur linéaire.

* $E(aX + b) = a\,E(X) + b$

Par définition $E\,(aX + b) = \Sigma\, p_i(ax_i + b)$

Comme a et b sont des constantes on peut les sortir du signe somme et donc écrire:

$$E(aX + b) = a\,\Sigma\, p_i + b\,\Sigma p_i$$

Le résultat initial est démontré puisque la somme des probabilités p_i est égale à 1 et $\Sigma\, p_i x_i$ égal à E(X). Cette propriété correspond concrètement à un changement d'origine et d'échelle de la mesure de X.

* $E(X + Y) = E(X) + E(Y)$

On peut écrire $P_{i,j} = P\,\{X = x_i\,;\, Y = y_j\}$

Donc $E\{X + Y\} = \Sigma\ \Sigma\,(x_i + y_j)\, p_{ij}$

En sommant[3] sur i et j puis en développant les opérateurs de sommation, on obtient le résultat .

* $E(X.Y) = E(X)\,.\,E(Y)$

On écrit $E(X.Y) = \Sigma\ \Sigma p_{ij}\, x_i\, y_j$ puis on développe.

Ce résultat n'est valable que si les variables X et Y sont indépendantes.

2. La variance

Par définition la variance, ou caractéristique de dispersion de la loi de probabilité, est l'espérance mathématique des carrés des écarts de chaque valeur de la variable aléatoire à leur espérance mathématique. L'**écart-type** est la racine carrée de cette variance. Comme en statistique descriptive, seul l'écart-type a une véritable signification concrète puisqu'il a la même unité et la même dimension que la variable. On peut d'ailleurs analogiquement utiliser le coefficient de variation, rapport entre l'écart-type et l'espérance mathématique, pour pouvoir comparer, grâce à ce nombre "pur", les dispersions de lois d'espérance différente. Les formules de définition et développée de la variance s'écrivent ainsi:

$$V(X) = E\{[X - E(X)]^2\} = \Sigma\, p_i\{x_i - E(X)\}^2 = \Sigma\, p_i x_i^2 - \{E(X)\}^2$$

3 Sauf cas contraire comme ici le signe Σ symbolise une sommation sur i.

La variance possède deux propriétés intéressantes que l'on démontre à partir des propriétés de l'espérance mathémathique.

$$* \; V(aX + b) = a^2 V(X)$$

$$V(aX+b) = E\{[(aX + b) - E(aX + b)]^2\}$$

$$= E\{[aX + b - aE(X) - b]^2\}$$

$$= E\{[a(X - E(X))]^2\} = E\{a^2 [X - E(X)]^2\}$$

$$= a^2 E \{[X - E(X)]^2\} = a^2 V(X)$$

Ce résultat ne doit pas surprendre: le terme a est élevé au carré parce que la variance est elle-même un carré d'écarts et le terme b est négligé parce qu'il s'agit d'une constante intervenant deux fois (en positif puis en négatif) sur les écarts de la variable à son espérance. Là encore il s'agit d'un changement d'origine et d'échelle de mesure de X.

$$* \; V(X + Y) = V(X) + V(Y) + 2\,Cov(X,Y)$$

On obtient ce résultat en développant et en utilisant les propriétés de l'espérance mathématique et la notion de covariance qui sera présentée dans le point suivant. En effet:

$$V(X + Y) = E\{[(X+Y) - E(X+Y)]^2\}$$

$$= E\{[X - E(X) + Y - E(Y)]^2\}$$

$$= E\{X - E(X)\}^2 + E\{Y - E(Y)\}^2 + 2\{[X - E(X)][Y - E(Y)]\}$$

$$= V(X) + V(Y) + 2\,Cov(X,Y)$$

En cas d'indépendance des variables X et Y le résultat se simplifie puisque la covariance est nulle. On obtient le résultat suivant:

$$V(X + Y) = V(X) + V(Y)$$

3. La covariance

Par définition la covariance est l'espérance mathématique du produit des écarts de chacune des deux variables aléatoires à leur propre espérance mathématique. C'est donc une notion analogue à celle qui existe en statistique descriptive. On écrit ainsi, en sommant sur i et j:

$$Cov(X,Y) = E\{[X - E(X)]\,[Y - E(Y)]\}$$

$$= \Sigma\ \Sigma p_{ij}\, x_i.y_j - E(X).E(Y) \qquad \text{en sommant sur i et j}$$

$$= \Sigma\ \Sigma p_{ij}\ \{[x_i - E(X)][y_j - E(Y)]\}$$

On constate que la variance est un cas particulier de covariance, correspondant à la situation dans laquelle les variables X et Y se confondent. La covariance est un indicateur du sens et de la densité de la liaison entre deux variables. On montre en effet que la covariance de 2 variables aléatoires indépendantes est nulle. Il suffit pour cela d'introduire les variables centrées X' et Y' qui sont elles aussi indépendantes. On peut alors écrire, en appliquant les propriétés de l'espérance et parce que X' et Y' sont des variables indépendantes:

$$X' = X - E(X) \quad \text{et} \quad Y' = Y - E(Y)$$

$$\text{Soit } Cov(X,Y) = E\ \{[X - E(X)][Y - E(Y)]\}$$

$$= E(X'.Y') = E(X').E(Y')$$

$$\text{Or } E(X') = \Sigma\ p_i\{x_i - E(X)\} = \Sigma\ p_i.x_i - E(X)\ \ \Sigma\ p_i$$

$$\text{et } \Sigma\ p_i x_i = E(X) \quad \text{et} \quad \Sigma\ p_i = 1$$

$$\text{On obtient alors } E(X') = E(X) - E(X) = 0$$

$$\text{Et donc } E(Y') = 0 \quad \text{et} \quad cov(X,Y) = 0$$

4. Les moments

Dans le cas d'une variable aléatoire quelconque, la définition générale d'un moment d'ordre q par rapport à une origine x_0 s'écrit:

$$M\ (a,b) = \Sigma p_i\ (\ x_i - a)^b$$

On distingue deux types de moments selon les valeurs du terme **a**:

* les **moments simples** lorsque **a** vaut 0

$$m_b = \Sigma\ p_i.x_i^{\ b} = E(X)^b$$

Le moment simple d'ordre 1 correspond à l'espérance mathématique:

$$m_1 = \Sigma\ p_i.x_i = E(X)$$

* les **moments centrés** lorsque **a** est égal à m_1

$$\mu_b = \Sigma\, p_i\, (x_i - m_1)^b$$

On observe que le moment centré d'ordre 0 est égal à 1, que celui d'ordre 1 vaut 0 puisqu'il revient à calculer l'espérance des écarts de la variable à son espérance ce qui, par définition de l'espérance, est nul, et enfin que le moment d'ordre 2 correspond à la variance $\sigma_2 = m_2 - m_1^2$.

5. Le mode

Par définition le mode, ou valeur dominante, correspond à la valeur de la variable ayant la plus forte probabilité d'apparition. Dans la mesure où il correspond à l'événement le plus fréquent (en statistique descriptive on parle de modalité de plus grande fréquence ou ayant les effectifs les plus élevés) le mode est un moyen très utile pour caractériser une loi de probabilité. Directement lisible sur le graphique de la fonction de probabilité le mode peut également se formaliser si l'on veut calculer sa valeur précise. On écrit que $P(X=k)$ est maximum pour une valeur j telle que, quelque soit la valeur de j, on ait:

$$P(X = j) \geq P(X = j-1) \quad \text{et} \quad P(X = j) \geq P(X = j+1)$$

6. La médiane

La médiane, ou valeur équiprobable, correspond à la valeur de la variable aléatoire telle que la probabilité d'obtenir une valeur supérieure (ou inférieure) est 0,5. On retrouve ici la notion habituelle de médiane. Pour déterminer la médiane il faut préalablement classer les valeurs par ordre croissant ou décroissant. La médiane Me est alors telle que :

$$P\{ X < Me\} = 0{,}5$$

On peut lire également cette médiane directement sur le graphique de la fonction de répartition. Existent aussi en statistique probabiliste les notions de quartiles, de déciles, de centiles qui divisent, comme en statistique descriptive, la distribution en 4, 10 ou 100 ensembles d'effectifs (ou de probabilité) équivalents. De manière générale on peut définir les fractiles d'ordre p (utilisés dans les tables numériques) qui recouvrent tous les cas précédents. Ils sont tels que :

$$P\{ X < x_p \} = p$$

7. Les indicateurs de forme

Pour compléter la description d'une loi on utilise parfois des indicateurs de forme destinés à préciser d'une part le degré et le sens de la dissymétrie (qui dépendent des positions respectives des moyenne, mode et médiane) et d'autre part le degré d'applatissement qui dépend de la valeur relative de l'écart-type vis à vis de l'espérance mathématique. A titre d'exemple on peut signaler le coefficient de Pearson qui est égal à la différence entre moyenne et mode divisée par l'écart-type.

II. LES VARIABLES ALEATOIRES CONTINUES

L'étude des variables aléatoires est similaire à celle des variables discrètes, à la formalisation près.

A. LOI DE PROBABILITE

La **fonction de répartition** s'écrit $F(x) = P(X < x)$ et l'on dit que la variable aléatoire X est absolument continue si F(x) est continue et admet une dérivée f(x). La différence entre variables discrètes et continues apparaît lorsqu'on définit la **probabilité attachée à un point** quelconque x. Celle-ci est nulle si X est absolument continue. En effet si l'on encadre x de deux valeurs très proches, définies à partir de 2 nombres positifs u et v tels que x appartienne à l'intervalle $\{(x-u),(x+v)\}$ on peut alors écrire:

$$P\{X = x\} \leq P\{x-u \leq X \leq x+v\} \leq F(x+v) - F(x-u)$$

$$\leq F(x+v) - F(x) + F(x) - F(x-u)$$

F(x) étant une fonction continue $F(x+v) - F(x)$ et $F(x) - F(x-u)$ tendent vers 0 si u et v tendent vers 0. Donc $P(X = x) = 0$

Ainsi une probabilité peut être nulle pour deux motifs de nature différente. Lorsque la valeur de la variable est un nombre réel la probabilité de trouver cette valeur est nulle parce que l'événement est inaccessible, mais dans ce cas il est possible de trouver une valeur ou un intervalle proche. Par contre lorsque la valeur de la variable n'existe pas la probabilité est nulle parce que l'événement est impossible.

On peut maintenant définir la **densité de probabilité** en un point f(x). De manière générale la probabilité attachée à un intervalle (a,b) peut s'écrire F(b) - F(a). On appelle densité moyenne de probabilité sur l'intervalle (a,b) le rapport entre cette valeur et la dimension de l'écart et l'on écrit:

$$f(a,b) = [F(b) - F(a)]/(b - a)$$

$$\text{ou } f(x, x + dx) = [F(x + dx) - F(x)] / dx$$

Ainsi la **densité de probabilité en un point** f(x) est la limite de cette densité moyenne lorsque x_i tend vers 0 soit:

$$f(x) = \text{limite de } [F(x + dx) - F(x)] / dx \quad \text{si dx tend vers 0.}$$

Cette expression correspond à la dérivée F'(x) de la fonction de répartition. On peut la représenter par la courbe de densité de probabilité comme on le verra plus loin sur l'exemple de la loi normale.

La **probabilité d'un intervalle** peut alors être parfaitement définie puisqu'elle dérive des notions précédentes. La probabilité élémentaire que x appartienne à un intervalle infinitésimal de longueur dx s'écrit ainsi:

$$P(x \leq X \leq x + dx) = f(x).\,dx$$

Dès lors pour un intervalle quelconque on peut écrire:

$$P(x_1 \leq X \leq x_2) = F(x_2) - F(x_1) = \int_{x1}^{x2} f(x).dx$$

Pour l'intervalle de définition de la variable (a,b) on a:

$$P(a \leq X \leq b) = \int_a^b f(x).dx = 1 = F(b) - F(a)$$

Figure n° 3

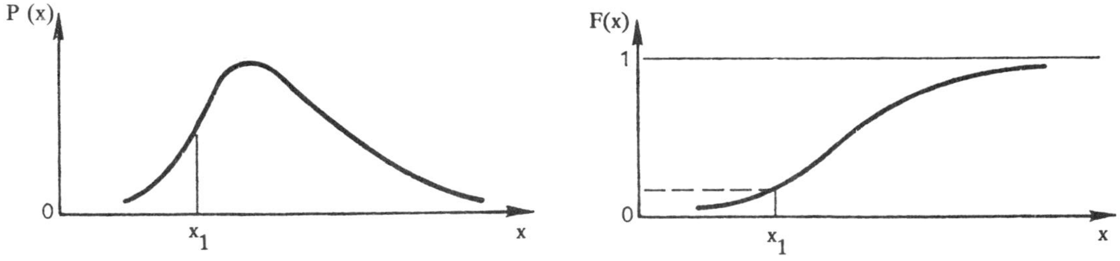

Loi de probabilité

Courbe de répartition

B. CARACTERISTIQUES DES VARIABLES CONTINUES

Les caractéristiques sont les mêmes que celles des variables aléatoires discrètes mais elles se présentent autrement par application des conventions d'écriture précédentes. Si l'on suppose que la variable est définie sur l'intervalle (a,b) les paramètres principaux sont les suivants:

- espérance mathématique: $E(X) = \int_a^b x.f(x).dx$

- moment simple d'ordre r: $m_r = \int_a^b x^r.f(x).dx$

- moment centré d'ordre r: $\mu_r = \int_a^b (x - m_1)^r.f(x).dx$

EXERCICE D'APPLICATION

EXERCICE N° 4

Parmi la clientèle des grands magasins le quart des clients paie par carte de crédit. Dans un magasin particulier il y a 4 caisses et le gérant s'interroge sur l'intérêt de s'équiper en lecteurs de cartes.

1. Etudier la loi de probabilité de la variable aléatoire "nombre de clients payant par carte de crédit dans un groupe de quatre personnes arrivant en même temps aux caisses".

2. Déduire de ces résultats le nombre "raisonnable" de lecteurs de cartes de crédit à prévoir pour satisfaire la clientèle.

CORRIGE

1. L'analyse d'une loi comporte plusieurs étapes. La première est la définition de la loi de probabilité.

- L'énoncé pose question. Pour traiter le sujet il faut d'abord supposer que ce qui est vrai pour l'ensemble des grands magasins l'est également pour un magasin particulier. Il faut également faire l'hypothèse que la probabilité de payer par carte est constante: ceci revient à assimiler tirage exhaustif (c'est le cas ici puisque les clients arrivent en même temps aux caisses) et non exhaustif et donc à considérer que la population-mère est suffisamment grande pour qu'on puisse négliger de tels écarts.

- La variable aléatoire peut prendre cinq valeurs différentes (0, 1, 2, 3 et 4) alors que chaque individu est caractérisé par seulement deux modalités (payer ou non par carte).

- Pour déterminer les probabilités de chacunes de ces valeurs on applique les théorèmes de probabilités et les résultats de l'analyse combinatoire. Puisque la probabilité d'utiliser une carte est de 1/4 celle de ne pas en utiliser est de 3/4. On obtient ainsi:

$$P\{X = 0\} = (3/4)^4 = 81/256$$

$$P\{X = 1\} = 4\,(1/4)\,(3/4)^3 = 108/256$$

On observe ici que l'on détermine d'abord la probabilité d'avoir une carte pour un client particulier parmi les 4, soit $(1/4).(3/4)^3$, puis on multiplie par le nombre de possibilités de ce type (il y a 4 caisses).

$$P\{X = 2\} = (1/4)^2 (3/4)^2 . C^2_4 = 54/256$$

Ici encore il faut multiplier par le nombre de façons de réserver deux caisses parmi les quatre aux clients payant par cartes ce qui donne C^2_4.

$$P\{X = 3\} = (1/4)^3 (3/4) . C^1_4 = 12/256$$

$$P\{X = 4\} = (1/4)^4 = 1/256$$

On vérifie que la somme de ces probabilités est égale à 1.

En second lieu on représente graphiquement ces probabilités ainsi que la fonction de répartition F(x) qui vaut $P\{X = x_i\}$. On observe que la loi de distribution est bimodale et symétrique. On en déduit, sans calcul, que l'espérance mathématique est égale à la médiane et vaut "un client". Enfin on calcule les paramètres de la loi.

Valeurs x_i de la variable X	Valeurs p_i de la probabilité	Fonction F(X)de répartition	$p_i.x_i$	$p_i.x_i^2$
0	81/256	0	0	0
1	108/256	81/256	108/256	108/256
2	54/256	189/256	108/256	216/256
3	12/256	243/256	36/256	108/256
4	1/256	255/256	4/256	16/256
TOTAL	1	1	1	1,75

On obtient les résultats suivants:

Espérance = 1 client

Variance = 1,75 - 1 = 0,75 Ecart-type = $\sqrt{0,75}$ = 0,86 client

Coefficient de dispersion = (écart-type/espérance) = 0,86

Mode = 1 client

Médiane = 1 client

Toutes ces caractéristiques (à l'exception de la variance et du coefficient de dispersion) ont pour unité celle de la variable aléatoire c'est à dire qu'il s'agit du "nombre de clients payant par carte bancaire". On verra bientôt que cette variable est distribuée selon une loi binomiale.

2. Plusieurs rationalités sont en fait possibles, chacune correspondant à un mode de gestion ayant sa logique et ses propres contraintes et priorités: réduire le coût d'acquisition des appareils, éviter les files d'attente de la clientèle, soigner son image de marque...

- Si le gérant veut la certitude il doit prévoir 4 lecteurs de cartes même si en pratique plusieurs d'entre eux seront souvent inutilisés.
- Si le gérant veut répondre avant tout aux situations les plus fréquentes il doit se référer au mode et installer un seul lecteur de cartes au risque de ne pas satisfaire une partie des clients; ce risque est connu puisqu'il correspond à la probabilité que X soit supérieure à 1 soit 67/256 = 26%
- Si le gérant applique la loi des grands nombres et retient la situation moyenne il se réfère à l'espérance mathématique et installe donc un seul lecteur; là encore une proportion non négligeable de clients ne sera pas satisfaite instantanément.
- Si le gérant veut limiter et contrôler précisément le risque sans l'annuler complètement (par exemple 5%) il doit installer deux lecteurs de cartes (puisque $P\{X > 2\} = 13/256 = 5\%$) ou 3 lecteurs s'il est plus prudent encore: en effet $P \{X > 3 = 1/256 = 0{,}4 \%$.

On le voit, la raison est une notion bien relative...du moins en statistiques.

CONCLUSION DE LA PREMIERE PARTIE

En préparation de la seconde partie de l'ouvrage il n'est pas inutile de rappeler les étapes essentielles d'analyse d'une expérience aléatoire quelconque. Avant toutes choses il faut définir les conditions de l'expérience c'est à dire préciser la nature de l'épreuve (en distinguant tirages exhaustifs ou non), la nature des résultats (en différenciant les cas selon que l'on tient ou non compte de l'ordre d'apparition) et la nature de la variable aléatoire (en repérant si la variable est discrète ou continue). Ces conditions ne sont pas naturelles mais généralement produites lors de la définition des modalités concrètes de l'expérience.

Dans un second temps on définit la loi de probabilité en appliquant la notion générale de probabilité (comme rapport d'événements favorables et possibles), en utilisant les théorèmes de probabilités (totales et composées), en s'appuyant sur l'analyse combinatoire. Cette loi est parfois simple lorsqu'on peut la définir par une seule relation dans laquelle la variable X prend diverses valeurs (ce sera le cas des lois étudiées dans la seconde partie). Mais souvent elle n'est définie que par l'ensemble de ses composantes (des probabilités associées à des valeurs), chacune étant calculée séparément. Pour ce calcul, dont les procédures sont multiples, il convient le plus souvent de revenir aux événements élémentaires et surtout de procéder méthodiquement (en veillant à tout compter mais une seule fois) et de façon cohérente (par exemple en tenant compte de l'ordre aussi bien pour le dénombrement des cas favorables que pour celui des cas possibles). On est alors en mesure d'étudier la loi de probabilité graphiquement et en calculant les caractéristiques habituelles (espérance, variance, médiane, mode...). Ces règles simples suffisent généralement pour étudier un phénomène aléatoire quelconque.

II° PARTIE

LES PRINCIPALES LOIS DE DISTRIBUTION STATISTIQUES

"L'improbable a toutes chances de se produire".

Aristote

L'objectif de cette seconde partie est de voir dans quelle mesure il est possible de considérer qu'un échantillon est conforme, ressemble, à une distribution théorique simple et connue, en d'autres termes si l'on peut réaliser un **ajustement** entre ces deux distributions. Si c'était le cas on pourrait alors utiliser les données de l'échantillon pour imaginer des informations inconnues, faire des prévisions, compléter les données manquantes...Autrement dit on souhaite dépasser la seule description de l'échantillon pour en tirer des leçons, dans l'ignorance où l'on est, et où l'on restera, de la population-mère.

Pour atteindre cet objectif deux préalables sont nécessaires. Il faut d'abord connaître les lois statistiques, les modèles probabilistes les plus simples et les plus susceptibles de servir de référence aux échantillons: c'est l'objet des chapitres 1 et 2. Il faut ensuite apprendre à analyser le décalage entre l'échantillon et le modèle, entre les distributions empiriques et théoriques. Le chapitre 3, organisé autour du test du khi-deux, est consacré à cela et se demande si l'on peut ou non, selon l'ampleur et l'anormalité de l'écart, retenir l'ajustement envisagé. Quant aux lois statistiques de référence elles se définissent en fonction des principaux critères envisagés dans la première partie: nature de la variable (discrète ou continue), conditions de l'épreuve (indépendance ou non), type de variable (nombre ou rang).

Si l'on combine ces critères on définit les lois suivantes:

* variable aléatoire discrète

+ épreuves dépendantes.............loi hypergéométrique

+ épreuves indépendantes
- V.A."nombre de succès",(l'ordre ne joue pas)
. 2 éventualités
cas général.................loi binomiale
petites probabilités......loi de poisson
. n éventualités................loi multinomiale
- V.A."rang du succès" (l'ordre joue)
. cas général..................loi de pascal
. cas particulier (rang 1) loi géométrique

* variable aléatoire continue

+ cas général.......................loi normale
+ cas particulier..................loi log-normale

A ces lois, qui vont être étudiées en détail dans les chapitres qui suivent, on peut en ajouter d'autres qui seront plus brièvement évoquées:

- la loi de Bernoulli pour une variable aléatoire discrète,

- les lois uniforme, de Student, de khi-deux et de Fisher-Snedecor lorsque la variable aléatoire est continue.

CHAPITRE 1

MODELES STATISTIQUES POUR VARIABLES DISCRETES

Où l'on néglige le facteur d'exhaustivité, ce qui est dommage mais pratique.

I. LA LOI DE BERNOULLI

On appelle variable de Bernoulli une variable prenant seulement les valeurs 1 et 0 selon les probabilités respectives p et (1-p). Cette variable, dite encore de "présence-absence", correspond à de nombreuses situations concrètes. Ainsi elle sera utilisée plus loin pour l'analyse de la loi binomiale et pour la description des sondages, qualifiés de bernoulliens lorsqu'ils sont réalisés "avec remise".

La variable de Bernoulli possède des caractéristiques remarquables. On montre d'abord que son espérance mathématique est égale à la probabilité p. En effet, par simple application de la définition de l'espérance mathématique, on peut écrire:

$$E(X) = \Sigma\, p_i\, x_i = p.1 + (1-p).0 = p$$

D'autre part la variance peut s'écrire:

$$V(X) = \Sigma p_i\, [\, x_i - E(X)\,]^2 = \Sigma\, p_i\, (x_i - p)^2$$

$$= p\,(1-p)^2 + (1-p)(0-p)^2 = (1-p)(p - p^2 + p^2) = p(1-p)$$

II. LA LOI HYPERGEOMETRIQUE

A. CONDITIONS D'APPLICATION

Trois conditions strictes sont indispensables pour appliquer la loi hypergéométrique. La population-mère doit être **connue** et constituée de N individus possédant ou non une modalité donnée d'un certain caractère selon les probabilités respectives de p et (1-p). L'échantillon doit être extrait **sans remise** et constitué de n individus possédant ou non le caractère donné. Enfin la variable aléatoire X étudiée est le "**nombre k d'individus** de l'échantillon possédant le caractère envisagé".

La première condition est particulièrement exigente puisqu'elle signifie que l'on a, préalablement à l'enquête, dénombré la population-mère. Dans la pratique elle est rarement remplie car elle est coûteuse voire impossible sur de grandes populations. Il suffit pour s'en convaincre de se rappeller l'imprécision des recensements de population et les réticences qu'ils suscitent[1]. De même, dans les contrôles de gestion ou de fabrication, la population-mère est le plus souvent inaccessible puisque les procédés sont continus, la notion de stock (de population-mère dénombrable) n'ayant alors plus de sens.

La seconde condition montre que la loi hypergéométrique correspond à de très nombreuses situations concrètes (tirages de billets de loterie, de cartes...) et en particulier aux modalités habituelles des enquêtes et sondages. En effet dans ces dernières situations la remise n'est généralement pas pratiquée car, outre sa complexité, elle conduirait à l'interrogation éventuelle de la même personne à plusieurs reprises, ce qui peut finir par l'importuner. Cette manière de faire pose problème puisqu'elle aboutit au fait que la probabilité d'obtention d'une même modalité varie au fur et à mesure du déroulement de l'enquête. L'univers, déjà incertain, devient fluctuant ce qui complique sérieusement sa mise en nombre. Heureusement la théorie statistique veille une fois de plus: elle montre en effet qu'on peut approximer cette loi par une autre loi plus simple et plus accessible, ce qui revient à négliger les conditions de tirage. On aboutit ainsi au paradoxe suivant: dans la pratique les conditions sont le plus souvent celles de la loi hypergéométrique mais cette loi n'est presque jamais utilisée puisqu'on l'approxime par une loi plus agréable (la loi binomiale pour tout dire).

B. LOI DE PROBABILITE

Trois paramètres sont nécessaires pour définir la loi hypergéométrique: la taille **N** de la population-mère, la taille **n** de l'échantillon, la proportion **p** d'individus de la population-mère possédant une modalité donnée pour le caractère étudié.

---

1 On a déjà signalé l'exemple de la R.F.A. Il faut souligner qu'en l'absence de recensement on ne dispose plus de référence quantifiée pour toute enquête à venir sur la population; ceci pose de sérieux problèmes en particulier pour les sondages raisonnés s'appuyant par exemple sur la méthode des quotas.

La variable aléatoire X est le "nombre d'éléments de l'échantillon ayant la modalité recherchée pour le caractère étudié". Dans les conditions précitées X suit une loi hypergéométrique à 3 paramètres. On écrit X = H(N,n,p). Par simple application de la définition d'une probabilité et des règles de l'analyse combinatoire on obtient:

$$P_k = P\{X = k\} = C^k_{Np} \cdot C^{n-k}_{N(1-p)} / C^n_N$$

En effet, au dénominateur, le nombre de cas possibles est bien le nombre de combinaisons de N individus pris n à n. Quant au nombre de cas favorables, présent au numérateur, il est égal au produit du nombre de façons de choisir x individus parmi les Np possédant la modalité désirée par le nombre de façons de choisir les (n-k) autres individus de l'échantillon parmi l'ensemble des N(1-p) individus ne possédant pas cette modalité.

Du fait des conditions de tirage, la variable X ne peut pas prendre n'importe quelles valeurs: elle doit être à la fois inférieure à la valeur minimum prise par n ou Np et supérieure à la valeur maximum prise par 0 ou n-N(1-p). On montre également, comme pour n'importe quelle loi, que la somme des probabilités de l'ensemble des valeurs possibles de X est égale à 1.

C. CARACTERISTIQUES DE LA LOI

A l'issue de démonstrations un peu longues[2] on définit les deux paramètres essentiels de la loi.

* L'**espérance mathématique** vaut n.p

On constate qu'elle est indépendante de la taille de la population-mère.

* La **variance** vaut n.p (1-p) . (N - n) / (N - 1)

Le terme (N-n)/(N-1) est appellé *facteur d'exhaustivité*. Il correspond à l'influence des conditions de tirage (sans remise) sur la dispersion de X. On verra bientôt qu'à ce terme près la loi hypergéométrique possède les mêmes espérance et variance que la loi binomiale qui correspond, elle, aux tirages non exhaustifs. Notons que le facteur d'exhaustivité dépend aussi de l'importance n de l'échantillon au regard de la taille N de la population lorsque cette dernière est grande. Dans ce cas, le terme (N - n) / (N - 1) est équivalent à (N - n) / n ou encore à 1 - n/N. Or n/N est justement le taux de sondage. Le facteur d'exhaustivité sera donc d'autant plus proche de 1 que le taux de sondage d'une grande population sera faible, ce qui peut sembler paradoxal mais ne sera pas jugé comme tel lorsqu'on aura étudié la théorie de l'estimation.

---

2 Le lecteur intéressé pourra consuter les ouvrages de statistiques approfondies comme G. CALOT, Coursde calcul des probabilités, Paris, Dunod, 1971.

Enfin on parle de **loi poly-hypergéométrique** lorsque les individus constituent plus de deux sous-ensembles; les résultats sont analogues mais plus complexes[3].

III. LA LOI BINOMIALE

A. CONDITIONS D'APPLICATION

Trois conditions sont indispensables pour que l'on puisse appliquer la loi binomiale. Les épreuves réalisées doivent être **indépendantes**. Chaque épreuve doit aboutir à **deux éventualités exclusives**, que l'on appelle généralement succès et échec, dont les probabilités sont connues et égales à p et (1-p). La variable aléatoire étudiée est le "**nombre** de succès obtenus dans une suite de n épreuves".

Ceci correspond au tirage aléatoire et sans remise d'un échantillon de n individus. Dès lors, contrairement à la loi hypergéométrique, la probabilité d'un même événement reste constante au cours du tirage. On observe qu'aucune condition n'est imposée pour la population-mère qui peut donc être inconnue; de ce fait la loi binomiale est utilisée dans la plupart des situations d'enquêtes. Par contre les conditions de tirage sont exigentes et rarement remplies. On retrouve donc le paradoxe évoqué plus haut mais inversé. Dans la pratique, les conditions d'application de la loi binomiale ne sont généralement pas toutes réunies et pourtant on l'utilise du fait de sa simplicité et de ses propriétés remarquables.

B. LOI DE PROBABILITE

La loi binomiale est une loi à deux paramètres: la taille **n** de l'échantillon et la probabilité **p** du succès. La variable aléatoire X correspond au "nombre de succès obtenus à l'issue du tirage des n individus". On écrit également X = B(n,p). La définition de la probabilité est alors la suivante:

$$P_k = P\{X = k\} = C^k_n \cdot p^k \cdot (1-p)^{n-k}$$

Cette relation s'établit par application des théorèmes de probabilités et de l'analyse combinatoire. On détermine d'abord la probabilité d'apparition d'une séquence ordonnée contenant k succès en utilisant le théorème des probabilités composées. On obtient ainsi le terme $p^k(1-p)^{n-k}$. Mais, dans les conditions d'application de la loi binomiale, l'ordre d'apparition n'est pas imposé puisqu'on ne s'intéresse qu'au nombre et non au rang des succès. Sont ainsi à intégrer, dans le dénombrement des succès, toutes les séquences du type précédent; il faut donc multiplier le résultat précédent par le nombre de combinaisons des k succès dans les n résultats (le positionnement des échecs s'imposant alors par complémentarité).

---

3 Voir par exemple C. LEBOEUF, J.L. ROQUE, J. GUEGAND, Cours de probabilités et de statistiques, Paris, Ellipses, 1987, 2° édition.

Cette loi est appellée binomiale car chaque probabilité est un des termes du développement du binôme suivant:

$$(q+p)^n = C^0_n \cdot q^n + C^1_n \cdot q^{n-1}p + \ldots + C^n_n \cdot p^n$$

De ce fait on vérifie que la somme des probabilités de la loi binomiale est égale à 1 puisqu'en remplaçant q par (1-p) le binôme est égal à 1. On a déjà indiqué que les valeurs des coefficients du développement de ce binôme étaient données par le triangle de Pascal.

La représentation graphique de la loi binomiale est celle de toute loi discrète: diagramme en bâtons, diagramme en escalier. La dissymétrie, caractéristique de toute loi binomiale, est d'autant plus marquée que p est différent de (1-p) lorsque n est fixe et que n est petit lorsque p est fixe.

Cette loi étant d'usage très fréquent elle a été **tabulée**, c'est à dire que l'on a calculé et répertorié les probabilités correspondant aux situations les plus fréquentes. Ces tables de la loi binomiale, fournies en annexe, se définissent à partir des 2 paramètres de la loi:

- **n**, la taille de l'échantillon. Sont présentes les tailles les plus fréquentes (10, 20, 30, 40, 50) mais il n'est pas permis de réaliser une extrapolation linéaire pour les valeurs intermédiaires (à cause de la dissymétrie de la loi binomiale).

- **p**, la probabilité du succès. Les probabilités les plus fréquentes sont tabulées (de 0,01 à 0,1 ainsi que 0,1; 0,2; 0,3; 0,4 et 0,5); grâce à la propriété de complémentarité on peut, simplement en convertissant le nombre de succès en nombre d'échecs, étendre l'usage de ces tables aux probabilités complémentaires à 1 des précédentes soit 0,6; 0,7; 0,8; 0,9 ... 0,95...0,99.

En fonction de ces deux paramètres la table donne, pour toutes les valeurs de X, deux informations: la probabilité P(x) que X soit égal à x et la probabilité F(x) que X soit inférieur ou égal à x (ceci n'est pas tout à fait la fonction de répartition définie plus haut puisque la borne est comprise). Il faut insister sur le fait que, dans les tables, certaines probabilités n'existent pas, non parce que les événements sont impossibles mais parce que les calculs sont limités à 4 chiffres significatifs; on parle dans ce cas d'événements quasi-impossibles (on lit P = 0) ou quasi-certains (on lit F = 1). A l'aide de ces tables on peut donc lire, directement ou après de très simples calculs, les probabilités que la variable aléatoire soit égale à une valeur ou à un intervalle quelconque. Le traitement des situations ne correspondant pas strictement aux valeurs de n et x prévues par les tables numériques exige de revenir à la formule de définition de la probabilité.

Figure n° 4

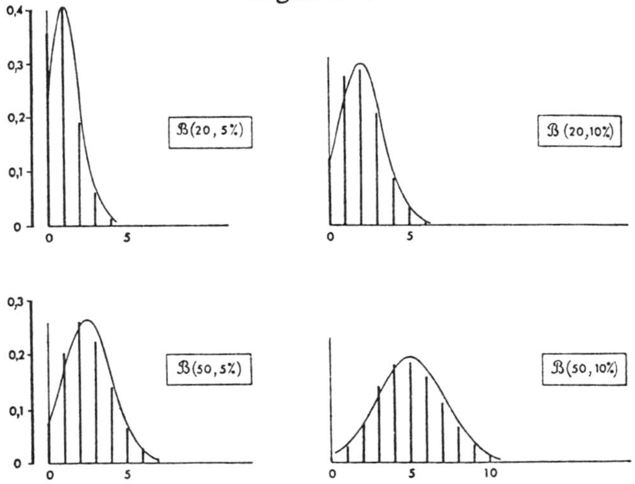

diagramme en bâtons : B(n,p)
histogramme : N [n.p ,$\sqrt{np(1-p)}$]

Approximation normale de la loi binomiale

C. CARACTERISTIQUES DE LA LOI

* La variable binomiale peut être considérée comme une somme de variables aléatoires de Bernoulli indépendantes.

En effet, dans le cas d'une loi binomiale, chaque tirage d'un individu peut donc être considéré comme variable de Bernoulli puisqu'il aboutit à l'obtention de 1 ou 0 succès selon les probabilités p et (1-p). Un ensemble de n tirages peut donc être considéré comme une somme de n variables de Bernoulli indépendantes, du fait des conditions de tirage. De là découlent les paramètres de la loi binomiale.

* On a vu que l'**espérance mathématique** d'une variable de Bernoulli était égale à p. Par application des propriétés de l'espérance on en déduit l'espérance mathématique d'une loi binomiale, somme de n variables de Bernoulli. Elle vaut $E(X) = n.p$

On constate que ce résultat est identique à celui de la loi hypergéométrique. Celà signifie que les conditions de tirage des échantillons n'ont aucun effet sur la valeur de l'espérance mathématique.

* De même on se souvient que la **variance** d'une variable de Bernoulli est égale à p (1 - p). On en déduit, toujours en considérant que la variable

binomiale est la somme de n variables de Bernoulli indépendantes, que la variance de la loi binomiale est égale à n.p (1 - p).

Au facteur d'exhaustivité près cette variance est celle de la loi hypergéométrique. Le tirage étant ici avec remise, cela accentue la dispersion puisque l'on peut tirer plusieurs fois les valeurs les plus éloignées de l'espérance mathématique.

* Quant aux caractéristiques de forme elles sont les suivantes.

Le **mode** est la valeur entière de la variable telle que:

$$np + p - 1 < \text{Mode} < np + p$$

La fonction de probabilité est dissymétrique. Cette dissymétrie est à droite ou à gauche selon que p est proche de 1 ou de 0; elle est d'autant plus marquée que p est proche de ces limites. Par contre elle s'estompe lorsque n augmente, au point que l'on montre, sous certaines conditions de valeurs pour n et p, que la loi binomiale dissymétrique peut s'approximer par une loi symétrique, la loi normale.

IV. LA LOI DE POISSON

A. CONDITIONS D'APPLICATION

La loi de Poisson est utilisée dans deux situations très différentes. La première est une approximation de la loi binomiale. En ce sens elle doit être considérée comme une loi limite et il n'est, à proprement parler, pas possible de fournir un modèle probabiliste exact d'une loi de Poisson. Dans cette situation, deux exigences nouvelles s'ajoutent aux conditions habituelles d'application de la loi binomiale concernant la nature de la variable aléatoire et de l'épreuve. Elles portent sur la probabilité élémentaire, qui doit être la plus petite possible, et sur la taille de l'échantillon qui doit être assez grande. On reviendra en fin de chapitre sur ces conditions. On dit de la loi de Poisson qu'elle est la *loi des petites probabilités*[4].

Le deuxième cas d'utilisation correspond au **processus de Poisson.** Ce processus est celui de la réalisation d'*événements aléatoires dans le temps*. Trois conditions sont alors nécessaires. La probabilité de réalisation de l'événement au cours d'une petite période de temps dt doit être proportionnelle à la durée de cette période (on l'écrit p.dt). Cette probabilité doit être indépendante du nombre d'événements antérieurs et rester constante au cours de la période d'observation. Enfin la probabilité de deux apparitions successives de cet

4 la connaissance de cette loi aurait été bien utile à ce petit porteur ruiné par la crise boursière que l'on trouva pendu dans un jardin public de Madrid: le pauvre homme avait consacré ses dernières économies au jeu de loto pour voir "si Dieu y mettait du sien et m'aidait à m'en sortir" (El Païs, le 7 novembre 1987, repris dans "Le Monde Diplomatique" de décembre 1987)... Malheureusement le ciel resta désespérément silencieux devant cette espérance excessive.

événement sur un même petit intervalle dt doit pouvoir être considérée comme négligeable. Sous ces conditions on peut dire que le nombre X d'événements enregistrés au cours d'un intervalle de temps T est une variable aléatoire de Poisson de paramètre pT. Chaque fois qu'un processus temporel peut être considéré comme aléatoire (à défaut d'en connaître les causes précises) et rare sur un petit intervalle de temps on peut appliquer la loi de Poisson. L'arrivée des bateaux au port, des avions aux aéroports, les appels téléphoniques, les pannes, les mouvements aux guichets en sont des illustrations.

B. LOI DE PROBABILITE

La probabilité de la loi de Poisson s'écrit:

$$P_k = P\{X = k\} = e^{-m} . m^k / k! \quad \text{avec } e = 2{,}718$$

Par approche inductive on dit qu'un phénomène aléatoire suit une loi de Poisson si la probabilité d'obtenir une valeur quelconque de la variable est de ce type. Par approche déductive on montre que cette probabilité est la limite du terme d'une loi binomiale lorsque n tend vers l'infini et p vers 0.

La loi de Poisson est une loi à un seul paramètre que l'on écrit également $X = P(m)$. Ce paramètre est tout à fait particulier (c'est d'ailleurs un élément de reconnaissance de la loi de Poisson) puisqu'il est égal à la fois à l'**espérance mathématique** et à la **variance**. On peut écrire $E(X) = V(X) = m$. Cette propriété permet de comprendre que l'on utilise la loi de Poisson comme approximation de la loi binomiale lorsque la probabilité d'un événement est petite. En effet la variance $V(X) = n\ p\ (1-p)$ de la loi binomiale tend vers l'espérance $E(X) = n\ p$ si (1-p) tend vers 1 c'est à dire si p tend vers 0. La loi de Poisson est encore plus dissymétrique que la loi binomiale. Cette dissymétrie est à gauche, avec étalement vers la droite, puisque p est petit et elle s'estompe à mesure que le paramètre de la loi augmente. Quant à son mode il correspond à la valeur entière telle que $m-1 \leq \text{mode} \leq m$.

Cette loi est également **tabulée**. Pour certaines valeurs du paramètre de la loi, généralement les valeurs entières de 1 à 15, la table donne directement les probabilités que l'on obtienne une valeur précise de X ou une valeur qui lui soit inférieure. A cause de la dissymétrie, la table ne peut être utilisée que pour les valeurs prévues; dans les autres cas il faut revenir à la formule de définition de la probabilité.

V. LA LOI MULTINOMIALE

A. CONDITIONS D'APPLICATION

Si l'on réalise des épreuves aléatoires répétées et indépendantes, c'est à dire selon un tirage non exhaustif, et si à chaque épreuve sont réalisables plus de deux événements s'excluant mutuellement, ce qui signifie que chaque probabilité reste constante au cours du tirage, alors la variable aléatoire correspondant à une certaine distribution de résultats selon les types d'événements possibles suit une loi multinomiale. A l'exception du nombre d'événements possibles, on retrouve toutes les conditions de la loi binomiale ; celle-ci peut donc être considérée comme un cas particulier de la loi multinomiale.

B. LOI DE PROBABILITE

La probabilité $P\{X_1 = x_1; X_2 = x_2;...; X_n = x_n\}$ peut s'écrire :

$$P = [p^{x1}_1 \cdot p^{x2}_2 ... p^{x_n}_n] (x_1 + x_2 + ... + x_n)! / x_1! \, x_2! ... x_n!$$

La première partie de la relation correspond au nombre de séquences ordonnées de résultats recherchés et la seconde au nombre de permutations possibles de chacunes de ces séquences. La probabilité est donc, par application du théorème des probabilités composées, le produit de ces deux termes. Si le nombre d'événements possibles se limite à deux (x_1 et x_2) on retrouve la formule de la loi binomiale. Cette loi est appelée multinomiale car les probabilités sont les termes du développement d'une expression multinomiale. La complexité de la loi ne permet pas de définir de façon simple les paramètres traditionnels tels que l'espérance ou la variance. Elle ne permet pas non plus l'utilisation de tables numériques.

VI. LA LOI DE PASCAL

Lorsque les conditions de la loi binomiale sont remplies (épreuves répétées, indépendantes et à deux éventualités exclusives) et que l'on s'intéresse non plus au nombre de succès mais à leur **rang** on utilise la loi de Pascal. Dans cette loi la variable aléatoire est le nombre d'épreuves réalisées. Deux cas peuvent être distingués.

A. LA LOI DE PASCAL D'ORDRE 1 OU LOI GEOMETRIQUE

Si l'on recherche la probabilité d'obtenir un **premier succès** à la k-iéme épreuve on peut écrire:

$$P\{X = k\} = p\,(1-p)^{k-1}$$

Une fois de plus cette relation s'obtient en appliquant le théorème des probabilités composées et en distinguant les cas de séquences ordonnées ou non. On démontre, à partir de la propriété d'une somme de termes d'une progression géométrique, les résultats suivants:

$$E(X) = 1/p \quad \text{et} \quad V(X) = (1-p)/p^2$$

La variable aléatoire X étant le rang d'obtention du succès elle varie de 1 à l'infini. On dit aussi que X est le *temps d'attente du succès*. Dès lors l'espérance mathématique est le rang moyen d'apparition de ce succès ou le temps d'attente moyen. Ainsi, avec un événement ayant une probabilité 0,2 de se réaliser, l'espérance mathématique 1/0,2 = 5 indique qu'en moyenne c'est au 5° tirage qu'on obtient le succès pour la première fois mais la variance V(X) = 20 montre que les rangs possibles sont très dispersés.

B. LA LOI DE PASCAL DE PARAMETRES R ET P

Cette fois-ci on étudie le *rang d'apparition* X_r, appelé encore temps d'attente, du r-ième succès. La probabilité s'écrit:

$$P\{X_r = k\} = C^{r-1}_{k-1} . p^r . (1-p)^{k-r}$$

Les deux derniers termes correspondent à la probabilité d'une séquence aboutissant au résultat recherché. Quant au premier il correspond au nombre de séquences aboutissant toutes au k-ième succès à la k-ième épreuve. Les définitions précédentes de l'espérance mathématique et de la variance peuvent s'étendre. On obtient alors les résultats suivants:

$$E(X) = r/p \quad \text{et} \quad V(X) = r(1-p) / p^2$$

Ils s'interprètent de la même façon que lors de la loi de Pascal d'ordre 1. Ainsi dans l'exemple précédent E(X) = 2/0,2 = 10 indique qu'en moyenne c'est au 10° tirage qu'on obtient le succès pour la deuxième fois ; les tirages étant indépendants il est logique que l'espérance soit deux fois plus élevée que précédemment.

Il faut signaler qu'on utilise aussi une loi dite **binomiale négative** de paramètres r et p lorsque la variable (X + r) suit une loi de Pascal de paramètres r et p. Elle correspond en pratique au nombre d'échecs précédant le r-ième succès. Les lois de Pascal et géométriques se généralisent aux cas de tirage sans remise. On montre alors les résultats suivants. Le rang d'apparition du premier succès s'écrit:

$$P\{X = k\} = N.p\, C^{k-1}_{N(1-p)} / k . C^k_N$$

Le rang d'apparition du r-ième succès s'écrit:

$$P\{X = k\} = [r . C^r_{Np} . C^{k-r}_{N(1-p)}] / k . C^k_N$$

VII. TENDANCES ET APPROXIMATIONS

On a vu que les conditions d'application des différentes lois étaient souvent très proches. Il est donc intéressant de se demander dans quelle mesure il est possible de substituer entre elles ces lois qui ont des propriétés plus ou moins intéressantes. Trois résultats théoriques sont principalement utilisés dans la pratique: les deux premiers sont démontrés en annexe et le troisième dans le prochain chapitre.

A. DE LA LOI HYPERGEOMETRIQUE A LA LOI BINOMIALE

Les conditions théoriques d'approximation de la loi hypergéométrique sont exigentes puisqu'il faut que le facteur d'exhaustivité tende vers 1 c'est à dire que la taille N de la population-mère soit infinie. Pratiquement on se contente de conditions plus limitées qui suffisent pour que l'approximation soit convenable. N doit être suffisamment grand (plusieurs dizaines de milliers par exemple) pour que la taille n de l'échantillon apparaisse comme négligeable vis à vis de N et donc que le facteur d'exhaustivité soit proche de 1. A cet égard le taux de sondage n/N peut être un bon indicateur: selon les cas on exige qu'il soit inférieur à des valeurs de l'ordre de 0,1 ou 0,01.

Par cette approximation on passe d'une loi à 3 paramètres non tabulée à une loi à deux paramètres tabulée et n'exigeant pas la connaissance précise de la taille de la population-mère. Cet important avantage pratique fait que la loi binomiale est appliquée dans tous les sondages, qu'ils soient ou non exhaustifs.

B. DE LA LOI BINOMIALE A LA LOI DE POISSON

Théoriquement il faut que la taille n de l'échantillon soit infinie et que la probabilité de succès (ou d'échec) tende vers 0. Pratiquement on accepte l'approximation si n est inférieur à 50 (voir même un peu moins) et p inférieur à 0,1 (ou 0,05) ou bien encore si np est inférieur à 5. Ces conditions ne sont que des points de repères. Selon la nature de la variable, son caractère plus ou moins stratégique par exemple, on peut ne pas les respecter strictement ou tenir compte de la compensation possible entre une condition très largement remplie et une autre non respectée, une taille élevée pouvant par exemple pallier à une probabilité légèrement trop grande.

Cette approximation simplifie l'analyse puisqu'il suffit de connaître un seul paramètre, qui plus est le plus simple puisqu'il s'agit de l'espérance mathématique, pour définir la loi. De ce fait la loi de Poisson est utilisée pratiquement pour tous les phénomènes bernoulliens rares.

C. DE LA LOI BINOMIALE A LA LOI NORMALE

On a vu sur la représentation graphique de la loi binomiale la tendance au rapprochement de cette loi vers la loi normale. La théorie le confirme à condition que n tende vers l'infini. Toutefois les conditions pratiques sont moins contraignantes puisqu'on a coutume d'exiger soit que les valeurs de np et n(1-p) dépassent 15 ou 20, soit que la taille n de l'échantillon dépasse 30 et que la probabilité p soit la plus proche possible de 0,5. Ici, comme dans les deux cas précédents, l'approximation n'a véritablement de sens que pratique et de légitimité que très empirique et donc non unanime.

EXERCICES D'APPLICATION

EXERCICE N° 5

Dans un magasin il y a trois caissières dont une débutante. Etudier la variable aléatoire "nombre de caissières débutantes dans un échantillon de n caissières".

CORRIGE

Deux situations sont à considérer du fait de l'imprécision de l'énoncé.

1. Si le tirage de l'échantillon est exhaustif, toutes les conditions de la loi hypergéométrique sont remplies: la population-mère est connue et de taille 3, les individus sont caractérisés selon deux modalités exclusives (débutantes ou non), le tirage de l'échantillon est effectué sans remise, la variable aléatoire est un nombre entier qui correspond au nombre de caissières débutantes. On peut donc définir trois lois hypergéométriques correspondant aux trois valeurs possibles de n (1,2,3). Les résultats sont alors:

$n = 1$ $P\{X = 0\} = 2/3$ donc $E(X) = 1/3$ Mode = 0
$P\{X = 1\} = 1/3$ et $V(X) = 2/9$ Médiane = 0

$n = 2$ $P\{X = 0\} = 1/3$
$P\{X = 1\} = 2/3$ donc $E(X) = 2/3$ Mode = 1
$P\{X = 2\} = 0$ et $V(X) = 2/9$ Médiane = 1

$n = 3$ $P\{X = 0\} = 0$
$P\{X = 1\} = 1$ donc $E(X) = 1$ Mode = 1
$P\{X = 2\} = 0$ et $V(X) = 0$ Médiane = 1
$P\{X = 3\} = 0$

Chacun de ces résultats peut être obtenu soit en appliquant la formule de calcul des probabilités dans le cas d'une loi hypergéométrique, soit en utilisant les généralités sur les probabilités. Du fait des conditions de tirage, on observe que certains événements sont impossibles, d'autres certains: si l'on prend par exemple des échantillons de taille 3, c'est à dire si l'échantillon se confond avec la population-mère, il est obligatoire que la seule débutante de la population soit présente dans l'échantillon et impossible qu'il y en ait deux. Ces exemples permettent de vérifier plusieurs résultats du cours: définition de l'espérance et de la variance, somme des probabilités égale à 1, impossibilité pour X de prendre certaines valeurs du fait de l'exhaustivité du tirage.

2. Si le tirage s'effectue avec remise les conditions de la loi binomiale sont remplies puisque celle-ci impose les conditions de la loi hypergéométrique à l'exception de celle concernant la nature du tirage. On peut donc définir une infinité de lois binomiales puisque la remise rend possible des tailles d'échantillons supérieures à 3. Pour s'en tenir au plus simple, et afin de pouvoir comparer avec le cas précédent, on ne présente ici que les trois premières lois.

n = 1 P {X = 0} = 2/3 donc E(X) = 1/3 Médiane = 0
P {X = 1} = 1/3 V(X) = 2/9 Mode = 0

n = 2 P {X = 0} = 4/9 donc E(X) = 2/3 Médiane = 1
P {X = 1} = 4/9 V(X) = 4/9 Mode = 0 et 1
P {X = 2} = 1/9

n = 3 P {X = 0} = 8/27
P {X = 1} = 12/27 donc E(X) = 1 Médiane = 1
P {X = 2} = 6/27 V(X) = 2/3 Mode = 1
P {X = 3} = 1/27

On vérifie plusieurs résultats du cours: définition des diverses notions (probabilités, espérance, variance, mode), similitude (espérance) et différence (variance) entre lois binomiale et hypergéométrique, dissymétrie à gauche de la loi binomiale lorsque p est inférieure à 0,5.

EXERCICE N° 6

On suppose que parmi les acheteurs de grands magasins 90% sont honnêtes.

1. Si l'on prend un échantillon de 10 personnes au hasard dans une population très grande quelle est la probabilité qu'il y ait:

a) 8 clients honnêtes
b) plus de 8 clients honnêtes
c) moins de 8 clients honnêtes

2. Quelle est la probabilité qu'il y ait plus de 10% de clients malhonnêtes dans des échantillons de 10, 30, 50 personnes.

3. Quel est le nombre entier minimum de clients malhonnêtes qui a moins de 10% de chances d'être dépassé dans des échantillons de 10, de 50 personnes.

4. On suppose maintenant que la proportion de clients honnêtes a progressé et atteint 95%. Si l'on tire un échantillon de 40 personnes quelle est la probabilité approximative que l'on trouve 0, 1, plus de 1 individus malhonnêtes dans cet échantillon ? Quelle est la qualité de cette approximation ?

CORRIGE

1. Deux préalables sont nécessaires: la définition de la variable aléatoire et celle de la loi de probabilité. Concernant le choix de la variable, deux solutions sont possibles: Y, le nombre de clients honnêtes dans l'échantillon ou X, le nombre de clients malhonnêtes. La première solution correspond à la façon dont sont libellées les questions mais la seconde est préférable pour des raisons pratiques; il vaut mieux en effet formuler les questions de telle manière que l'on puisse utiliser les tables numériques.

Quant à la loi de probabilité, elle ne peut se déduire directement de l'énoncé du fait de son imprécision, ce qui est souvent le cas en pratique. La formulation laisse penser que l'on ne peut pas rencontrer plusieurs fois la même personne dans un échantillon et donc que l'on est en présence d'une loi hypergéométrique, mais la population-mère est inconnue ce qui ne permet pas d'appliquer cette loi. Heureusement on précise que la population-mère est très grande (en particulier face à l'échantillon qui, lui, est très petit): on peut donc supposer les probabilités constantes, ce qui revient à négliger les conditions de tirage, et donc utiliser la loi binomiale puisque toutes les autres conditions (deux modalités exclusives, variable aléatoire correspondant au nombre d'individus) sont remplies. Ainsi X suit une loi binomiale de paramètres $n=10$ et $p=0{,}1$. Les réponses se lisent alors quasi directement dans les tables numériques:

$$P\{Y = 8\} = P\{X = 2\} = \mathbf{0{,}1937}$$
$$P\{Y > 8\} = P\{X < 2\} = \mathbf{0{,}7361}$$
$$P\{Y < 8\} = P\{X > 2\} = 1 - P\{X < 3\} = \mathbf{0{,}0702}$$

On vérifie que la somme de ces trois probabilités, correspondant à l'ensemble des cas possibles, est égale à 1.

2. Selon les valeurs de n on obtient les résultats suivants:

$$n = 10 \quad P\{X > 1\} = 1 - P\{X < 2\} = \mathbf{0{,}2639}$$
$$n = 30 \quad P\{X > 3\} = 1 - P\{X < 4\} = \mathbf{0{,}3526}$$
$$n = 50 \quad P\{X > 5\} = 1 - P\{X < 6\} = \mathbf{0{,}3839}$$

On observe que la même question en termes relatifs (plus de 10% de clients malhonnêtes) ne donne pas tout à fait les mêmes résultats à la fois parce que la même proportion ne se traduit pas identiquement en termes d'effectifs et surtout parce que les lois binomiales utilisées ne sont pas les mêmes. Ainsi à mesure que n augmente la probabilité recherchée augmente; ceci provient de la tendance de la loi binomiale à perdre sa dissymétrie à gauche lorsque l'échantillon grandit.

3. Avec la loi binomiale(n=10, p=0,1) on lit:

$$P\{X < 3\} = 0{,}9298 \quad \text{soit} \quad P\{X > 2\} = 0{,}0702$$

On en déduit que le nombre minimum est 2 puisqu'il y a moins de 10% de chances qu'il soit dépassé dans un échantillon de 10 individus.

Avec la loi binomiale B(50; 0,1) ce nombre minimum devient 8 puisqu'on lit les résultats suivants:

$$P\{X < 9\} = 0{,}9421 \text{ soit } P\{X > 8\} = 0{,}0579$$

4. Ici on doit utiliser la loi binomiale de paramètres p=0,05 et n=40. Mais, à peu de choses près, les conditions de la loi de Poisson sont remplies (il vaudrait mieux en fait que n dépasse 50). Les paramètres de la loi sont les suivants : np = 0,05 . 40 = 2. On lit dans les tables les résultats correspondant à ces deux lois:

	Binomiale(40; 0,05)	Poisson (2)
P {X = 0}	0,1285	0,1353
P {X = 1}	0,2706	0,2707
P {X > 1}	0,6009	0,5940

On constate une grande proximité de résultats, particulièrement visible sur certaines valeurs (X=1) et sur certains intervalles (les écarts observables pour les diverses valeurs de cet intervalle pouvant se compenser). Il apparaît aussi que l'approximation est de bonne qualité dans ce cas, pourtant limite, et le serait a fortiori encore plus si les conditions étaient strictement remplies.

EXERCICE N° 7

Dans un grand magasin les caissières sont supervisées par une contrôleuse qui en particulier répond aux questions concernant les prix, les moyens de paiement,etc...On suppose que la contrôleuse s'absente un certain temps et on étudie la probabilité que les caissières s'en aperçoivent.

1. En supposant que la contrôleuse reçoit en moyenne 30 appels de caissières par heure et s'absente deux minutes quelle est la probabilité:

a) qu'aucune caissière ne s'en aperçoive ?

b) qu'au moins deux caissières s'en aperçoivent (en supposant que la même caissière ne peut appeler plusieurs fois) ?

2. Que deviendraient ces probabilités si l'on faisait varier en même temps le nombre moyen d'appels par heure (30, 60) et la durée de l'absence (2, 4 minutes) ?

CORRIGE

1. La question revient à étudier la probabilité qu'il y ait un certain nombre d'appels durant le temps d'absence de la contôleuse. Les conditions d'application du processus de Poisson sont remplies:

- l'appel est un événement aléatoire dans le temps,
- la probabilité qu'il y ait un appel peut être considérée comme proportionnelle à la durée; cette hypothèse est convenable dans la mesure où l'on ne connait pas les déterminants de la procédure d'appel,
- la probabilité est indépendante des événements antérieurs c'est à dire que l'on suppose que les caissières ne communiquent pas entre elles,
- la probabilité de deux appels successifs dans un intervalle petit de temps est négligeable.

De plus on précise qu'il y a en moyenne 30 appels par heure ce qui revient à considérer qu'il y a en moyenne 1 appel toutes les deux minutes, c'est à dire durant le temps d'absence de la contrôleuse. La variable étudiée respecte donc un processus de Poisson de paramètre égal à 1 puisqu'il vaut 2 (30/60) .

On peut expliquer ce résultat (mais, attention, il ne s'agit que d'une analogie pédagogique) en considérant la loi de Poisson comme un cas particulier de la loi binomiale. Dans ce cas il y a 2/60 chances qu'un appel quelconque intervienne durant l'absence, il y a 30 appels durant l'heure et donc:

$$E(X) = np = 30(2/60) = 1$$

Les résultats se lisent directement dans les tables numériques:

$$P\{X = 0\} = \mathbf{0{,}3679}$$

$$P\{X > 1\} = 1 - P\{X < 2\} = \mathbf{0{,}2642}$$

Il y a donc environ une chance sur quatre que deux caissières au moins s'aperçoivent de cette absence (ce qui peut provoquer des discussions dommageables) et une chance sur trois que personne ne s'en aperçoive.

2. Puisque les espérances mathématiques varient, les lois de Poisson en font de même. Après lecture de la table les résultats sont les suivants:

	n	t	E(X)	$P\{X = 0\}$	$P\{X \geq 2\}$
(1)	30	2	1	0,3679	0,2642
(2)	30	4	2	0,1353	0,5940
(3)	60	2	2	0,1353	0,5940
(4)	60	4	4	0,0183	0,9084

On constate, et cela n'est guère surprenant, que les probabilités augmentent lorsque le nombre moyen d'appels ou lorsque le temps d'absence augmentent. On observe aussi que les résultats sont les mêmes pour des cas de figure, comme (2) et (3), apparemment différents si l'on se réfère à la loi binomiale, mais en fait identiques du point de vue d'un processus de Poisson (puisque l'espérance mathématique est la même).

EXERCICE N° 8

Un consommateur original veut égayer son passage dans un grand magasin en choisissant au hasard sa consommation de boissons. On suppose qu'il est le seul client du rayon boissons et qu'au moment où il se présente il y a en rayon 50 bouteilles dont 20 jus de fruits, 25 bières blondes et 5 bières brunes parmi lesquelles une seule est de marque française.

1. Quelle est la probabilité qu'en prenant 3 bouteilles au hasard et d'un coup il choisisse:

   a) seulement des bières

   b) deux bières quelconques et un jus de fruit?

2. On suppose maintenant que le client prend séparément les 3 bouteilles et qu'une personne, présente derrière le rayon, remplace sans cesse les bouteilles par leurs équivalents. Quelle est la probabilité qu'il choisisse:

   a) seulement des bières ?

   b) deux bières et un jus de fruit ?

   c) un jus de fruit, une bière blonde et une brune ?

   d) un second jus de fruit au troisième tirage?

3. On suppose que le client tire 50 bouteilles selon le procédé de la question précédente. Quelle est la probabilité que dans son choix il y ait:

   a) exactement 20 bouteilles de jus de fruit ?

   b) au moins 20 bouteilles de jus de fruit ?

   c) une seule bière brune française ?

   d) la même structure que celles du rayon selon les trois types de bouteilles

CORRIGE

1. Il faut d'abord signaler que la notion de hasard est ici difficile à concrétiser. En toute rigueur le choix à l'aveuglette ne suffit pas et il faudrait utiliser les tables de nombres au hasard après avoir affecté un numéro à chaque bouteille. Sous cette réserve les conditions de la loi hypergéométrique sont remplies puisqu'on tire, sans remise, un échantillon de trois individus dans une population-mère de 50 bouteilles et que l'on s'intéresse à un caractère qui ne peut prendre que deux modalités (bière ou jus de fruit) et dont on cherche à déterminer le nombre. On peut donc dire que X suit une loi hypergéométrique de paramètres N=50; n=3 et p=30/50. Dès lors:

$$P\{ X = 3 \} = C^3_{30} \cdot C^0_{20} / C^3_{50}$$

$= 30!\,47!\,3!\;/\;3!\,27!\,50! =$ **0,207**

$P\{X = 2\} = C^2_{30} \,.\, C^1_{20} \,/\, C^3_{50}$

$= 30!\,20!\,47!\,3!\;/\;28!\,2!\,19!\,1!\,50! =$ **0,443**

2.a) On voit la difficulté pratique pour respecter les conditions strictes de la loi binomiale surtout lorsque la population-mère est petite. Si l'on imagine donc qu'il y a un éternel pourvoyeur de bouteilles, la probabilité de tirage d'une même bouteille reste constante au cours de l'opération. On peut alors dire que la variable X, nombre de bières, suit une loi binomiale de paramètres $n=3$ et $p=30/50$. On doit en effet considérer qu'il n'y a que deux éventualités possibles (bière et non bière) pour cette question bien qu'il y en ait 4 dans la population-mère. On obtient:

$P\{X = 3\} = C^3_3\,(30/50)^3\,(20/50)^0 =$ **0,216**

b) Il s'agit de la même loi binomiale puisqu'on peut ramener la question à la variable "nombre de bières", les jus de fruit étant alors considérés comme des non-bières.

Donc $P\{X = 2\} = C^2_3 \,.\, 0{,}6^2 \,.\, 0{,}4 =$ **0,432**

c) Ici il y a trois éventualités possibles. Les autres conditions n'ayant pas changé on est en présence d'une loi multinomiale. On a donc:

$P\{J=1;\, Bb=1;\, BB = 1\} = 0{,}4^1 \,.\, 0{,}5^1 \,.\, 0{,}1^1 \,.\, 3!\;/\;1!1!1! =$ **0,12**

d) Les conditions de base de la loi binomiale étant remplies et la question étant celle du rang d'apparition d'un événement on reconnait la loi de Pascal. On a:

$P\{2° \text{ jus au } 3° \text{ tirage}\} = C^{r-1}_{k-1}\, p^r\, (1-p)^{k-r}$

$= C^1_2 \,.\, 0{,}4^2 \,.\, 0{,}6^1 =$ **0,192**

3.a) Il s'agit d'une loi binomiale B(50; 0,4)

$P\{X = 20\} =$ **0,1145** (cf. table numérique)

b) C'est toujours la même loi binomiale et donc:

$P\{X \geq 20\} = 1 - P\{X \leq 19\} =$ **0,5535**

c) La loi binomiale B(50; 0,02) correspondant à cette question peut s'approximer par une loi de Poisson de paramètre égal à 50 . 0,02 soit 1. Dès lors on lit dans la table:

$$P\{X = 1\} = 0{,}3679$$

d) La probabilité d'obtenir les mêmes boissons dans les mêmes proportions initiales est celle d'une variable à plus de deux éventualités. Elle se distribue selon une loi multinomiale.

$$P = 0{,}4^{20} \,.\, 0{,}5^{25} \,.\, 0{,}08^{4} \,.\, 0{,}02^{1} \,.\, 50! \,/\, 20!\, 25!\, 4!\, 1! \quad = 0$$

On observe qu'il est extrêmement difficile d'obtenir un échantillon parfaitement identique à la population-mère et que la probabilité d'y parvenir est d'autant plus faible que l'on prend en compte plus de critères de ressemblance. On constate également que cette question serait évidente dans le cas d'un tirage sans remise puisqu'on serait assuré, en prenant 50 bouteilles, d'obtenir un échantillon identique à la population-mère puisque confondu avec elle.

CHAPITRE 2

MODELES STATISTIQUES POUR VARIABLES CONTINUES

Où l'on met la normalité en table après l'avoir centrée et réduite.

Lorsqu'une variable aléatoire est absolument continue les lois précédemment étudiées ne sont plus utilisables. Il faut alors se référer à des **lois continues**. La plus simple est évidemment la loi uniforme qui exprime la constance de la densité de probabilité sur un intervalle donné. Malheureusement elle est rare car l'inconstance est souvent de mise. En pratique la loi la plus connue et la plus utilisée est la loi normale[1]: pour l'essentiel ce chapitre lui est consacrée.

I. LA LOI NORMALE

A. CONDITIONS D'APPLICATION

Dans la pratique il arrive très souvent que des distributions d'effectifs ou de probabilités aient une forme relativement symétrique avec une "bosse" vers les valeurs centrales. La loi normale correspond à ce genre de particularité. Plus précisément elle s'applique dans deux situations très distinctes.

Elle est utilisée comme approximation de la loi binomiale. On a vu en effet que, sous certaines conditions (taille de l'échantillon, valeur de la probabilité) on peut faire comme si une variable discrète distribuée selon une loi binomiale était continue et normale. Ceci explique l'utilisation très fréquente de la loi normale, en particulier lorsque les sondages portent sur des échantillons de grande taille. Cette situation est très particulière puisqu'elle revient à changer la

1 Ce qui peut d'ailleurs expliquer ce qualificatif finalement ambigüe de "normal", comme si la symétrie était synonyme de normalité...

nature de la variable; on verra que cela exige quelques précautions et notamment la réalisation d'une *correction de continuité*.

Elle s'applique également lorsqu'une variable statistique est le résultat d'un grand nombre de causes, cumulatives, indépendantes et dont aucune n'a un rôle dominant. De ce fait la loi normale s'applique dans de nombreuses disciplines (notamment en économie et dans les sciences sociales) car les phénomènes y sont souvent complexes et non réductibles à une cause unique ou à un petit nombre de causes dominantes. C'est la raison pour laquelle on considère souvent dans les modèles que les agrégats sont distribués normalement. De même, dans les processus de production en série, les pièces fabriquées ne sont jamais rigoureusement identiques mais leur mesure (poids, taille, composition...) est généralement distribuée selon une loi normale parce que les causes de variation des normes de production sont multiples, d'impact faible et telles qu'aucune ne l'emporte vraiment (dans ce cas, d'ailleurs, une distribution "anormale" des mesures est signe de déréglage de la machine).

B. LA LOI DE PROBABILITE

1. La loi normale généralisée

Par définition on dit qu'une variable aléatoire est distribuée selon une loi normale si elle est continue sur l'intervalle plus ou moins l'infini et si sa densité de probabilité est de la forme suivante:

$$f(x) = [1 / \sigma \sqrt{2 \Pi}] \exp[- (x-m)^2 / 2 \sigma^2]$$

$$\text{avec } e = 2{,}71828 \text{ et } \Pi = 3{,}14159^{(2)}$$

La fonction de répartition correspondant à la probabilité que X ait une valeur inférieure à x s'écrit:

$$F(x) = P\{X < x\} = [1 / \sigma\sqrt{2 \Pi}] \exp[- (x-m)^2 / 2 \sigma^2] dx$$

On dit que X suit une loi normale à 2 paramètres m et σ et l'on peut écrire $X = N(m,\sigma)$. Ces deux paramètres suffisent pour définir la loi puisqu'ils indiquent, comme on va le préciser, son point de symétrie et son degré de dispersion.

2 Pour ceux qui aiment les précisions, les procédés mnémo-techniques et la fantaisie , on signale que les valeurs des chiffres de π correspondent aux nombres de lettres de chaque mot de la célèbre formule: "que j'aime à faire apprendre un nombre utile aux sages".

2. La loi normale centrée réduite

Partant de l'ensemble des lois normales , on a imaginé la construction d'une loi standard, sorte de matrice d'élaboration de toutes les lois normales possibles à partir du couple de valeurs m et σ. Pour l'obtenir on procède à un changement de variable qui revient à *centrer* la variable (en enlevant à chaque valeur de X sa valeur moyenne) et à la *réduire* (en divisant chaque valeur de X par son écart-type associé) c'est à dire à déplacer et à déformer les courbes singulières pour obtenir une courbe standard.

On écrit: $T = (X - m) / \sigma$ ou $X = m + T\sigma$

Selon les normes AFNOR la variable normale doit s'écrire U et non T afin de ne pas la confondre avec la variable T de Student. Mais dans la plupart des ouvrages on utilise le terme T; nous le retiendrons donc par la suite pour ne pas trop se singulariser.

Pour une valeur de X on a $x = m + t\sigma$ et $dx = \sigma\, dt$

Par application de ce qui précède on peut écrire:

$$P\{ X \in [x, x + dx] \} = f(x).dx$$

Et donc, en changeant de variable:

$$P\{T \in [t, t + dt]\} = f(t).dt = 1 / \sqrt{2 \Pi} \exp[- t^2 / 2] \, dt$$

On définit ainsi une loi nouvelle, de paramètres 0 et 1, correspondant à une variable normée (ou centrée réduite) T prenant des valeurs t. On peut l'écrire T = N (0 , 1). La densité de cette probabilité f(t) et la fonction de répartition (t) s'écrivent de façon analogue au cas précédent.

C. CARACTERISTIQUES DE LA LOI

1. Espérance mathématique, mode , médiane sont égaux

On montre que l'espérance de la loi normale généralisée est égale au paramètre m et que celle de la loi normale centrée réduite est nulle. En effet, à cause de la symétrie de la loi normale, on peut décomposer E(T) en deux termes, l'un positif l'autre négatif, qui s'annulent mutuellement. Dès lors:

$$X = m + T\sigma$$

et donc $E(X) = m + E(T)\,\sigma = m$ car $E(T) = 0$

2. Variance

On montre que la variance de la loi normale est égale au carré du paramètre σ et que celle de la loi normale centrée réduite est égale à l'unité. La dispersion, ou l'aplatissement de la courbe, est donc standard pour la loi normale centrée réduite (puisqu'elle est constante) et plus ou moins forte pour la loi générale selon que est grand ou non. On écrit:

$$V(X) = \sigma^2 \quad \text{et} \quad V(T) = 1$$

Ainsi prennent sens les paramètres de la loi normale (puisqu'ils correspondent à l'espérance mathématique et à l'écart-type) ainsi que le changement de variable permettant de passer de X à T, en enlevant la singularité de la distribution liée aux valeurs spécifiques de m et .

Figure n° 5

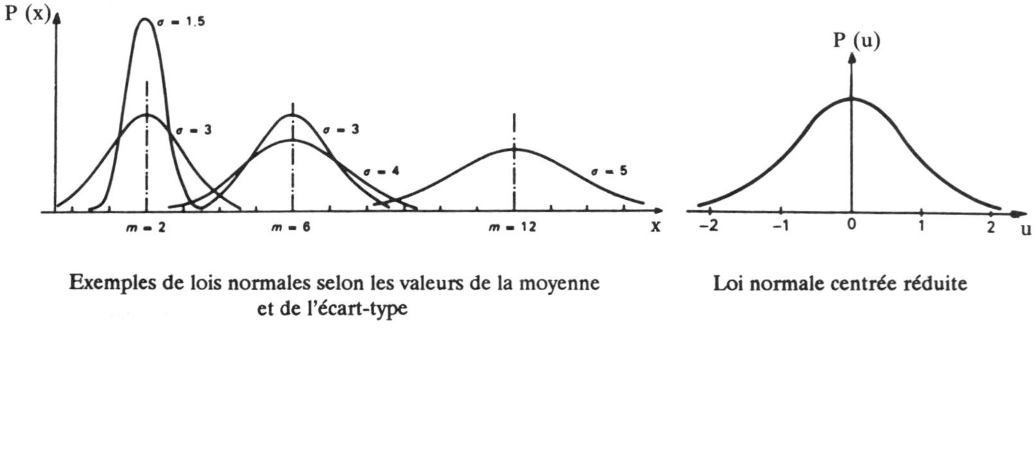

Exemples de lois normales selon les valeurs de la moyenne et de l'écart-type

Loi normale centrée réduite

D. LES TABLES NUMERIQUES DE LA LOI NORMALE

Grâce au changement de variable il est possible de standardiser les probabilités de l'ensemble des lois normales dans des tables numériques simples. Celles-ci correspondent donc non pas à la variable X initiale, et spécifique à chaque problème, mais à la variable T obtenue par changement de variable et commune à toutes les situations. Trois tables sont généralement utilisées et présentées en annexe.

1. La fonction intégrale ou fonction de répartition

Cette table de base permet de lire directement pour les valeurs de t allant de 0,00 à 2,99 (les deux premiers chiffres apparaissant dans la première colonne et le troisième dans la première ligne) la probabilité que T lui soit inférieure. Ainsi on constate que la probabilité que T soit inférieur à 0 est de 0,5 ce qui provient tout simplement de la symétrie de la courbe. Lorsque les valeurs de T dépassent 2,99 on utilise la seconde partie de la table numérique: elle est présentée un peu différemment puisqu'elle donne non plus la fonction de répartition (cumulative croissante) mais son complémentaire à 1 (c'est à dire la probabilité de dépasser une certaine valeur). On lit ainsi que la probabilité que T dépasse 3 est très rare puisqu'elle est égale à $135.\ 10^{-5}$.

Si l'on veut effectuer un calcul plus détaillé pour des valeurs de T ayant plus de 2 décimales on procède à une extrapolation linéaire faisant l'hypothèse, érronée mais convenable, que la répartition des valeurs est régulière entre chacune des valeurs tabulées de T. A partir de ces tables il est possible, soit directement soit après un calcul simple s'appuyant sur la propriété de symétrie de la loi normale et sur le fait que la somme des probabilités d'une loi est égale à 1, de déterminer la probabilité d'un intervalle quelconque, qu'il soit inférieur ou supérieur à une valeur, ou encore compris entre deux valeurs.

2. La fonction de répartition hors-intervalle

Une seconde table, cas particulier de la précédente, permet de résoudre des problèmes très fréquents en particulier lorsqu'on fait des tests et des estimations par intervalle de confiance c'est à dire lorsqu'on s'intéresse à des probabilités d'intervalles symétriques par rapport à l'espérance. Lorsque les probabilités ne sont pas prévues dans cette table il est toujours possible de se référer à la précédente qui permet de trouver la probabilité d'un intervalle quelconque donc a fortiori symétrique.

Dans cette table on lit directement les valeurs de t telles qu'il y ait une certaine probabilité que la variable centrée réduite soit extérieure à l'intervalle défini par -t et +t. On note par exemple qu'il y a une probabilité de 0,05 que t n'appartienne pas à l'intervalle ± 1,96 ou une probabilité de 0,32 que t n'appartienne pas à l'intervalle [±0,9945]. De même on lit dans la seconde partie de la table qu'il y a une chance sur mille que la valeur absolue de t dépasse 3,2905. Ces exemples n'ont pas été pris au hasard. Ils fournissent en effet des ordres de grandeur très utiles pour anticiper les valeurs prises par une distribution empirique et permettent aussi de comprendre ce qui a pu être dit, en statistique descriptive, à propos de l'interprétation de l'écart-type. Ainsi, lorsqu'une variable suit une loi normale (et uniquement dans ce cas) il y a grosso modo deux chances sur trois que les valeurs de X soient comprises dans un intervalle symétrique défini par la moyenne plus ou moins un écart-type, 95% de chances qu'elles soient dans un intervalle défini par la moyenne plus ou moins 2 écarts-type et 99,9% pour 3 écarts-type.

3. La densité de probabilité

Cette troisième table donne la densité de probabilité f(t) de chaque valeur de T c'est à dire en quelque sorte l'ordonnée de chaque point de la courbe. Ces valeurs sont indiquées, dans le premier tableau, pour les valeurs de t allant de 0,00 à 2,99 (et donc de 0 à -2,99 du fait de la symétrie) et dans le second tableau pour les valeurs de t allant de 3 à 5,9. On se réfère à cette table uniquement lorsque la loi normale est utilisée comme approximation de la loi binomiale et pour déterminer une valeur précise de la variable. Dans ce cas on peut écrire :

$$P\{X = x\} = f(x) = f(t) / \sigma \quad \text{avec } f(t) \text{ tabulé.}$$

Il est possible de trouver ce résultat d'une autre manière. Si l'on remplaçe chaque valeur x par un intervalle [x - a/2 ; x + a/2], le terme "a" étant le "pas" de la distribution discrète c'est à dire l'intervalle qui sépare deux valeurs successives de la variable, on peut chercher la probabilité de cet intervalle à partir de la table de la fonction intégrale. Cette opération s'appelle une correction de continuité; elle est obligatoire dès lors qu'on utilise une loi continue pour une variable discrète.

Figure n° 6

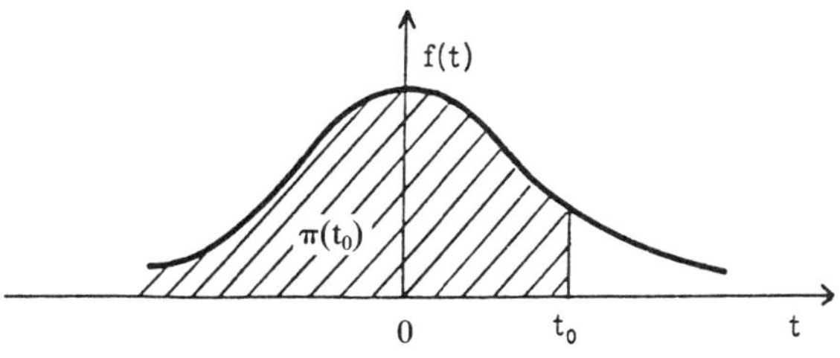

Fonction de répartition
(probabilité d'une valeur inférieure à t)

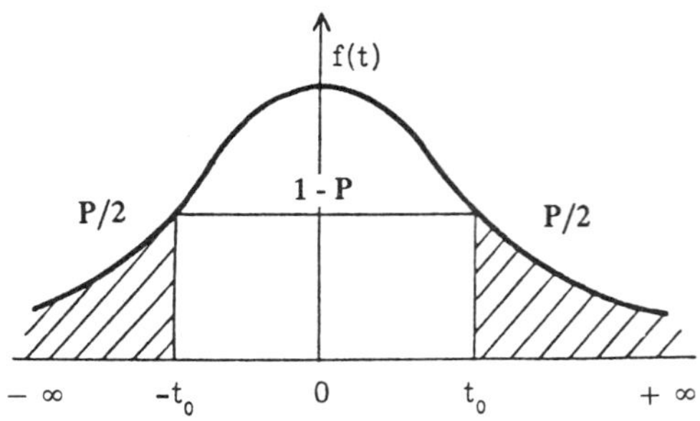

Fonction de répartition hors-intervalle
(valeur de t ayant la probabilité P d'être dépassée en module)

E. PRECISIONS SUR LES CONDITIONS D'APPLICATION

1. Le théorème central-limite

Ce théorème fondamental, dit aussi de la limite centrée, justifie les conditions théoriques d'application de la loi normale et explique les situations concrètes dans lesquelles on peut l'utiliser. Il s'énonce ainsi. Soit une suite de variables aléatoires (X_1, $X_2 ... X_n$) indépendantes les unes des autres, ayant chacune une espérance m_i et une variance v_i, et telles que chaque variance est petite par rapport au total des variances de cette suite. Si l'on construit une variable $X = \Sigma X_i$ on sait, par application des propriétés de l'espérance et de la variance, que:

$$E(X) = E\{ \Sigma X_i \} = \Sigma E(Xi) = m_1 + m_2 + ... + m_n = m$$

$$V(X) = V\{ \Sigma X_i\} = V_1 + V_2 + ... + V_n = \sigma^2$$

On peut alors construire une nouvelle variable, dite centrée réduite, à partir de la somme des variables Xi.

$$[\Sigma X_i - E (\Sigma X_i)] / \sqrt{Var(\Sigma Xi)} = (X - m) / \sigma$$

Le théorème central-limite montre que cette variable tend à suivre une loi normale centrée réduite si n augmente indéfiniment et ceci quelque soit la loi de probabilité des variables Xi. Ce résultat est très remarquable. Il signifie en effet qu'à partir d'un grand nombre de variables, distribuées selon des *lois inconnues et quelconques* et dont les caractéristiques peuvent être très diverses et complexes, il est possible , sous des conditions finalement simples, de construire par addition une nouvelle variable dont la loi est connue et très particulière puisqu'il s'agit d'une loi normale. En un certain sens ce théorème suggère que de la diversité de la multitude peuvent naitre l'équilibre et la symétrie. D'un point de vue plus strictement statistique ce théorème explique que la loi normale soit utilisée quand un phénomène est suffisamment complexe pour être considéré comme le résultat de multiples causes indépendantes dont aucune n'est déterminante. On voit mieux son intérêt (de très nombreux phénomènes sont de ce type) et ses limites (il est difficile de vérifier que les causes sont nombreuses, indépendantes et de faible poids relatif).

2. Les applications du théorème central-limite

Ce théorème permet de démontrer trois résultats particulièrement importants dans la pratique. Le premier a déjà été évoqué, les deux autres seront précisés par la suite.

* La loi binomiale peut être approximée, sous certaines conditions, par la loi normale[3]. On sait qu'une variable X suivant une loi binomiale peut être considérée comme la somme de n variables de Bernoulli indépendantes. Les conditions d'application du théorème central-limite sont donc remplies puisque les variables sont indépendantes et qu'elles possèdent chacune une espérance mathématique E(Xi) = p et une variance suffisamment petite par rapport aux autres. On peut en effet écrire:

$$V(X_i) / \Sigma V(X_i) = p(1-p) / n.p(1-p) = 1 / n$$

Ce terme tend vers 0 si n tend vers l'infini.

Dès lors l'application du théorème conduit à dire que, lorsque n tend vers l'infini, la somme X des variables Xi, suit une loi normale de paramètres:

$$E(X) = np \text{ et } V(X) = np(1-p) \text{ si n tend vers l'infini}$$

* La somme de variables normales indépendantes suit également une loi normale. Ce résultat n'est guère surprenant puisqu'on a montré que la somme de n variables quelconques suivait une loi normale. En un certain sens "qui peut le plus peut le moins".

* La valeur moyenne d'une variable observée sur de grands échantillons suit une loi normale. Quelle que soit la variable aléatoire X, le théorème central-limite permet de montrer que la moyenne d'un échantillon de valeurs de X est une variable aléatoire distribuée selon une loi normale lorsque n est suffisamment grand. Ce résultat, détaillé plus loin, est à la base de la théorie des distributions d'échantillonage et donc de la théorie de l'estimation.

II. LES AUTRES LOIS CONTINUES

A. LA LOI LOG-NORMALE

1. Les conditions d'application

Une variable aléatoire X est distribuée selon une loi Log-normale de paramètres m et σ lorsqu'elle admet un logarithme népérien Ln X qui suit une loi normale de paramètres m et σ. Cette définition serait également valable avec des logarithmes décimaux. Cette loi est très utile en économie car de nombreux phénomènes (distribution de revenus, phénomènes démographiques...) sont de ce type dans la mesure où ils connaissent des variations de grande amplitude et sont donc passibles de la transformation logarithmique.

3 C'est ce que montre le théorème de DE MOIVRE-LAPLACE, cas particulier du théorème central-limite.

Figure n° 7

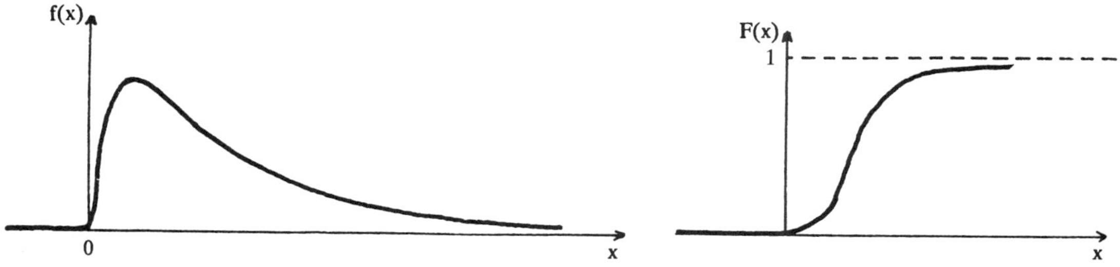

Fonction de densité de probabilité

Fonction de répartition

2. La loi de probabilité

La variable Log X suit une loi normale N(m , σ) et donc la variable centrée réduite $T = (\text{Ln}\, X - m)/\sigma$ suit une loi normale de paramètres 0 et 1.

On écrit $\text{Ln}\, X = m + T\sigma$ et $X = \exp[m + T\sigma]$

La fonction de répartition s'écrit alors:

$$F(X) = P\{X < x\} = P\{\exp[m + T] < x\}$$

$$= P\{m + T\sigma < \text{Ln}\, x\} \quad \text{si } x > x_0$$

$$= P\{T < (\text{Ln}\, x - m)/\sigma\}$$

C'est la fonction de répartition d'une loi normale centrée réduite.

3. Les caractéristiques de la loi

On montre les résultats suivants:

$$E(X) = \exp(m + \sigma^2/2)$$

$$V(X) = [1 - \exp(-\sigma^2)]\exp[2(m + \sigma^2)]$$

$$\text{Mode} = \exp(m - \sigma^2)$$

La représentation graphique de la loi Log-normale peut se faire sur du papier gausso-logarithmique avec en abcisse les valeurs de log X et en ordonnée celles de F(x).

B. LA LOI DE KHI-DEUX

Cette loi, fondamentale quant à ses effets pratiques, est présentée sommairement ici[4] puisqu'elle sera reprise dans le prochain chapitre.

1. Conditions d'application

Lorsque des variables aléatoires Ti suivent des lois normales centrées réduites et indépendantes, la somme de leurs carrés est une variable aléatoire singulière. Elle s'écrit:

$$\chi^2 = T^2_1 + T^2_2 + \ldots + T^2_i + \ldots + T^2_n$$

Cette variable, dont les valeurs vont de zéro à l'infini puisque c'est une somme de carrés, est distribuée selon une loi de khi-deux à n degrés de liberté. Puisqu'elle est une addition de termes, sa valeur dépend logiquement du nombre des termes et s'accroit avec celui-ci. Ce nombre est nommé *degrés de liberté* car il indique en quelque sorte le nombre de choix libres pour construire la variable khi-deux. La densité de probabilité de la loi de khi-deux s'écrit:

$$f(\chi^2) = \chi^{n-2} \exp[-\chi^2 / 2] / 2^{n/2} K(n / 2)]$$

$$\text{avec } K(n) = \int e^{-x} x^{n-1} dx$$

2. Les caractéristiques de la loi du khi-deux

La distribution de khi-deux est dissymétrique avec étalement à droite, d'autant moins marqué que le nombre de degrés de liberté est grand. On montre les résultats suivants:

$$E(\chi^2) = n \qquad V(\chi^2) = 2n \qquad \text{Mode}(\chi^2) = n - 2$$

Ainsi les caractéristiques de cette loi dépendent uniquement du nombre de variables qui la constituent et sont donc indépendantes des valeurs prises par

4 Pour plus de détails consulter B. GRAIS, Méthodes Statistiques, Paris, Dunod, 1981, p. 131.

ces variables. On dispose ainsi d'une variable tout à fait singulière et étonnante puisqu'elle est distribuée selon une loi transversale aux caractéristiques des variables qui la constituent et partiellement indépendante d'elles; c'est ce qui explique l'utilisation de la loi de khi-deux dans les tests d'ajustement.

Figure n° 8

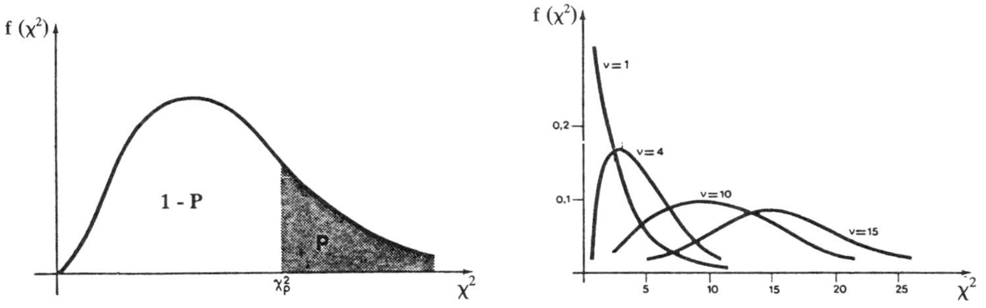

Valeur de khi-deux ayant la probabilité P d'être dépassée

Lois de khi-deux selon le nombre de degrés de liberté

Cette loi est **tabulée** en fonction du nombre de degrés de liberté et sous une forme adaptée à la réalisation de tests d'ajustement. Ainsi à chaque ligne de la table (voir en annexe) correspond une loi de khi-deux; elle indique la probabilité que khi-deux dépasse une certaine valeur. Au delà de 30 degrés de liberté on admet qu'un terme x, dérivé de khi-deux et dépendant de n, suit une loi normale centrée réduite. En général on retient comme terme:

$$T = [\sqrt{2\chi^2} - \sqrt{2n-1}] \quad \text{pour n de 31 à 100}$$

$$\text{et } T = [\chi^2 - n] / \sqrt{2n} \quad \text{pour n supérieur à 100}$$

On retrouve la variable normale centrée réduite puisque l'espérance mathématique et la variance de khi-deux valent respectivement n et 2n.

C. LA LOI EXPONENTIELLE

On dit qu'une variable aléatoire X est distribuée selon une loi exponentielle de paramètres m positif si sa densité de probabilité est une fonction telle que:

$$f(x) = m\, e^{-mx} \quad \text{pour } x \geq 0 \quad \text{et} \quad f(x) = 0 \text{ pour } x < 0$$

La représentation graphique de cette densité est la forme typique d'une courbe exponentielle. On montre les résultats suivants:

$$E(X) = 1/m \quad \text{et} \quad V(X) = 1/m^2$$

D. LA LOI DE PARETO

Cette loi est tout à fait différente des précédentes puisqu'elle est un résultat de l'observation empirique. Lors d'une étude de distribution des revenus, Pareto a constaté qu'en la représentant graphiquement, avec en abcisse log x (avec x, valeur minimum des revenus) et en ordonnée log N (avec N, nombre d'individus ayant un revenu supérieur à ce revenu x) les points étaient sensiblement alignés. Il est alors possible d'écrire:

$$\log N = \log A - a.\log x \quad \text{ou} \quad N = A / x^a$$

Dans la pratique on utilise un papier spécifique (le papier "log-log") qui permet rapidement de repérer si les points sont alignés et donc susceptibles de respecter la loi de Pareto.

EXERCICES D'APPLICATION

EXERCICE N° 9

Le chiffre d'affaires journalier d'un magasin est distribué selon une loi normale de moyenne 400.000 francs et d'écart-type 50.000 francs.

1. Déterminer la probabilité que le chiffre d'affaires journalier soit:
   a) inférieur à 450.000 francs
   b) supérieur à 480.000 francs
   c) inférieur à 384.000 francs
   d) compris entre 384.000 et 450.000 francs
   e) supérieur à 600.000 francs
2. Déterminer l'intervalle de chiffre d'affaires symétrique par rapport au chiffre d'affaires moyen et tel:
   a) qu'il englobe 95% des observations journalières
   b) qu'il exclut 2,5% des chiffre d'affaires extrêmes
3. Quelle approximation a-t-on effectué dans les questions précédentes en considérant implicitement que le chiffre d'affaires est absolument continu et compris entre moins et plus l'infini.

CORRIGE

1. Les paramètres de la loi normale suivie par X sont connus. On peut donc passer de cette variable à la variable T centrée réduite et utiliser la table numérique. Si l'on mesure la variable en milliers de francs on obtient les résultats suivants:

a) $P\{ X < 450 \} = P\{ T < (450-400)/50 \} = P\{T < 1\} = \mathbf{0{,}84134}$

On doit insister ici sur le fait qu'en utilisant une loi normale continue on considère comme équivalents les intervalles "inférieur ou égal" et "strictement inférieur à" puisque l'écart entre deux valeurs successives, mesuré avec la plus grande précision possible, est infiniment petit et donc négligeable. Cette hypothèse de continuité, convenable ici puisqu'on dit dans l'énoncé que le chiffre d'affaires suit une loi normale, n'est pas tout à fait exacte en pratique. Il n'est en effet pas équivalent d'englober ou non le seuil de chiffre d'affaires, qui se distingue de fait de ceux qui l'encadrent mais on suppose que cet écart est négligeable (ce qui est correct si par exemple on mesure le chiffre d'affaires en francs).

b) $P\{ X > 480 \} = P \{ T > (480\text{-}400)/50 \} = P \{ T > 1{,}6 \}$
$= 1 - P \{ T \leq 1{,}6 \} = 1 - 0{,}94520 =$ **0,0548**

c) $P\{ X < 384 \} = P\{ T < (384 - 400)/50 \} = P\{ T < - 0{,}32\}$
$= P\{ T > 0{,}32 \} = 1 - P\{ T \leq 0{,}32\} =$ **0,37448**

d) $P\{ 384 < X < 450 \} = P\{X < 450\} - P\{X < 384\}$
$= 0{,}84134 - 0{,}37448 =$ **0,46686**

e) $P\{ X > 600 \} = P\{T > (600\text{-}400)/50\} = P\{T > 4\}$
On lit directement le résultat dans la seconde partie de la table numérique car elle donne la probabilité de dépasser une certaine valeur de T. Le résultat est **317.10^{-7}**

2.a) La table numérique des probabilités d'intervalles symétriques par rapport à l'espérance donne $t = 1{,}96$ pour $p = 0{,}05$
soit $P\{T \in [-1{,}96, 1{,}96]\} = 0{,}95$
et $X = m + T\sigma = 400 \pm 1{,}96.50 =$ **(302 - 498)**
Ainsi, grosso modo, moins de 5% des chiffres d'affaires journaliers dépassent 500.000 francs ou n'excèdent pas 300.000 francs.

b) Si 2,5% des cas extrêmes sont à exclure cela signifie que la valeur positive de T recherchée doit être telle qu'il y ait une probabilité de (1/2) 2,5%, soit 0,0125, d'être dépassée. Il faut donc $P\{ T < t \} = 0{,}9875$
On lit dans la table $P \{ T < 2{,}24 \} = 0{,}98745$
et $X = m \pm T\sigma = 400 \pm 2{,}24 . 50 =$ **(288 - 512)**

3. La première erreur consiste à considérer que le chiffre d'affaires peut être négatif. Sa probabilité est la suivante:
$P\{ X < 0 \} = P\{ T < (0\text{-}400)/50 \} = P\{ T < -8\}$
Cette valeur de T est hors table ce qui indique qu'elle est **négligeable**.

La seconde erreur revient à considérer que le chiffre d'affaires est absolument continu. On ne peut la mesurer avec précision car elle n'est pas la même pour chaque valeur de la variable. Si l'on prend comme exemple le cas de la valeur modale (400), intéressant puisqu'il provoque l'erreur la plus grande, on obtient les résultats suivants.

Si le chiffre d'affaires, théoriquement continu, se mesure en pratique seulement en milliers de francs l'erreur revient à négliger l'intervalle qui sépare 400 de 401 soit:
$P\{ 400 < X < 401 \} = P\{ 0 < T < 1/50 \}$
$= P\{ T < 0{,}02 \} - P\{ T < 0 \} =$ **0,00798**

Si le chiffre d'affaires se mesure en francs l'erreur consiste à négliger l'intervalle séparant les valeurs 400 et 400,001 soit:

$$P\{400 < X < 400{,}001\} = P\{T < 0{,}001/50\} = 0$$

Ainsi l'utilisation d'une loi absolument continue pour un phénomène qui ne l'est pas parfaitement (impossibilité de trouver des valeurs négatives, mesure limitée à certaines valeurs) ne conduit pas à des erreurs trop dommageables.

EXERCICE N° 10

La direction d'un magasin décide d'enquêter auprès de sa clientèle occasionnelle qui représente 20% du total. Elle réalise pour cela un sondage non exhaustif supposé parfaitement représentatif puis distribue à chaque client occasionnel un questionnaire écrit.

1. On suppose que 50 personnes sont présentes dans le magasin au moment de l'enquête.

a) quelle est la probabilité que l'enquêteur n'ait pas suffisamment de questionnaires pour réaliser son enquête s'il en a prévu 12 ?

b) quelle est la probabilité qu'il ait juste le compte avec 12 questionnaires ?

c) combien doit-on prévoir de questionnaires si l'on veut être sûr, au risque de 1%, d'en avoir suffisamment ?

2. Quelles seraient les réponses à ces mêmes questions si l'on utilisait la loi normale ?

3. On suppose maintenant que l'enquête a lieu dans une population totale de 500 personnes.

a) quelle est la probabilité qu'il n'y ait pas suffisamment de questionnaires si 120 ont été prévus ?

b) quelle est la probabilité qu'il y ait juste le compte avec 120 questionnaires ?

c) combien de questionnaires faut-il prévoir pour qu'il y en ait suffisamment au risque de 1% ?

CORRIGE

1. On suppose dans l'énoncé que les échantillons ont la même structure que la population-mère et, entre autre, qu'ils englobent 20% de clients occasionnels.

a) La question revient à définir la probabilité que, parmi les 50 clients, plus de 12 soient occasionnels. Toutes les conditions sont remplies pour que cette variable soit distribuée selon une loi binomiale de paramètres 50 et 0,2: il y a deux éventualités seulement (occasionnels ou non), la probabilité d'une éventualité est connue et constante (ici 0,2 pour la modalité "occasionnel"), la variable aléatoire correspond au nombre d'événements d'un certain type (nombre de clients occasionnels). La loi étant tabulée on lit:

$$P\{X > 12\} = 1 - P\{ X \leq 12 \} = 1 - 0{,}8139 = \mathbf{0{,}1861}$$

b) On lit directement sur la table numérique la probabilité que X égale 12 soit **0,1032**

c) On lit dans la table numérique:

$$P\{X \leq 17\} = 0{,}9937 \text{ soit } P\{X > 17\} = 0{,}63\%$$

$$\text{et } P\{X \leq 16\} = 0{,}9856 \quad \text{soit } P\{ X > 16 \} = 1{,}5\%$$

Si l'on veut donc que le risque de dépassement soit inférieur à 1% il faut prévoir **17** questionnaires.

2. Les conditions d'approximation de la loi normale ne sont pas parfaitement remplies puisque p = 0,2 (ce qui est assez éloigné de 0,5). Toutefois on constate que les résultats sont assez proches de ceux obtenus avec la loi binomiale qui sont les seuls véritablement exacts. On déduit les paramètres de la loi normale à partir de la loi binomiale:

$$E(X) = n.p = 50 \,.\, 0{,}2 = 10$$

$$V(X) = n.p(1-p) = 50.0{,}2.0{,}8 = 8 \quad \text{soit un écart-type de } 2{,}828$$

Puisqu'on utilise une loi continue pour une variable discrète on doit faire la correction de continuité qui revient à assimiler chaque valeur de la variable à l'intervalle constitué par cette valeur, plus ou moins la moitié du pas. Ici, X prenant les valeurs 10 et 11, le pas est 1 et la valeur 10 est assimilée à l'intervalle (9,5-10,5). Les réponses sont alors les suivantes:

a) $P\{ X > 12\} = P\{ (12{,}5 - 10)/2{,}82) \}$

$= P\{ T > 0{,}883 \} = 1 - 0{,}811 = \mathbf{0{,}189}$

On pourrait obtenir un résultat plus précis en faisant une extrapolation linéaire à partir de $P\{T>0{,}88\}$ et $P\{T>0{,}89\}$ mais cela serait une précision inutile compte tenu du fait que la loi normale est déjà une approximation.

b) $P\{ X = 12 \} = P\{ 11{,}5 < X < 12{,}5 \}$

$= P\{ 0{,}53 < T < 0{,}884 \} = \mathbf{0{,}109}$

Pour cette question on peut utiliser une seconde méthode qui donne un résultat très proche. La table de la densité de probabilité permet en effet d'écrire:

$P\{ X = 12 \} = f(t) / \sigma$ avec $t = (x\text{-}m) / \sigma$ (sans correction de continuité cette fois-ci)

soit $f(0{,}707) / \sigma = 0{,}311/2{,}83 = \mathbf{0{,}109}$

c) On lit $P\{ T < 2{,}33 \} = 0{,}9901$

et $X = m + T\,\sigma = 10 + 2{,}33.2{,}28 = 10 + 6{,}6 = \mathbf{17}$

c'est à dire qu'il y a 0,99% de chances de ne pas avoir suffisamment de questionnaires avec 17.

Au total l'approximation par la loi normale est satisfaisante si l'on compare les réponses à ces questions avec celles obtenues précédemment avec la loi binomiale.

3. Ici on approxime sans hésiter par la loi normale car la grande taille de l'échantillon compense la faiblesse de p et parce que l'utilisation de la loi binomiale n'est pas pratique puisque non tabulée. Les paramètres de la loi normale sont:

$$E(X) = n.p = 500 \,.\, 0{,}2 = 100$$
$$V(X) = n.p(1-p) = 500 \,.\, 0{,}2 \,.\, 0{,}8 = 80 \quad \text{et } \sigma = 8{,}944$$

a) $P\{ X > 120 \} = P\{ T > (120{,}5 - 100) / 8{,}944 \}$
$= P\{T > 2{,}29\} = 1 - 0{,}98899 = \mathbf{0{,}011}$

b) $P\{ 119{,}5 < X < 120{,}5 \} = P\{ 2{,}18 < T < 2{,}29 \}$
$= 0{,}00362 = f(2{,}236) / 8{,}944$

c) $P\{ T < 2{,}33 \} = 0{,}99$
donc $X = m + t\,\sigma = 100 + 2{,}33.8{,}944 = \mathbf{121}$ quest.

En comparant cette série de résultats avec les précédents on observe que des questions, équivalentes en termes relatifs (12/50 étant par exemple égal à 120/500), ne donnent pas du tout les mêmes probabilités car le changement de dimension de la population (50 puis 500) modifie la loi normale et en particulier sa dispersion.

EXERCICE N° 11

Dans la clientèle d'un magasin la distribution du revenu des clients suit une loi log-normale. Définir cette loi (paramètres et caractéristiques) sachant que sur 1000 clients:

- 119 ont un revenu inférieur à 2000 francs
- 500 ont un revenu inférieur à 4000 francs
- 881 ont un revenu inférieur à 8000 francs

CORRIGE

1. Pour déterminer les paramètres de la loi il suffit de résoudre le système de 3 équations à 3 inconnues suggéré par l'énoncé. Si le revenu est mesuré en milliers de francs on peut écrire:

$P\{X < 2\} = 0{,}119$ soit $[\, Ln\, 2 - m\,] / \sigma = -1{,}18$

$P\{X < 4\} = 0{,}5$ soit $[\, Ln\, 4 - m\,] / \sigma = 0$

$P\{X < 8\} = 0{,}881$ soit $[\, Ln\, 8 - m\,] / \sigma = 1{,}18$

On en déduit $m = Ln\, 4 = 1{,}386$ et $\sigma = 0{,}587$
Donc X suit une loi Log-normale (0; 1,386; 0,587)

2. Les caractéristiques de la loi sont les suivantes, par simple application de leur définition:

mode: $e^{1,04} = 2{,}83$ espérance : $e^{1,558} = 4{,}75$

variance: $e^{3,46}\,(1 - e^{-0,344}) = 9{,}26$

EXERCICE N° 12

Dans une société constituée de 50 établissements la distribution du nombre de salariés par établissement est la suivante:

nombre de salariés par établissements	2 à 10	11 à 50	51 à 100	101 à 200	201 à 500	> 500
nb. d'établissements	34	10	1	2	1	2

Quelle loi cette distribution suit-elle ?

CORRIGE

Plusieurs tentatives, notamment graphiques, peuvent être entreprises pour associer à cette distribution empirique une loi continue standard:

- Si l'on représente le nombre d'établissements N selon leur taille X la courbe ne suggère pas du tout une loi normale car elle n'est pas symétrique.

- Si l'on utilise les logarithmes de X cela ne change rien puisque les points correspondants ne sont pas répartis selon la fameuse courbe en cloche; la loi log-normale est donc exclue.

- Par contre si l'on représente non pas N et X mais log N et log X on constate que les points sont alignés: la distribution respecte donc une loi de Pareto.

$$\text{On écrit } N = A / x^a \quad \text{ou} \quad \log N = \log A - a \,.\, \log x$$

Les calculs sont les suivants:

nombre de salariés par étab.	nombre d'étab.	nombre x minimum de salariés	nombre A d'étab. ayant nb >de sal.	log x	log A
2 à 10	34	1	50	0	1,7
11 à 50	10	10	16	1	1,2
51 à 100	1	50	6	1,7	0,77
101 à 200	2	100	5	2	0,7
201 à 500	1	200	3	2,3	0,47
+ de 500	2	500	2	2,7	0,30

En prenant les deux points extrêmes on a 2 équations qui permettent de déterminer les 2 inconnues:

$$\log 50 = \log A - a \,.\, \log 1 \quad \text{soit } A = 50$$
$$\log 2 = \log A - a \,.\, \log 500 \quad \text{soit } a = 0{,}518$$
$$\text{et donc } \log N = 1{,}699 - 0{,}518 \log x$$

Signalons que cette procédure de recherche par tâtonnement peut conduire à plusieurs résultats selon les couples de points retenus c'est à dire à plusieurs lois de Pareto s'ajustant convenablement à la distribution empirique.

CHAPITRE 3

L'AJUSTEMENT STATISTIQUE

Où il apparait que la fragilité et l'approximation sont des qualités au regard du statisticien.

Supposons que l'on caractérise les individus d'une population selon leur sexe et qu'il y ait équirépartition hommes-femmes. Prenant un échantillon au hasard on se doute qu'il n'y aura pas systématiquement équirépartition mais on pressent également qu'il y aura une certaine *ressemblance* entre les répartitions des individus de l'échantillon et de la population-mère selon leur sexe et que cette ressemblance n'est pas indépendante de la taille des effectifs observés. On peut donc considérer qu'un échantillon est distribué selon une norme fixée a priori même si les deux distributions d'effectifs correspondantes ne sont pas absolument identiques.

De même, dans un exercice du chapitre consacré aux lois discrètes on a eu l'occasion de comparer les structures respectives d'une population-mère et des échantillons issus de celle-ci. On a alors observé que la ressemblance est très probable mais qu'il est aussi rare de trouver un échantillon parfaitement identique à la population-mère que d'en trouver un très différent. Ceci signifie, a contrario, que l'on peut accepter l'idée qu'un échantillon soit extrait d'une population-mère même si, entre les deux distributions, il y a une certaine différence. L'ajustement statistique consiste à voir à partir de quelle différence cette idée est convenable.

On étudie donc une distribution particulière, dite empirique ou expérimentale, d'une variable aléatoire quelconque. Autrement dit on connait un seul échantillon parmi les nombreux possibles, une seule distribution d'effectifs observés n_i correspondant aux diverses modalités ou valeurs de la variable. On cherche alors une distribution théorique ressemblant à la distribution empirique c'est à dire telle que les effectifs théoriques Np_i soient le plus proches possible des effectifs empiriques, et ceci pour chaque modalité ou valeur de la variable. Cette distribution théorique est élaborée à partir d'une hypothèse quelconque qui peut être, mais pas nécessairement, une loi standard. La comparaison des effectifs, termes à termes, permet alors de considérer comme proches ou non les deux distributions, de négliger ou non leurs différences. La décision peut être prise de plusieurs manières: grossièrement en regardant ce que représentent les écarts relatifs entre les effectifs, graphiquement en utilisant la méthode de la droite de Henry ou rigoureusement en procédant au test de khi-deux. C'est l'objet de ce chapitre. Concernant la procédure du khi-deux on signale au lecteur qu'il est possible, à la seule lecture de ce chapitre, de la mettre en application mais que la compréhension totale de son principe exige sans doute la connaissance des principes de l'induction statistique qui seront présentés dans la III°partie.

Soit, à titre d'exemple introductif, l'habituel jeu de pile ou face. Supposons qu'une expérience aléatoire consiste à jeter 4 pièces de monnaies équilibrées. Le "nombre de piles" obtenu suit une loi théorique parfaitement connue puisqu'il s'agit de la loi binomiale de paramètres n = 4 et p = 0,5. L'échantillon peut donc prendre diverses configurations ayant des probabilités parfaitement déterminables : respectivement, pour 0, 1, 2, 3 et 4 piles, les valeurs sont 1/16, 4/16, 6/16, 4/16, 1/16. On note au passage que la loi de probabilité est symétrique du fait de la tendance à la normalité de la loi binomiale; ceci explique que le plus fréquent, ici, est une répartition équivalente à la probabilité élémentaire et le moins fréquent des répartitions correspondant à des nombres très différents de piles et de faces. Naturellement ces probabilités ne se réalisent pas telles quelles et "à tous les coups". Ainsi il serait bien étonnant qu'en renouvellant 16 fois l'expérience on obtienne exactement 1 fois "aucun pile", 4 fois "un pile", 6 fois "deux piles", 4 fois "trois piles" et 1 fois "quatre piles", c'est à dire qu'il y ait parfaite concordance entre les probabilités et les fréquences. Par contre il serait surprenant que les fréquences des cas extrêmes soient plus fortes que celles correspondant à l'équirépartition...mais cela pourrait exceptionnellement arriver. Il doit donc donc y avoir ressemblance et non parfaite similitude entre les probabilités théoriques et les effectifs observés; autrement dit certains écarts sont tout à fait acceptables car ils sont simplement le fruit d'inévitables fluctuations d'échantillonnage. D'autres par contre, le sont moins.

C'est le principe même de l'ajustement statistique. Toujours sur cet exemple, on partirait cette fois-ci d'une série expérimentale de jets de pièces ayant abouti chacun à un certain nombre de piles et de faces et on s'interrogerait ainsi: jusqu'à quelle différence entre les résultats observés et théoriques accepte-t-on de retenir l'hypothèse d'équilibre de la pièce et à partir de quelle différence préfère-t-on la rejeter ? Le test de khi-deux permet de répondre à ces questions.

Le procédé de l'ajustement statistique est donc particulièrement utile puisqu'il permet, à partir de la connaissance d'un seul échantillon, d'évaluer des résultats correspondant à des modalités de la variable n'existant pas dans l'échantillon ou même de prévoir des résultats sur un échantillon de taille différente. Le pouvoir de ce procédé est donc équivalent à celui de l'ajustement linéaire, lequel permet également de remplacer une suite d'observations par une loi simple, en l'occurence une droite alors qu'ici toute forme est envisageable. Ceci est d'autant plus utile que le test de khi-deux s'applique à un caractère quelconque, que ses modalités soient discrètes, continues ou qualitatives; c'est la raison de son utilisation dans de nombreuses disciplines et notamment dans les sciences sociales et expérimentales.

I. L'AJUSTEMENT GRAPHIQUE PAR LA DROITE DE HENRY

A. LE PRINCIPE DE L'AJUSTEMENT

Ce procédé, rapide mais sommaire, s'applique uniquement aux situations dans lesquelles on envisage d'ajuster à une distribution empirique une loi normale ou une loi assimilable comme la loi log-normale. Son champ d'application est donc restreint. La méthode s'appuie sur le fait qu'une variable normale de paramètres m et σ se transforme en variable centrée réduite et normale de paramètres 0 et 1. En effet, grâce à un simple changement de variable $T = (X - m) / \sigma$, la courbe de la fonction de répartition de X se transforme en une droite dont l'équation est $t=(x-m)/\sigma$.C'est la droite de Henry pour laquelle on a aussi $F(x) = \Pi [(x - m) / \sigma]$. Dès lors la méthode de Henry consiste à représenter la distribution expérimentale dans un système d'axes défini par x et t et à voir si les points sont suffisamment alignés pour que l'on puisse accepter l'ajustement par la loi normale. Naturellement la réponse est incertaine puisqu'elle se fonde sur une appréciation de linéarité purement graphique et donc très subjective[1]. Seul le test de khi-deux permet, par sa rigueur, de faire l'unanimité.

B. LE DEROULEMENT DE LA METHODE

La première étape consiste à transformer les données pour qu'elles apparaissent sous des formes acceptées par la procédure graphique. La variable retenue est celle qui correspond aux bornes supérieures de chaque classe et les effectifs utilisés sont les effectifs cumulés croissants et ramenés en pourcentages. Deux situations sont alors envisageables. Si l'on dispose d'un papier spécial, dit diagramme de la droite de Henry, à coordonnées gausso-arithmétiques on inscrit directement, en abcisse, les valeurs des bornes supérieures de chaque classe de la variable et, en ordonnée, les proportions d'individus n'atteignant pas chacune de ces valeurs. L'intérêt du papier gausso-arithmétique est de graduer l'ordonnée selon la distribution de (t) alors qu'on y représente les valeurs de t.

---

1 Il est peu probable que les observateurs soient unanimes pour considérer que tel nuage de points est "à peu près" aligné, chacun ayant "son idée" de l'à peu près.

Figure n° 9

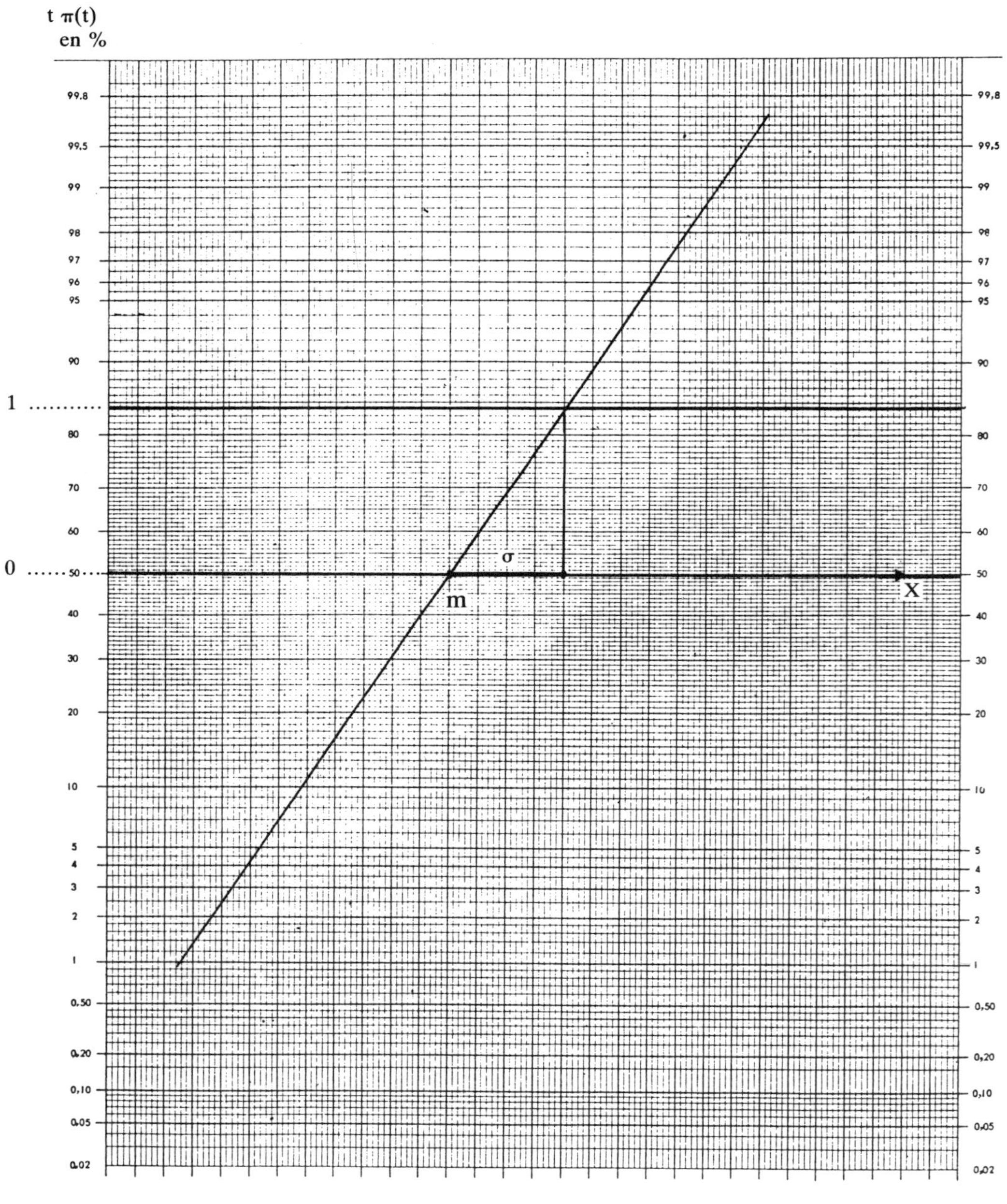

Diagramme de Henry (échelle gausso-arithmétique)

Par contre, si l'on utilise un graphique aux coordonnées arithmétiques on inscrit, en abcisse, les bornes supérieures des classes et, en ordonnée, les valeurs de t correspondant à ces bornes et lues dans la table numérique de la loi normale à partir des probabilités que la valeur de la variable soit inférieure à chaque borne supérieure des classes. Cette seconde procédure n'est guère utilisée car elle perd l'avantage de rapidité de la méthode de Henry.

Il reste alors à prendre la décision. Si les points ne sont pas du tout alignés on rejète l'hypothèse de normalité. Dans le cas contraire on retient l'ajustement et l'on construit, par tatônnement, la droite qui traverse le mieux le nuage de points. L'équation de cette droite détermine les paramètres de la loi normale retenue pour l'ajustement. En effet $t = (x - m) / \sigma$ donne les valeurs suivantes:

- lorsque $t = 0$ on a $x = m$ et donc la moyenne correspond au point d'intersection de la droite avec l'axe des abcisses.

- lorsque $t = 1$ on a $x = m + \sigma$ et donc l'écart-type correspond à l'abcisse, déduction faite de m, du point d'intersection de la droite avec la ligne d'ordonnée $t=1$.

On peut ensuite utiliser cet ajustement pour évaluer des effectifs correspondant à des valeurs de la variable absentes dans l'échantillon. Il suffit pour cela d'utiliser l'équation de la droite et d'observer la valeur de x correspondant à une valeur de t ou de (t).

II. LE TEST DE KHI-DEUX OU TEST DE PEARSON

A. LE PRINCIPE DU TEST

Le champ d'application du test de khi-deux est très vaste puisqu'il permet d'ajuster à une distribution expérimentale quelconque, dont le caractère est qualitatif, quantitatif discret ou continu, une distribution théorique adéquate définie a priori ou à partir de l'échantillon et dont la forme est ou non une loi standard. Le test de khi-deux permet également de dire si deux distributions, ou deux échantillons, peuvent ou non être considérés comme analogues. Naturellement la réponse à ces questions ne peut être certaine puisqu'on ne sait pas d'où proviennent réellement ces échantillons, la population-mère restant à jamais inconnue. On cherche donc simplement une aide à la décision qui permette de limiter les risques en décidant si oui ou non il y a similitude, si oui ou non on peut négliger les différences. Ce test d'hypothèse est une procédure rigoureuse, débouchant sur une décision simple (oui ou non) et particulièrement efficace puisqu'il se réalise uniquement à partir des effectifs (il est d'ailleurs interdit de réaliser ce test sur des pourcentages) et ceci indépendamment des modalités de la variable. En ce sens son champ d'application est plus vaste que d'autres méthodes statistiques comme par exemple l'analyse de la régression qui exige des modalités quantitatives.

La procédure consiste à tester l'hypothèse de similitude entre deux distributions qu'il s'agisse de deux échantillons ou d'un échantillon et d'une population-mère. Deux situations existent en théorie, c'est à dire en connaissant la réponse à la question posée:

- soit l'hypothèse est **vraie,** c'est à dire que l'échantillon est effectivement extrait de la population-mère envisagée, et alors l'écart entre les effectifs observés et théoriques a de fortes chances d'être plutôt faible, même s'il peut dans certains cas, très rares, être très élevé,

- soit elle est **fausse,** c'est à dire que l'échantillon vient d'ailleurs, et l'écart a plutôt de fortes chances d'être important, même si le hasard peut exceptionnellement conduire, dans ce cas, à une forte proximité.

Dès lors, quand les écarts sont **petits**, ils sont interprétés comme exclusivement liés aux *fluctuations d'échantillonage*, lesquelles font qu'inévitablement il y a de petites différences de structure entre les divers échantillons extraits de la même population-mère et, dans ce cas, on retient l'hypothèse. Par contre si les écarts sont **grands** on considère qu'ils ne peuvent s'expliquer uniquement par ces fluctuations et on rejète l'hypothèse.

Pour prendre la décision il faut fixer un seuil limite tel que le risque d'erreur, inévitable pour une telle décision, soit le plus faible possible et en particulier plus petit que celui lié à la décision opposée. Ce seuil, fixé a priori, peut être traduit en termes de distance à partir de la loi de khi-deux. On a vu en effet que cette loi était celle d'une somme de carrés de variables indépendantes et continues. En construisant un échantillon à partir d'une population-mère on produit en fait une variable aléatoire bernoullienne, chaque individu pouvant ou non appartenir à l'échantillon, telle que les résultats possibles suivent une loi normale. Il suffit donc de mesurer les écarts (plus précisément leurs carrés) entre ces résultats et les résultats théoriques et de les additionner pour obtenir une variable de khi-deux dont la loi de distribution est parfaitement connue. Cette distribution de probabilité, lue dans la table de la loi de khi-deux, permet d'associer au seuil fixé a priori une distance limite séparant les décisions d'acceptation ou de rejet de l'hypothèse, c'est à dire le moment on l'on passe d'un écart jugé suffisamment petit à un écart jugé trop grand.

A l'issue du test on prend donc, en fonction de l'ampleur de l'écart, une décision simple d'acceptation ou de rejet de l'hypothèse, d'équivalence ou non de deux distributions. En cas de rejet on peut préciser le risque de *première espèce* c'est à dire le risque de refuser une hypothèse vraie, dit "rejet à tord": il correspond à la probabilité d'obtenir, si l'hypothèse était vraie, un écart d'échantillonnage égal ou supérieur à la limite fixée. Il existe en réalité un autre risque, celui d'acceptation d'une hypothèse fausse, dite d'"acceptation à tord", correspondant à la situation dans laquelle l'écart est petit alors que l'échantillon ne provient pas de la population-mère. Ce risque, dit de *seconde espèce* ne sera pas étudié ici[2].

---

2 On renvoit le lecteur aux ouvrages de statistiques consacrés à la théorie des tests.

B. LE DEROULEMENT PRECIS DU TEST DE KHI-DEUX

* On dispose au départ d'une distribution observée dans un échantillon de N individus obtenus à l'issue d'une expérience aléatoire quelconque. Le caractère X étudié comporte k modalités (m_1, m_2...m_k) qui peuvent être soit quantitatives (discrètes ou continues) soit qualitatives. Chacune de ces modalités a des effectifs n_1, n_2... n_k, tels que $\Sigma n_i = N$.

* On choisit une **hypothèse** permettant de déterminer des effectifs théoriques pour chacune des modalités prises par le caractère observé. Cette hypothèse peut être une loi standard (une de celles étudiées dans les précédents chapitres ou une autre quelconque), une norme (par exemple l'équirépartition dans l'analyse des tableaux de contingence), ou une autre distribution empirique (en cas de test d'homogénéité ou d'indépendance). Dans tous les cas on nomme les effectifs théoriques Np_i pour souligner le fait qu'il sont généralement obtenus en faisant le produit des probabilités issues de l'hypothèse par l'effectif total de l'échantillon étudié[3]. A ce stade il est indispensable que chacun des effectifs théoriques Np_i soit au moins égal à 5 et si ce n'est pas le cas on modifie la distribution initiale en regroupant les modalités par voisinage. On comprend en effet que lorsque les effectifs sont trop petits les écarts sont trop sensibles et donc le test peu probant.

* On détermine alors la **distance** entre les deux distributions, plus précisement entre les effectifs observés et théoriques. Cette distance, dite du khi-deux, s'écrit ainsi:

$$d = \Sigma \; [(n_i - Np_i)^2 \,/\, Np_i] \text{ avec la somme sur i}$$

On écrit aussi $d = \Sigma \; [\; (O_i - T_i)^2 / T_i \;]$ pour bien signifier qu'il s'agit d'une comparaison d'effectifs observés (O_i) et théoriques (T_i). Lorsqu'on utilise le test de khi-deux comme test d'indépendance, seule la deuxième convention d'écriture est valable et à condition d'entendre les effectifs théoriques comme ceux correspondant à l'hypothèse d'indépendance. Par contre la première convention est bien adaptée aux ajustements de lois théoriques car dans ces cas les termes p_i ont un sens.

On observe que cet indice global de distance entre distributions observées et théoriques est une somme d'écarts, élevés au carré et relativisés et correspond à la façon dont on a défini une variable de khi-deux. On connait donc sa loi de probabilité, le terme d étant une valeur spécifique de la distance aléatoire D qui sépare une distribution théorique d'une distribution empirique.

3 Cette écriture n'a pas vraiment de sens lorsque l'hypothèse n'est pas une loi

Dans le cas où la distribution observée provient effectivement de la distribution théorique envisagée comme hypothèse, cette distance D suit une loi de khi-deux.

* On définit alors précisément la **loi de khi-deux** correspondant au problème étudié. On se souvient que la loi de khi-deux, loi d'une variable somme de variables, dépend du nombre de termes de cette somme, appelé **nombre de degrés de liberté**. Celui-ci correspond au nombre minimum de termes nécessaires à la définition de la distribution théorique. Il n'est pas tout à fait égal au nombre de modalités de la variable pour deux raisons. En effet, une fois définis (n-1) termes de la distribution d'effectifs le dernier terme s'impose puisque l'effectif total est connu. D'autre part on est parfois conduit à fixer des contraintes supplémentaires en particulier lorsqu'on utilise l'échantillon pour déterminer les paramètres de la loi théorique. Ces deux raisons illustrent le fait que chaque relation linéaire existant entre les variables vient réduire le nombre de dimensions de la variable et donc le nombre de degrés de liberté de sa définition.

On a finalement $n = k - 1 - r$ avec k nombre de modalités du caractère (une fois les regroupements d'effectifs réalisés) et r nombre de paramètres estimés. Les valeurs prises par r peuvent être par exemple "0" si l'hypothèse est définie a priori c'est à dire de manière exogène vis à vis de la distribution observée, "1" si la distribution théorique est par exemple une loi binomiale ou de Poisson dont le paramètre a été estimé à partir de l'échantillon, "2" si la distribution théorique est issue d'une loi normale dont les paramètres m et σ ont été estimés. Il ne faut toutefois pas considérer que tout test de normalité conduit nécessairement à prendre $r = 2$ car il peut se produire qu'aucun ou un seul des paramètres soit estimé. De plus la loi binomiale, qui se définit en théorie à partir des deux paramètres n et p, est, du point de vue du test de khi-deux, à un seul paramètre car la taille de l'échantillon est considérée comme une contrainte.

* On conclut le test en prenant la **décision** d'acceptation ou de refus de l'hypothèse envisagée. Pour cela on détermine le **seuil de décision**, ou "valeur critique", à partir du risque que l'on est prêt à prendre (généralement de l'ordre de 1%, 5%, ou 10%). Puis on lit sur la table numérique de la loi de khi- deux à n degrés de liberté la valeur correspondant à ce seuil. Enfin on compare cette valeur théorique de khi-deux avec la distance "d" calculée précédemment. Si cette distance est la plus petite des deux alors on **accepte** l'hypothèse, considérant que l'écart est faible et imputable aux inévitables fluctuations d'échantillonage. Par contre si la distance d est la plus grande on **rejette** l'hypothèse car, dans le cas où elle serait vraie, un tel écart est très rare.

Figure n° 10

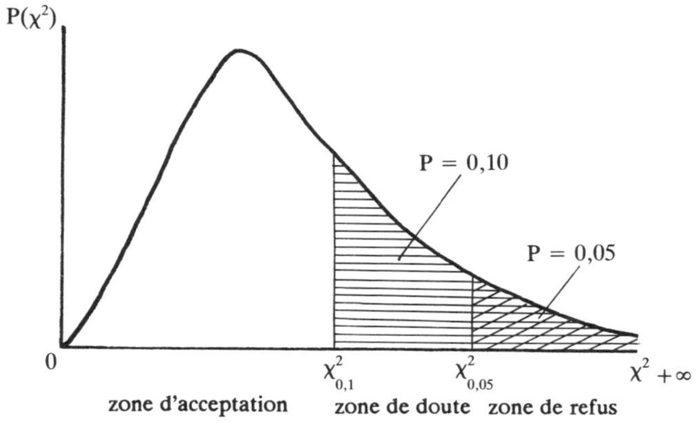

Valeur de khi-deux ayant la probabilité P d'être dépassée

C. COMMENTAIRES ET ILLUSTRATION

Plusieurs observations permettent de préciser la nature et l'usage du test du khi-deux.

* La notion d'hypothèse est très large mais elle n'a de sens que si on peut l'exprimer, directement ou indirectement, en effectifs théoriques. Ainsi l'hypothèse d'équilibre d'une pièce de monnaie est envisageable car elle permet de construire des distributions fondées sur le principe de l'équirépartition alors que l'hypothèse de déséquilibre est trop floue et n'a de traduction possible en termes d'effectifs que si l'on peut préciser quantitativement le déséquilibre, en supposant, par exemple, que "pile" a 3 fois plus de chances d'être obtenu que "face".

* La conclusion du test est sommaire puisqu'elle se résume au choix entre l'acceptation et le refus. Toutefois, parce qu'un tel dilemme est parfois insupportable, on définit une **zone de doute** dans laquelle la décision est instable (acceptation pour un seuil, refus pour un autre) et donc suspendue.

* En cas de rejet d'hypothèse on est en mesure de préciser le risque d'erreur (dit de première espèce ou de rejet d'une hypothèse vraie) puisqu'il correspond à la probabilité que le khi-deux critique (et lu dans la table) dépasse la valeur calculée. Par contre lorsqu'on accepte l'hypothèse on ne connait pas le risque précis d'erreur c'est à dire celui d'acceptation d'une hypothèse fausse.

* Il est toujours possible de trouver un seuil permettant d'accepter une hypothèse et un autre conduisant au refus. En un certain sens le test de khi-deux peut justifier n'importe quelle décision, ce qui, convenons en, est parfois pratique. Dit autrement la notion de petit ou de grand est toute relative. Toutefois, plus élevé sera le seuil de décision plus faible sera le risque de première espèce c'est à dire le risque de rejeter à tord une hypothèse. Inversement, en élevant le seuil de décision on augmente le risque de seconde espèce lié à l'acceptation d'un hypothèse fausse. Ainsi pour prendre une décision il faut choisir entre les risques d'erreur en déterminant a priori le seuil en fonction des conséquences comparées des deux erreurs, inévitables mais réductibles. La décision oscille donc entre le refus quasi systématique, qui conduit à se priver d'hypothèses pourtant vraies, et l'acceptation tellement fréquente qu'elle s'applique trop souvent à des hypothèses fausses. Entre la prudence extrême et la témérité absolue, le dilemne est cruel.

* La décision dépend naturellement des caractéristiques de l'observation et plus particulièrement du nombre de modalités de la variable et de la taille de l'échantillon. En effet, en cas d'hypothèse vraie, il est logique que les fluctuations d'échantillonnage conduisent à une distance globale entre effectifs observés et théoriques d'autant plus forte que le nombre de modalités est grand (ce qui explique les valeurs croissantes observées dans la table de khi-deux à mesure que le nombre de modalités augmente) et d'autant plus faible que la taille de l'échantillon est grande (la distance du khi-deux étant mesurée en valeur relative puisque les écarts sont divisés par les effectifs de chaque modalité). Dès lors une distribution empirique, constante en valeurs relatives, conduit d'autant plus aisément à l'acceptation de l'hypothèse que la taille de l'échantillon est petite ou le nombre de modalités grand.

* Le test porte non pas sur les probabilités d'obtenir une distance particulière mais sur les probabilités d'atteindre ou de dépasser une distance particulière. Outre le fait que le choix contraire est impossible, du fait de la continuité de la variable de khi-deux, il serait beaucoup trop exigeant, la ressemblance devant être seulement globale et non nécessairement observable pour chacune des modalités.

* Enfin il ne faut pas confondre le seuil de décision fixé a priori, en fonction du problème étudié, et le risque d'erreur de première espèce qui précise a posteriori la marge d'incertitude de la décision prise à l'issue du test.

Maintenant que le déroulement du test est connu il est possible de reprendre l'exemple introductif du *jeu de pile ou face*. On était parti d'une pièce parfaitement équilibrée (l'équilibre étant alors une certitude et non une hypothèse) et on avait vu que le jet de 4 pièces pouvait aboutir à des configurations très différentes allant d'une exclusivité de piles à une absence de piles en passant par "autant de piles que de faces". Chacune de ces possibilités peut être caractérisé par sa probabilité d'apparition (on l'avait fait en utilisant la table de la loi binomiale) et l'on peut alors en déduire, sur un ensemble de jets précis (16 dans l'exemple) des effectifs théoriques : ici 1, 4, 6, 4, 1 jets de 4 pièces selon que le nombre de piles obtenus est 0, 1, 2, 3, ou 4). De son coté l'observation de 16 jets expérimentaux fournit une distribution de résultats "observés" en fonction du nombre de piles obtenus (par exemple 2, 4, 7, 2, 1). Il est normal que ces deux distributions aient à la fois des ressemblances et des différences car, encore une fois, on ne demande pas qu'il y ait parfaite similitude entre les distributions de probabilités et de fréquences. Il est alors possible de déterminer une distance globale entre ces deux distributions. Chacune de ces distances globales a une certaine probabilité, connue, d'apparaitre puisqu'elle correspond à la probabilité d'obtention d'un échantillon du type de celui observé. Ces distances aléatoires viennent en quelque sorte se substituer au nombre précis de piles et de faces qui n'est pas pris en considération en tant que tel mais seulement en tant qu'écart par rapport au nombre de piles et faces correspondant à l'hypothèse d'équilibre. On peut ainsi associer à chaque type de résultat les distances de khi-deux entre effectifs observés et théoriques ainsi que les probabilités d'atteindre ou de dépasser ces distances.

Le test de khi-deux consiste simplement à s'appuyer sur cela dans le cas où l'on ignore si la propriété d'équilibre de la pièce est vraie mais où l'on veut la "tester". On est alors conduit à accepter cette hypothèse si la distance entre les deux distributions est petite, ce qui est très probable en cas d'hypothèse vraie et peut alors s'interpréter comme uniquement lié aux "inévitable fluctuations d'échantillonnage". Par contre on la refuse à partir d'un certain seuil, d'une distance considérée comme trop grande, distance certes possible mais si rare qu'on préfère l'attribuer à un déséquilibre probable de la pièce. Naturellement il y a dans les deux cas un certain risque d'erreur; on peut même envisager de tester (et d'accepter) plusieurs hypothèses (ici, par exemple, une probabilité de tirer pile égale à 0,4) à partir d'une même distribution empirique. Par le test de khi-deux la décision est à la fois balisée et ouverte.

EXERCICES D'APPLICATION

EXERCICE N°13

Le gérant d'un magasin établit la statistique des dépenses par clients à partir d'un échantillon aléatoire de 100 personnes. Les résultats, mesurés en francs, sont les suivants:

dépenses par clients	moins de 100	100 à 200	200 à 300	300 à 500	500 à 700	700 à 900	900 à 1300
nombre de clients	6	5	7	20	26	20	16

1. En utilisant une méthode graphique:
   a) dire si cette distribution empirique peut être considérée comme normale ?
   b) en déduire le nombre probable de clients ayant une dépense supérieure à 1000 francs.
2. Mêmes questions en utilisant un test statistique.

CORRIGE

1.a) Grâce au tableau de données ci-joint on peut appliquer la méthode graphique de Henry. La dernière colonne des valeurs de la variable centrée réduite est inutile si l'on dispose du papier gradué spécialement pour l'usage de la droite de Henry: dans ce cas en effet on retranscrit directement les bornes supérieures de classe en abcisse et les probabilités cumulées en ordonnée. Par contre lorsqu'on utilise du papier à échelle arithmétique il faut représenter les valeurs des bornes supérieures en abcisse et celles de T en ordonnée, celles-ci étant déduites des probabilités cumulées par lecture dans la table de la loi normale.

Quelque soit le procédé graphique retenu (il vaut mieux toutefois utiliser le papier spécifique de Henry sinon la méthode perd de sa rapidité et donc de son intérêt) on observe que les points sont à peu près alignés. L'échantillon peut être ajusté par une loi normale dont les paramètres sont approximativement 600 francs pour la moyenne et 300 francs pour l'écart-type.

Ces paramètres se lisent sur le graphique à l'intersection de la droite d'ajustement et des droites d'ordonnée 0,5 et 0,84 ou t = 0 et t = 1.

Tableau de calcul :

dépenses par clients	nombre de clients	borne sup. de cl.	effectifs cumulés n_i	proba cumul Π_i	valeur de t_i
< 100	6	100	6	0,06	-1,56
100-200	5	200	11	0,11	-1,23
200-300	7	300	18	0,18	-0,92
300-500	20	500	38	0,38	-0,31
500-700	26	700	64	0,64	+0,36
700-900	20	900	84	0,84	+1,00
900-1300	16	1300	100	1	

b) Dès lors pour une valeur de 1000 francs on lit une valeur de T de l'ordre de 1,3 ce qui correspond à une probabilité qu'elle soit dépassée d'environ 0,1. Grosso modo 10% de personnes ont donc effectué une dépense supérieure à 1000 francs.

2. Le test de khi-deux permet d'affiner la réponse, de lui donner un contenu plus rigoureux et moins intuitif.

* Dans un premier temps on choisit une hypothèse. Ici, en particulier du fait du résultat de la question précédente, on retient l'hypothèse d'une loi normale dont les paramètres sont estimés à partir de l'échantillon. Après calcul on obtient une moyenne de 600 francs et un écart-type de 305 francs. On considère que ces résultats, effectivement observés dans l'échantillon, sont de bonnes estimations des paramètres m et σ de la loi normale envisagée.

* Ensuite on détermine les effectifs théoriques que cette loi normale de paramètres 600 et 305 aurait donné et on calcule leur distance par rapport aux effectifs empiriques. Les calculs, effectués en centaines de francs, sont les suivants:

dépenses par clients	<100	100 200	200 300	300 500	500 700	700 900	900 1300	total
nombre de clients	6	5	7	20	26	20	16	100
borne sup	1	2	3	5	7	9	13	
valeur t	-1,64	-1,31	-0,98	-0,32	+0,32	+0,98	+2,29	
proba cumulées Π	0,05	0,095	0,164	0,375	0,625	0,836	1	
proba	0,05	0,045	0,069	0,211	0,250	0,211	0,164	1
Np_i	5	4,5	6,8	21,1	25,1	21,1	16,4	100
$[(n_i-Np_i)^2] / Np_i$	0,24		0,00	0,05	0,03	0,06	0,01	0,4

Au total la distance **d** entre les deux distributions d'effectifs est d'environ 0,4 (il vaut mieux dans le test de khi-deux arrondir les calculs aux valeurs supérieures). La loi de khi-deux correspondant au problème est à 3 degrés de liberté (6-1-2) puisque deux paramètres ont été estimés et qu'il a fallu regrouper les deux premières classes pour respecter la condition des $Np_i > 5$. Le khi-deux obtenu est très petit puisque la table nous indique qu'il y a plus de 90% de chances de trouver un khi-deux supérieur à cette valeur dans le cas où l'hypothèse serait vraie, c'est à dire dans le cas où l'échantillon serait effectivement extrait de façon aléatoire dans une population théorique suivant une loi normale de paramètres 600 et 305. On **accepte** donc sans hésiter l'hypothèse.

Il est alors aisé de répondre à la deuxième question:

$$P\{ X > 1000\} = P\{ T > 1{,}31 \} = 1 - 0{,}9049 = \mathbf{0{,}0951}$$

soit entre 9 et 10 % de personnes

EXERCICE N° 14

Pour tester le succès d'une campagne promotionnelle sur un produit on observe, dans 20 échantillons de 40 caddies, le nombre de caddies contenant l'objet promotionné en supposant qu'il ne peut s'y trouver qu'une seule fois. Le résultat de l'observation est le suivant:

nombre de caddies contenant l'objet par échantillon	0	1	2	3	4
nombre d'échantillons	2	3	10	3	2

1. Peut-on considérer que le phénomène suit:
   a) une loi binomiale de paramètre p = 0,05
   b) une loi binomiale
   c) une loi de Poisson
2. En déduire la probabilité:
   a) que dans un échantillon de 40 caddies il y ait 5 objets promotionnés,
   b) que dans un échantillon de 50 caddies plus de 10% d'entre eux contiennent l'objet promotionné.
3. On s'aperçoit, après vérification de l'enquête, que l'on a oublié de répertorier un échantillon dans lequel 5% des caddies renfermaient l'objet. Peut-on ajuster cette nouvelle distribution par une loi binomiale ?

CORRIGE

1. Le test de khi-deux permet de répondre à l'ensemble des questions.

a) Ici l'hypothèse est définie a priori par le paramètre p=0,05 donné dans l'énoncé et par la taille de chaque échantillon (n=40). Les effectifs théoriques sont donc ceux obtenus à partir de la loi binomiale (40; 0,05). Les calculs sont les suivants:

valeur x_i	effectifs observés n_i	probabilité p_i	effectifs théoriques Np_i	$(n_i-Np_i)^2/Np_i$
0	2	0,1285	2,570	1,11
1	3	0,2706	5,412	
2	10	0,2777	5,554	3,56
3	3	0,1851	3,702	0,33
≥ 4	2	0,1381	2,762	
Σ	20	1	20	5

Deux remarques sont à faire. Il ne faut pas confondre la taille n de chaque échantillon (ici 40) qui est utilisée pour la détermination des probabilités p_i et le nombre d'échantillons (ici 20) qui permet de calculer les effectifs théoriques. D'autre part si dans l'observation on ne trouve pas certaines valeurs de la variable (ici aucune n'est supérieure à 4) il n'en n'est pas de même pour la distribution théorique. Il convient donc d'ouvrir la dernière classe de telle manière que l'on couvre bien tous les cas et que la somme des probabilités soit égale à 1. La conclusion du test est alors la suivante:

- la distance du khi-deux est égale à 5,
- le nombre de degrés de liberté est 2 (c'est à dire 3-1) puisqu'on a fait 2 regroupements et qu'aucun paramètre n'est estimé,
- en choisissant le seuil de risque de 5% on constate que le khi-deux calculé est inférieur au khi-deux théorique qui vaut 5,99.

On retient donc l'hypothèse. Toutefois au seuil de 10% (la valeur de khi-deux étant alors 4,61) la réponse serait opposée puisque la distance de khi-deux calculée lui serait supérieure. Ainsi la décision dépend du seuil de risque et l'on peut dire qu'on est dans la zone de doute. A partir de la constatation qu'il y a un peu moins de 10% de chances d'obtenir un écart supérieur à celui trouvé lorsque seules les fluctuations d'échantillonnage (inévitables quand on construit un échantillon à partir d'une population distribuée selon la loi normale retenue ici comme hypothèse) expliquent les écarts, on peut déduire tout aussi bien que cela est beaucoup et alors on accepte l'hypothèse ou que cela est peu et alors on rejette la même hypothèse (avec un risque d'erreur de première espèce de l'ordre de 9%).

b) Cette fois-ci il faut estimer le paramètre à partir des résultats observés.

Après calcul on obtient une moyenne de 2 et on suppose que cette valeur est une bonne estimation de l'espérance mathématique de la loi binomiale envisagée. On en déduit p:

$E(X) = np$ soit $p = E(X) / n = 2/40 = 0,05$

On retrouve la même hypothèse que précédemment. Seul le nombre de degrés de liberté de la loi de khi-deux change puisqu'on a estimé le paramètre; il est égal à 3-1-1 soit 1. La conclusion du test en est affectée bien que la distance du khi-deux n'ait pas changé:

- Au seuil de décision de 5% la distance observée (5) est supérieure au khi-deux théorique (3,84) et donc on refuse l'hypothèse, le risque de première espèce étant alors de l'ordre de 0,025.
- Au seuil de décision de 2,5% la distance observée est inférieure au khi-deux théorique (5,02) et donc on accepte l'hypothèse.
- Au seuil de décision de 1% la distance est nettement inférieure à la valeur de khi-deux (6,63) et l'on accepte l'hypothèse sans être en mesure de préciser le risque d'erreur de cette décision.

c) A priori la loi de Poisson semble peu adaptée puisque la moyenne (2) et la variance (1,1) ont des valeurs éloignées alors qu'en théorie l'espérance doit être égale à la variance. On réalise toutefois le test en estimant le paramètre de la loi de Poisson par la moyenne observée (on pourrait aussi le faire en utilisant la variance mais on préfère généralement la moyenne). L'hypothèse est alors celle d'une loi de Poisson de paramètre m = 2. Les calculs sont les suivants:

x_i	n_i	p_i	Np_i	$(n_i-Np_i)^2/Np_i$
0	2	0,1353	2,706	1,20
1	3	0,2707	5,414	
2	10	0,2707	5,414	3,88
3	3	0,1804	3,608	0,33
≥ 4	2	0,1429	2,858	
Σ	20	1	20	5,41

Ainsi:
- la distance totale du khi-deux est de 5,41
- le nombre de degrés de liberté est(3-1-1) soit 1
- la distance est comprise entre les khi-deux théoriques aux seuils de décision de 2,5% et 1% . L'hypothèse est donc refusée aux seuils de 2,5% et à tous ceux qui lui sont supérieurs (dans ces cas le risque d'erreur de première espèce est d'environ 2%). Par contre elle est acceptée au seuil de décision de 1%.

2. A partir d'un test de khi-deux positif on peut considérer qu'un phénomène, connu seulement par quelques observations , est très probablement distribué selon une loi théorique précise; en conséquence on peut faire des prévisions sur des situations n'ayant pas été observées. C'est tout l'intérêt du test de khi-deux.

a) Si l'on retient la loi binomiale (40; 0,05) on lit dans la table numérique que la probabilité que X soit égal à 5 est 0,0342. Ce résultat théorique est possible, mais rare (3,4% de chances) et ne s'est pas produit dans les échantillons observés.

b) Ici le problème est plus délicat car les tailles d'échantillons sont différentes. On peut éventuellement retenir la même loi binomiale en supposant que ce qui est acceptable pour des échantillons de 40 caddies (p=0,05) le reste pour des échantillons de 50 (c'est évidemment une hypothèse discutable). Dans ce cas la question (plus de 10% de 50 caddies) revient à trouver la probabilité que X soit supérieur à 5 dans une loi binomiale de paramètres 50 et 0,05:

$$P\{ X > 5 \} = 1 - \{ X < 6 \} = \mathbf{0{,}0378}.$$

3. On constate que dans l'échantillon oublié le nombre de caddies contenant l'objet promotionné est 2 (5% de 40) ce qui correspond à la valeur moyenne. Cette dernière n'est donc pas affectée. On retient alors la même hypothèse d'une loi binomiale (40; 0,05) mais avec N = 21. De ce fait les effectifs théoriques sont modifiés et la distance de khi-deux devient 6,42. Avec un seul degré de liberté (puisqu'on a estimé le paramètre et qu'il faut toujours regrouper les mêmes classes) la distance d est supérieure à tous les seuils habituels de décision à l'exception de celui de 1%. On refuse donc l'hypothèse aux seuils de 10% et de 5% avec un risque d'erreur d'un peu plus de 1% mais on l'accepte tout juste au seuil de 1%. Ceci souligne la fragilité et donc la qualité du test puisqu'un seul échantillon (qui plus est moyen) peut faire basculer la décision.

EXERCICE N° 15

Lors d'une étude du comportement des clients dans un grand magasin on s'interroge sur le lien possible entre le choix de la caisse d'enregistrement et l'ampleur des achats. Une enquête réalisée auprès de 300 clients donne les résultats suivants:

Caisse	A	B	C
Achats			
moins de 100 francs	15	15	30
100 à 400 francs	45	25	50
400 à 700 francs	35	25	30
700 à 1100 francs	5	15	10

Que peut-on en penser:

1. Au simple vu du tableau de données
2. Après réalisation d'un test statistique.

CORRIGE

1. La simple observation des données suggère déjà certaines impressions. En effet si l'on transforme les données en pourcentages colonnes on constate une certaine sur-représentation des gros achats à la caisse B. Toutefois rien n'est très convaincant et l'on aurait plutôt tendance, à partir de cette vision

rapide, à considérer que les écarts sont trop petits et trop irréguliers pour être significatifs.

2. Une analyse plus rigoureuse est donc nécessaire. Dans l'impossibilité où l'on est d'utiliser une méthod de type corrélation, puisqu'une des variables est qualitative, on se retourne vers le test de khi-deux. Pour cela on compare cette distribution avec une distribution théorique correspondant à l'hypothèse d'équivalence c'est à dire telle que les structures relatives par niveaux d'achats sont identiques entre les trois caisses. Ceci permet de construire le tableau des effectifs théoriques Np_i, les distributions marginales restant les mêmes et les distributions conditionnelles étant construites à partir de l'hypothèse d'équivalence; elles sont donc égales en pourcentages et différentes uniquement parce que les effectifs marginaux ne sont pas les mêmes. Le tableau des effectifs théoriques est alors le suivant:

caisses montants	A	B	C	total
< 100	20	16	24	60
100-400	40	32	48	120
400-700	30	24	36	90
> 700	10	8	12	30
TOTAL	100	80	120	300

Il reste à comparer termes à termes ces effectifs théoriques fondés sur l'hypothèse d'équivalence et les effectifs observés (ceux de l'énoncé) puis à réaliser le test de khi-deux. Ici l'écriture Np_i est trompeuse car les effectifs théoriques ont été calculés autrement que par application d'une loi standard et donc p_i n'a pas vraiment de sens. Il est donc préférable d'écrire chaque distance $[(O_i - T_i)^2 / T_i]$ avec T_i correspondant aux effectifs exprimant l'indépendance. Après calcul termes à termes des écarts on obtient la distance d qui vaut 15,88.

Dans ce genre de test le nombre de degrés de libertés se calcule en faisant (l-1)(c-1) avec l nombre de lignes du tableau et c nombre de colonnes: ici cela donne 6 et on vérifie qu'il suffit de choisir 6 chiffres pour que les autres soient déduits automatiquement; autrement dit il n'y a que 6 marges de liberté pour construire l'ensemble de la distribution. On observe alors que la distance "d" est comprise entre les khi-deux correspondants aux seuil de risque de 2,5% (14,4) et 1% (16,81):

- Au seuil de décision de 2,5% on rejette l'hypothèse d'équivalence en sachant que la décision est affectée d'un risque de l'ordre de 2% et sans pour autant connaître avec précision l'hypothèse alternative.

- Au seuil de décision de 1% on accepte l'hypothèse sans pour autant connaître le risque d'erreur c'est à dire d'acceptation d'une hypothèse fausse.

On est donc dans la zone dite de **doute**.

III° PARTIE

L'INDUCTION STATISTIQUE

"Dans une vie qui repose sur un perpétuel pari, le risque peut être un perpétuel bonheur"

Jean Grenier

Les sondages sont dans l'air du temps. Chaque semaine, les journaux commentent des enquêtes réalisées auprès de quelques centaines de personnes et titrent "Les français et ...(l'argent, le pouvoir, l'amour, ou la nouvelle cuisine)". Cette formule rituelle est elle rigoureuse ? Peut-on généraliser à l'ensemble de la population le comportement de quelques personnes interrogées lors d'un sondage? Tel est l'objet de cette dernière partie.

Plus précisément l'objectif est de caractériser les relations existant entre une population-mère et ses échantillons. Ce problème a été évoqué lors du test du khi-deux[1] mais il est beaucoup plus complexe qu'indiqué à cette occasion. Il n'y a en effet aucune raison a priori que les paramètres de la population soient parfaitement identiques à ceux des échantillons. Il faut donc étudier la nature de la liaison entre les paramètres théoriques et les caractéristiques observées dans chaque échantillon afin notamment de pouvoir déduire les premiers des seconds: c'est ce qu'on appelle **l'estimation.** Mais pour traiter ce problème, qui est l'objet du chapitre 3, il faut étudier les fondements théoriques de l'induction statistique (chapitre 1) et leur application à la théorie des distributions d'échantillonnage (chapitre 2)[2]. Faisant cela on aborde seulement certains aspects de l'induction

---

1 On a d'ailleurs utilisé la notion d'estimation ponctuelle d'un paramètre sans la préciser.

2 Le lecteur qui préfère une approche moins théorique des notions peut directement passer au deuxième chapitre ou au moins au second point du chapitre 1, quitte à revenir par la suite sur le chapitre 1 en particulier pour mieux comprendre la loi des grands nombres et la notion de convergence statistique.

statistique. Ainsi on n'étudiera pas ici l'ensemble des tests qui en relèvent et on renvera le lecteur à d'autres ouvrages pour étudier par exemple les tests de comparaison de moyennes ou de fréquences, les tests paramétriques ou non...

Cette partie se termine par un chapitre consacré à la pratique des sondages. La notion de sondage aléatoire est en effet plus complexe qu'on peut le penser et ne doit certainement pas être laissée au hasard. Ce problème est fondamental puisque la théorie de l'induction statistique n'est valable que pour des échantillons parfaitement aléatoires. Cette exigence, à la fois théorique et pratique, demande une connaissance parfaite de la population-mère puisque, par définition d'un sondage aléatoire, chaque élément de la population-mère doit avoir une chance connue, mais non nécessairement égale, de faire partie de l'échantillon. Elle demande aussi que les procédures d'enquêtes respectent le principe de construction aléatoire des échantillons. Or le véritable hasard est un art qui mérite attention. Si par exemple, on demande à des personnes de donner au hasard une liste de numéros en vue de déterminer un échantillon par tirage de noms dans une liste, on s'aperçoit que le choix n'est pas le fait du hasard mais plutôt celui d'un mouvement complexe d'attirance/répulsion de chaque individu pour certains chiffres. Il vaut donc mieux s'en remettre aux tables de nombres au hasard, plus rigoureuses et moins sensibles que tout un chacun.

Pour comprendre la suite il faut bien distinguer trois niveaux d'analyse et pour cela utiliser des termes et des symboles différents.

* La population-mère.

- Elle est composée de **N** individus.
- Chaque individu fait l'objet d'une mesure X.
- La distribution de cette variable est caractérisée par divers paramètres comme par exemple la valeur moyenne **m**, l'écart-type σ ou la proportion **p** d'individus pour lesquels un caractère prend telle modalité précise

* Un échantillon particulier.

- Il est constitué de **n** individus.
- On étudie la même variable X mais elle est cette fois-ci aléatoire puisqu'elle varie avec chaque échantillon.
- La distribution de cette variable est également caractérisée par la moyenne, l'écart-type et une proportion quelconque mais pour les différencier des précédentes on les écrit respectivement $\bar{\mathbf{x}}$, **s** et **f**.

* L'ensemble des échantillons possibles.

- Au total on peut constituer C^n_N échantillons de taille n à partir d'une population de N individus.
- Dans chaque échantillon la distribution de la variable X étudiée est caractérisée par des valeurs particulières des paramètres (que l'on écrit donc $\bar{X}$, S et f). Ils sont eux-mêmes des variables aléatoires dont on peut étudier la distribution. C'est ce qu'on appelle les distributions d'échantillonnage.
- Chaque distribution d'échantillonnage est elle-même caractérisée comme n'importe quelle distribution de variable aléatoire par son espérance et sa variance. C'est ce que l'on étudie dans le second chapitre.

CHAPITRE 1

LES FONDEMENTS DE LA THEORIE DES SONDAGES

Où l'on constate que pour atteindre l'espérance il faut être patient, voire même éternel.

L'analyse des distributions d'échantillonage s'appuie sur plusieurs considérations théoriques qui sont l'objet de ce chapitre. Les premières consistent à voir dans quelle mesure il est possible de fournir des indications sur la distribution d'une variable statistique quelconque ou imprécise. Les secondes sont plus théoriques et concernent la loi des grands nombres et la notion de convergence statistique.

I. INTERVALLE DE VARIATION D'UNE VARIABLE QUELCONQUE

A. L'INEGALITE DE MARKOV

On étudie une variable aléatoire discrète dont la distribution est inconnue mais dont on connait l'espérance mathématique. On veut donner des indications sur la fonction de répartition de cette variable. L'ignorance de sa loi ne permet pas de définir précisement la probabilité que cette variable prenne des valeurs appartenant à un certain intervalle. Seule l'inégalité de Markov fournit un ordre de grandeur vague mais intéressant dans la mesure où l'information initiale sur la distribution est sommaire.

Soit un terme a qelconque inclus dans la série des valeurs de x tel que :

$$0 \leq \ldots \leq x_{i-1} \leq a \leq x_i \leq \ldots \leq x_n$$

Par définition on peut écrire:

$$E(X) = p_1x_1 + ... + p_{i-1}\,x_{i-1} + p_ix_i + ... + p_nx_n$$

$$\text{donc } E(X) \geq p_ix_i + ... + p_nx_n \quad \text{quelque soit } i$$

$$\text{comme } a \leq x_i \text{ on aura a fortiori } a < x_{i+1} ... < x_n$$

$$\text{et } E(X) \geq p_i.a + p_{i+1}.a + ... + p_n.a \geq a(\,p_i + ... + p_n\,)$$

$$\text{ou } p_i + ... + p_n \leq E(X) \,/\, a$$

L'inégalité, qui s'applique également lorsque la variable est continue, s'écrit alors de deux manières:

$$P\{X \geq a\} \leq E(X)/a \quad \text{ou} \quad P\{\,X \geq a\,E(X)\,\} \leq 1/a$$

B. L'INEGALITE DE BIENAYME-TCHEBICHEFF

On cherche une propriété commune à toutes les distributions statistiques . On veut donc déterminer la probabilité que la variable prenne une valeur appartennant à un certain intervalle et ceci quelque soit sa loi de probabilité. L'objectif est analogue à celui de l'inégalité de Markov mais cette fois-ci deux informations sont connues, l'espérance et la variance de la distribution. Le résultat obtenu est donc plus précis. Là encore il s'agit d'une méthode grossière dont la précision est sans commune mesure avec celle obtenue lorsqu'on connait la loi de la population. Mais elle est plus grande que celle fournie par l'inégalité de Markov et surtout très intéressante puisqu'elle s'applique à n'importe quelle distribution. Pour cette raison elle est au fondement de nombreux résultats théoriques et en particulier de la loi des grands nombres.

Soit donc une variable aléatoire discrète X telle que l'espérance mathématique $E(X) = m$ et la variance $V(X) = \sigma^2$ sont connues. On cherche la probabilité que cette variable appartienne à un intervalle symétrique par rapport à la moyenne et de longueur $2t\,\sigma$ soit:

$$P\{\,X \in [\,m \pm t\,\sigma]\} \quad \text{ou} \quad P\{\,/X - m/ \leq t\,\sigma\,\}$$

Les valeurs prises par X peuvent être séparées en deux: celles, X_r, qui appartiennent à cet intervalle et celles, X_S, qui ne lui appartiennent pas. En développant la variance on obtient:

$$V(X) = \Sigma\, p_i(x_i - m)^2 = \Sigma\, p_s(x_s - m)^2 + \Sigma\, p_r(x_r - m)^2$$

et donc, quel que soit s, on a: $\sigma^2 \geq \Sigma p_s(x_s - m)^2$

On sait par ailleurs que $x_s \geq m + t\sigma$ ou $\leq m - t\sigma$

donc $/x_s - m/ \geq t\sigma$ et $/x_s - m/^2 \geq t^2\sigma^2$

ainsi $\sigma^2 \geq \Sigma p_s t^2 \sigma^2$ soit $\Sigma p_s \leq 1 / t^2$

Le terme Σp_s étant, par définition, la probabilité que X n'appartienne pas à l'intervalle désiré on peut écrire l'inégalité ainsi:

$$P\{ /X - m/ \geq t\sigma \} \leq 1 / t^2$$

Puisque la somme des probabilités X_s et X_r est égale à 1 on a également l'inégalité suivante : $\Sigma p_r \geq 1 - 1 / t^2$.

C'est la seconde forme de l'inégalité de Bienaymé-Tchebicheff:

$$P\{ /X - m/ \leq t\sigma \} \geq 1 - 1/t^2$$

II. LA LOI DES GRANDS NOMBRES ET LA CONVERGENCE

A. LA LOI DES GRANDS NOMBRES

L'objectif de cette loi est d'établir un pont entre des données empiriques et théoriques concernant la même variable, de créer un lien entre les concepts de la statistique descriptive et ceux de la statistique probabiliste. On peut par exemple s'interroger sur la liaison entre la fréquence **f** d'un événement observée dans un échantillon précis et la probabilité théorique **p** de cet événement, ou encore sur celle existant entre la moyenne observée $\bar{x}$ d'une variable et son espérance mathématique **E(X)**. On a déjà eu l'occasion de voir qu'il y avait une certaine parenté entre ces divers éléments mais on souhaiterait établir une relation plus rigoureuse.

Cette liaison est la loi des grands nombres établie au début du 18° siècle par Bernoulli. Celui-ci a montré que les paramètres d'un échantillon (moyenne, proportion...) **convergent en probabilité** vers leurs valeurs théoriques lorsque l'échantillon est le plus grand possible. La démonstration s'établit à partir de l'inégalité de Bienaymé-Tchebicheff, c'est à dire qu'elle n'exige pas la connaissance de la loi de la variable, ce qui lui donne un grand pouvoir explicatif. De fait, la loi des grands nombres fonde tout aussi bien la théorie des sondages que la théorie axiomatique du calcul des probabilités.

Cette loi, souvent invoquée dans la vie courante, est pourtant l'objet de fréquents malentendus liés au fait que l'on oublie son caractère théorique et tendanciel. L'exemple des jeux de hasard est éclairant à cet égard. Plusieurs revues proposent d'abondance des pronostics pour les jeux de loterie (loto, tapis vert, tac-o-tac,...). Ainsi, pour le jeu de loto, une revue de pronostics[3] prévoit, dans sa rubrique "loto ordinateur", 9 systèmes de prévisions intitulés: "la dynamique des numéros" (analyse des fréquences de sorties), "l'écart tangible" (correspondance entre l'écart moyen et l'écart actuel), "la tendance du mois" (analyse des 8 derniers tirages), "les finales dangereuses" (analyse des fréquences de sortie des finales), "les numéros annonciateurs" (numéros annoncés par ceux qui viennent de sortir), "les nombres surprises" (comparaison entre l'écart moyen d'un numéro et son dernier écart brisé), "les retards de sorties de finales" (synthèse des numéros en fonction de leur type de finale), "*le hasard maitrisé*" (chance théorique de chaque numéro), "les couples inséparables" (étude des affinités entre numéros). On le voit, il y en a pour toutes les émotions mais bien peu pour la rigueur statistique. Cette même revue propose aussi pour chacun des 49 numéros une sorte de diagnostic fondé sur les tirages passés ("n°2: un espoir! Sa récente sortie laisse augurer de bonnes choses pour l'avenir(...) n°12: il rattrape à grands pas le temps perdu au début de l'année"). Enfin elle tire argument du fait que tel numéro est sorti moins souvent que les autres pour suggérer de le jouer car, inévitablement, pour respecter (dixit) la loi des grands nombres, ce numéro devra bien "rattraper son retard".

C'est mal comprendre la loi des grands nombres et son paradoxe apparent. Dans un jeu parfaitement aléatoire et équiprobable chaque événement élémentaire (un numéro au loto, une carte, le coté pile d'une pièce...) a , pour chaque tirage non exhaustif et indépendamment des résultats antérieurs, une probabilité 1/n d'être obtenu. Par ailleurs on peut dire que tendanciellement la fréquence de tirage d'un numéro observée sur une infinité de tirages est équivalente à sa probabilité théorique. Mais cela ne veut pas dire que, à l'échelle concrète du jeu et à l'horizon réel du joueur (qui n'est tout de-même qu'une goutte d'eau face à l'infini), cette fréquence est équivalente en permanence à la probabilité. Il n'y a donc aucun sens à espérer que chaque numéro "rattrape son retard". Mieux même, dans une jeu équiprobable, il est sans doute préférable de jouer les numéros sortant fréquemment car c'est peut-être le signe que l'équiprobabilité n'est pas, pour des raisons pratiques ou inavouables, respectée.

Bien sûr ces remarques ne valent que pour des jeux de loterie qui sont par définition équiprobables et aléatoires. Par contre dans les jeux de pronostics (tiercé, loto sportif..) le problème est différent. Celà a un sens, par exemple, d'élaborer des pronostics de tiercé à partir des résultats passés car ceux-ci donnent des indications sur les probabilités inégales de succès de chaque cheval. Le raisonnement par analogie n'est donc pas convenable même s'il permet de berner les lecteurs, l'âppat des grands gains et la vente de l'espoir "scientifique" étant plus faciles à assimiler que la loi des grands nombres et la notion d'espérance mathématique.

---

3 "Lotorama" pour la citer.

B. LA CONVERGENCE STATISTIQUE

Une suite X_n de termes quelconques converge vers une limite **a** si, pour toute valeur positive très petite **e**, il existe N tel que X_n converge vers **a** c'est à dire que n >N entraine $/X_n - a/ < e$

1. La convergence en probabilité

Par transposition de cette notion générale de convergence on dit d'une suite de variables aléatoires $\{X_1, X_2 ... X_n ... X_N\}$ définies sur le même ensemble E qu'elle converge en probabilité vers une valeur certaine **a** si, **e** et **e'** étant deux valeurs arbitraires petites, on peut trouver un seuil tel que, quel que soit n supérieur à ce seuil, on ait:

$$P\{ /X_n - a/ > e \} < e'$$

Ainsi lorsque n tend vers l'infini alors:

$$\text{limite } P\{ /X_n - a/ > e \} = 0 \text{ et limite } P\{ /X_n - a / \leq e \} = 1$$

On montre[4] qu'une condition suffisante de convergence en probabilité vers une valeur certaine **a** est que $E(X_n)$ tende vers a et $V(X_n)$ vers 0.

2. La convergence en loi

Une suite de variables aléatoires, définies sur le même ensemble mais ayant des fonctions de répartition F_n non nécessairement identiques, converge en loi vers une variable aléatoire X, définie sur le même ensemble et ayant une fonction de répartition F(X), si la suite F_n des fonctions de répartition converge vers la fonction de répartition F de X en tout point de continuité de F. Autrement dit, si n tend vers l'infini F_n tend vers F(X).

On montre qu'il y a équivalence entre la convergence en loi de X_n et la convergence en probabilité de X_n vers la quantité a. Ainsi lorsque la variable converge il en est de même pour sa loi ou sa fonction de répartition.

C. APPLICATIONS

Deux exemples permettent de saisir l'intérêt de la notion de convergence et de pressentir concrètement celle de la loi des grands nombres.

1. Convergence d'une fréquence vers sa probabilité

Ce théorème, parfois appelé théorème d'or de Bernoulli, est au fondement de la statistique probabiliste. En effet, après avoir défini la probabilité par analogie à celle de fréquence, on démontre ici que la fréquence converge en probabilité vers cette probabilité. Ce théorème donne cohérence à toute l'axiomatique. On suppose que dans une population de N individus, une proportion p d'entre eux possède un certain caractère A. Lorsqu'on effectue dans

4 Voir G. CALOT, Cours de calcul des probabilités, Paris, Dunod, 1971.

cette population des tirages avec remise d'échantillons de taille n, la fréquence d'individus possédant le caractère A est une variable aléatoire. On sait, grâce à l'inégalité de Bienaymé-Tchebicheff, que lorsqu'une variable suit une loi quelconque on peut écrire:

$$P\{ /X - m/ \leq t\sigma \} \geq 1 - 1 / t^2 \text{ avec } m = E(X) \text{ et } \sigma^2 = V(X)$$

Si l'on applique cette inégalité à la fréquence f, qui est une variable aléatoire comme une autre, on peut écrire:

$$P\{ /f - E(f)/ \leq t\,\sigma_f) \} \geq 1 - 1/t^2$$

On montrera dans le prochain chapitre que la distribution d'échantillonnage de ces fréquences possède des propriétés spécifiques qui permettent de relier f à p. En particulier:

$$E(f) = p \quad \text{et} \quad V(f) = p\,(1\text{-}p) / n$$

On en déduit alors:

$$P\{ /f - p/ \leq t\sqrt{p(1\text{-}p)/n} \} \geq 1 - 1/t^2$$

Dès lors on peut toujours choisir t assez grand pour que la probabilité que p' appartienne à l'intervalle souhaité soit aussi proche de 1 qu'on le désire. Et, t étant ainsi fixé, on peut toujours choisir l'effectif n de l'échantillon assez grand pour que p' soit aussi voisin de p qu'on le désire. Supposons par exemple que dans la population-mère la probabilité que la variable possède un caractère donné soit égale à 0,4. On cherche la dimension de l'échantillon permettant de dire avec quasi certitude (par exemple avec seulement 1% de risque d'erreur) que l'écart entre fréquence observée et probabilité est quasi négligeable (par exemple au maximum de 0,01 ce qui correspond à un écart relatif de 2,5% par rapport à la valeur théorique). Ces conditions s'écrivent ainsi:

$$1 - 1/t^2 = 0{,}99 \quad \text{soit} \quad t = 10$$

$$t\sqrt{p(1\text{-}p)/n} = 0{,}01 \quad \text{avec } t = 10 \text{ soit } n = 240.000$$

De ce fait, avec des échantillons de 240.000 individus on peut considérer (avec 1% de risque d'erreur) que la fréquence observée tend (à 0,01 près) vers la proportion théorique. Il suffit bien sûr d'augmenter ce chiffre pour diminuer le risque d'erreur et l'écart au point qu'à l'infini les deux deviennent tendanciellement nuls. C'est tout le sens de la loi des grands nombres. Ce résultat est intéressant car il s'applique à n'importe quelle variable. On peut toutefois, si on connait la loi de probabilité de la variable étudiée, réduire la taille des échantillons tout en gardant équivalents le risque d'erreur et la probabilité recherchée. Si l'on suppose, toujours dans le même exemple, que la variable suit une loi binomiale approximable par une loi normale, la valeur de t (pour un risque d'erreur de 1%) est seulement de 2,58 (voir la table numérique) et l'effectif recherché d'environ 16.000 individus.

2. Convergence de la moyenne vers l'espérance

Partant d'une variable distribuée selon une loi de probabilité quelconque d'espérance mathématique m et de variance σ^2 on construit des échantillons de taille n dans lesquels la valeur moyenne de la variable est $\bar{x}$ et l'écart-type σ. On s'interroge sur le lien entre ces valeurs observées et les valeurs théoriques. Une nouvelle fois on peut appliquer l'inégalité de Bienaymé-Tchebicheff et écrire:

$$P\{ /X - m/ \leq t\,\sigma \} \geq 1 - 1/t^2$$

En remplaçant X par $\bar{x}$ ceci devient:

$$P\{ /\bar{x} - E(\bar{x}) / \leq t\,\sigma_{\bar{x}}) \} \geq 1 - 1/t^2$$

On montre plus loin que la distribution d'échantillonnage des moyennes est telle que $E(\bar{x}) = m$ et $\sigma(\bar{x}) = \sigma / \sqrt{n}$.On peut donc écrire:

$$P\{ /\bar{x} - m/ \leq t\,\sigma /\sqrt{n} \} \geq 1 - 1/t^2$$

Autrement dit il suffit de tirer un échantillon de taille suffisamment grande dans la population de référence pour que la moyenne de la variable observée sur l'échantillon soit presque sûrement (avec une probabilité au moins égale à $1 - 1/t^2$) très proche (avec un écart-type maximum de $t\,\sigma/\sqrt{n}$) de son espérance mathématique.

On suppose, par exemple, que la longueur de pièces usinées en série suit une loi de probabilité quelconque d'espérance mathématique égale à 10 cm avec un écart-type de 1cm. On cherche la taille des échantillons permettant d'affirmer avec seulement 1% de risque d'erreur que la longueur moyenne observée s'éloigne au maximum de 0,1 (c'est à dire d'un écart relatif de 1% par rapport à la valeur théorique 10). Le résultat est le suivant:

$$1 - 1/t^2 = 0{,}99 \text{ soit } t = 10 \quad \text{et } t\,\sigma / \sqrt{n} = 0{,}1 \text{ soit } n = 10.000$$

Ce chiffre est naturellement plus petit si l'on sait, en plus, que la taille des pièces produites est distribuée selon une loi normale. Dans ce cas une taille de 650 individus suffit pour que l'on puisse négliger les écarts entre longueurs moyennes observée et théorique.

On comprend, à partir de ces exemples, pourquoi il suffit que les enquêtes portent sur quelques milliers d'individus. Si elles sont en effet parfaitement aléatoires on voit qu'à peu de choses près moyenne et proportion observées convergent vers leurs valeurs théoriques inconnues mais que l'on veut justement anticiper grâce au sondage. A contrario les sondages réalisés auprès de quelques centaines de personnes ne sont guère crédibles[5]. Plus généralement ces deux applications permettent de visualiser la loi des grands nombres, de concrétiser la notion de convergence (qui, rappelons-le, n'a véritablement de sens que tendanciellement pour des échantillons infiniment grands) et surtout de pressentir le fait qu'elles sont au fondement de la théorie des sondages. La vie est ainsi faite qu'il faut bien fixer des limites au hasard.

5 C'est le cas par exemple du sondage réalisé auprès de 250 téléspectateurs d'une émission politique de grande audience; il donne certes des indications stimulantes pour la réflexion mais certainement pas transposables sur la France entière et sûrement assez éloignées, de la vérité,-même relative à l'heure d'écoute.

EXERCICES D'APPLICATION

EXERCICE N° 16

On étudie la façon dont les clients d'un magasin utilisent les sachets d'emballage de la marchandise.

1. On suppose que les clients utilisent principalement les sachets distribués gratuitement aux caisses. Quelles indications peut-on fournir aux caissières pour leur achallandage en sachets:

a) si l'on suppose que chaque client utilise en moyenne 5 sachets,

b) si, en plus, on sait que l'écart-type de la distribution du nombre de sachets par client est 2,

c) si on postule également que cette distribution est normale.

2. On suppose que seulement 5% des clients achètent des grands sacs d'emballage. Combien doit-on prévoir de sacs par caisse en supposant que chacune accueille 200 clients par jour.

CORRIGE

1.a) La seule information disponible sur la distribution étant l'espérance mathématique on ne peut utiliser que l'inégalité de Markov. Celle-ci peut s'écrire:

$$P\{ X \geq a \} \leq E(x)/a$$

Elle donne les résultats suivants parmi les nombreux possibles:

$$P\{ X \geq 10 \} \leq 5/10 \qquad \text{ou} \qquad P\{ X \geq 50 \} \leq 5/50$$

Ainsi il faut 10 paquets au moins pour avoir une chance sur deux (et 50 paquets pour avoir 9 chances sur 10) de satisfaire les clients quelque soit la loi de distribution de la variable et notamment quelle que soit sa dispersion. Ce résultat montre à la fois l'intérêt (donner une information malgré tout) et les limites (l'information est très grossière) de l'inégalité de Markov.

b) La connaissance supplémentaire de l'écart-type permet d'utiliser l'inégalité de Bienaymé-Tchebicheff:

$$P\{ X \in [m \pm t\sigma] \} \geq 1 - 1/t^2$$

Si l'on prend par exemple t = 2,5 on obtient:

$$P\{ X \in [5 \pm 2{,}5 \,.\, 2]\} \geq 1 - 1 / 2{,}5^2 \text{ soit } P\{ X \in [0, 10]\} \geq 0{,}84$$

Avec t = 5 on obtient $P\{ X \in [0, 15]\} \geq 0{,}96$ (car X ne peut être négatif). Cette fois-ci avec 15 paquets on est pratiquement assuré de satisfaire tous les clients et même avec seulement 10 la situation est envisageable; dans ce dernier cas 16% des clients ne sont pas dans la zone d'acceptation et, plus précisément, 8% seulement seront insatisfaits car seuls les cas de valeurs dépassant le seuil maximum posent un problème pratique.

c) Si l'on suppose que la distribution est normale (ce qui ne peut être qu'une approximation puisque la variable est discrète) l'information s'améliore encore. On peut par exemple écrire:

$$P\{ X \geq 10 \} = P\{ T \geq (10{,}5 - 5) / 2 \} = P\{ T \geq 2{,}75 \} = 0{,}003$$

On peut également regarder la valeur de X qui donne un certain seuil de risque. Par exemple, il y a 5% de risques que t dépasse la valeur 1,65 soit que X dépasse 8,3. On est donc pratiquement assuré, avec un risque inférieur à 5%, de satisfaire les clients avec 9 sachets par personnes.

Ainsi, d'une question à l'autre, l'amélioration de la prévision est considérable et croissante à mesure que le nombre d'informations augmente, en particulier parce qu'elle réduit les exigences de marges de liberté pour l'échantillonnage.

2. Cette question est moins précise et peut être traitée de trois façons.

Supposons d'abord que l'on utilise les seules informations explicites de l'énoncé. Dans ce cas on peut dire que chaque jour, en moyenne, 10 sacs (200 fois 0,05) seront achetés. On peut alors appliquer l'inégalité de Markov et écrire par exemple $P\{ X \geq 100 \} \leq 10/100$.

Ainsi avec 100 paquets par caisse (soit une moyenne d'un paquet pour deux clients ce qui est énorme compte tenu du fait que seulement 1 sur 20 en achète) on est assuré de satisfaire au moins 90% des clients.

Mais l'énoncé, mieux interprété, permet de dire que le phénomène suit une loi binomiale. On connait donc la variance de la distribution qui est égale à 9,5 (200 .0,05 . 0,95) soit 9,5 . On peut alors appliquer l'inégalité de Bienaymé-Tchebicheff. Elle permet de constater, par exemple pour t=3, qu'il y a plus de 89 % de chances de satisfaire les clients en prévoyant 20 sacs.

En effet $P\{[X \in 10 \pm 3 \,.\, 3{,}1] \geq 1 - 1/9$.

En réalité l'utilisation de cette inégalité n'est pas ici pertinente car elle revient à négliger une partie de l'information puisque la loi est connue. La seule méthode satisfaisante consiste à utiliser la loi binomiale de paramètres $n=200$ et $p=0,05$. On peut-même approximer le résultat en utilisant la loi de Poisson de paramètre $np= 10$. La table numérique indique par exemple ceci:

$$P\{ X \geq 15 \} = 0,0834 \quad \text{et} \quad P\{ X \geq 16 \} = 0,0487$$

Avec 16 paquets on devrait être tranquille puisqu'il y a moins de 5% de risque que la demande dépasse cette valeur.

CHAPITRE 2

LES DISTRIBUTIONS D'ECHANTILLONNAGE

Où l'écart devient la règle, surtout lorsque le nombre de coups augmente.

Ce chapitre est consacré à l'étude théorique des distributions d'échantillonnage. Il reprend la distinction en trois niveaux présentée en introduction de cette partie. On part d'une population-mère parfaitement **connue**, composée de N individus (nommés U_s avec s de 1 à N) possédant chacun un certain caractère X prenant une valeur X_s pour chaque individu U_s. Lorsque la variable est quantitative on peut définir sa moyenne m et son écart-type σ ; si elle est qualitative (ou non) on peut déterminer la proportion p d'individus ayant telle modalité (ou telle valeur). On peut donc écrire:

$$m = (1/N) \ \Sigma X_s \quad \text{et} \quad \sigma^2 = (1/N) \ \Sigma (X_s - m)^2 \text{ avec s de 1 à N.}$$

Dans cette population on extrait de façon aléatoire un échantillon particulier. Dans cet échantillon la variable X prend une valeur X_i pour chaque individu U_i constituant l'échantillon. On peut donc caractériser l'échantillon de la même façon que la population-mère en écrivant, puisque X_i est une variable aléatoire:

- $\overline{X}$ moyenne de X avec $\overline{X} = (1/n) \ \Sigma x_i$ (i variant de 1 à n)

- S écart-type de X avec $S^2 = (1/n) \ \Sigma (x_i - \overline{x})^2$

- f proportion d'individus prenant une valeur donnée

On peut alors, et c'est le troisième niveau d'analyse, étudier l'ensemble des échantillons aléatoires possibles à partir de cette population-mère. C'est ce que l'on appelle une distribution d'échantillonnage. Il est possible, comme pour toute distribution, de la caractériser par des paramètres et de s'interroger sur les liens entre ces paramètres et ceux de la variable initiale. Cette question de la relation théorique entre distribution d'échantillonnage et population-mère, revêt deux aspects qui fondent la pratique de l'estimation développée dans le prochain chapitre. Quelle est la relation entre les caractéristiques (espérance mathématique, variance) de la distribution d'échantillonnage des principaux paramètres (moyenne, variance, proportion) et les paramètres définissant la population-mère? Quelle est la loi suivie par ces distributions d'échantillonnage? Telles sont les questions qui vont être abordées dans les deux points de ce chapitre.

I. CARACTERISTIQUES DES DISTRIBUTIONS D'ECHANTILLONNAGE

Cette question générale doit être étudiée en distinguant les paramètres (moyenne, écart-type, proportion) et les conditions de tirage des échantillons (avec ou sans remise).

A. DISTRIBUTION D'ECHANTILLONNAGE DES MOYENNES

1. Espérance mathématique

Pour un individu U_i appartenant à un échantillon donné la variable X prend une valeur X_i parmi l'ensemble des N valeurs X_s possibles. Chacune de ces valeurs a une probabilité équivalente d'être tirée et égale à 1/N. L'espérance et la variance de la distribution se définissent ainsi:

$$E(X_i) = \Sigma X_s / N = (1/N)\ \Sigma X_s = m \quad \text{(avec s de 1 à N)}$$

$$V(X_i) = \Sigma (X_s - m)^2 / N = 1/N\ \Sigma (X_s - m)^2 = \sigma^2$$

Lorsqu'on passe à la distribution d'échantillonnage des moyennes $\bar{x}$ associées à chaque échantillon on peut écrire, en appliquant les propriétés de l'espérance mathématique:

$$E(\bar{x}) = E(\ \Sigma x_i/n) = 1/n\ [\ E(x_1) + \ldots + E(x_n)]$$

$$= 1/n\ \ \Sigma E(x_i) = (1/n)\ n\ m = m$$

Celà signifie qu'au delà des différences observées entre la moyenne de la population d'origine et celle d'un échantillon particulier, l'échantillon n'ayant aucune raison, on le sait, d'être parfaitement identique à sa population-mère, il y a une similitude de paramètres entre cette population d'origine et l'ensemble des échantillons possibles. Plus précisément les valeurs moyennes prises par l'ensemble des moyennes peuvent être résumées (c'est le sens de l'espérance) par celles de la variable dans la population-mère. La démonstration précédente n'est valable qu'en cas de tirage non exhaustif de l'échantillon. Toutefois, après démonstration, on obtient le même résultat lorsque le tirage est exhaustif.

2. Variance

Cette fois-ci les conditions de tirage sont déterminantes.

Lorsque le tirage est non exhaustif on montre:

$$V(\bar{x}) = \sigma^2 / n \quad \text{ou} \quad \sigma_{\bar{x}} = \sigma / \sqrt{n}$$

La démonstration est la même que pour l'espérance mathématique. On écrit en effet:

$$V(\bar{x}) = V(\Sigma x_i / n) = V[(1/n)(x_1 + ... + x_i + ... + x_n)$$

$$= (1/n^2) \ \Sigma V(x_i) = (1/n^2) \ n \ \sigma^2 = \sigma^2 / n$$

Lorsque le tirage est exhaustif la démonstration est plus complexe . Elle aboutit au résultat suivant:

$$V(\bar{x}) = (N - n) \ \sigma^2 / (N-1).n$$

$$\text{ou} \ \sigma_{\bar{x}} = (\sigma / \sqrt{n}) \sqrt{(N-n)/(N-1)}$$

Trois observations sont à ajouter:

- La dispersion des moyennes observées dans les divers échantillons est beaucoup plus faible que la dispersion des valeurs de la variable dans la population-mère. Ceci est logique car, en passant de la variable x à la variable $\bar{x}$, on resserre les valeurs puisque la moyenne est une donnée synthétique qui gomme le poids relatif des valeurs extrêmes.

- Cette dispersion dépend uniquement de la taille absolue de l'échantillon et pas du tout de sa taille relative, c'est à dire en rapport avec celle de la population-mère. Celà va à l'encontre du point de vue spontané qui a tendance à imaginer que les résultats des enquêtes dépendent du taux de sondage. Cette relation est très précise puisque la variance diminue proportionnellement à la taille des échantillons au point qu'elle tend à s'annuler si cette taille devient infiniment grande; ceci est logique car dans ce cas tous les échantillons sont les mêmes et donc la notion de dispersion perd son sens.

- La différence constatée entre les variances des distributions d'échantillonage des moyennes selon que le tirage est avec ou sans remise correspond au facteur d'exhaustivité déjà évoqué lors de l'étude des lois binomiales et hypergéométriques. Elle peut être négligée lorsque ce facteur est proche de 1 c'est à dire que la taille de la population-mère est grande par rapport à celle de l'échantillon, en d'autres termes que le taux de sondage est petit (ce qui peut sembler paradoxal car dans la pratique on a tendance à rechercher des taux de sondages élevés). Selon les circonstances et le degré d'exigence lié au problème étudié on retient comme proche de 1 un facteur d'exhaustivité égal à 0,9 , 0,95 ou 0,99.

B. DISTRIBUTION D'ECHANTILLONNAGE DES VARIANCES

Ce cas est moins fréquent en pratique et on se contentera d'indiquer l'espérance mathématique de la distribution d'échantillonnage. A l'issue de démonstrations un peu longues, on montre les résultats suivants:

- tirage non exhaustif: $E(s^2) = \sigma^2 (n-1) / n$

- tirage exhaustif: $E(s^2) = \sigma^2 N.(n-1)/(N-1).n$

La relation entre l'espérance mathématique des moyennes observées dans l'ensemble des échantillons et la moyenne dans la population-mère est moins simple que dans les cas précédents. Il faut en effet tenir compte de la taille de l'échantillon car plus elle est grande et plus la dispersion des valeurs dans l'échantillon est grande. Il est donc logique que cela se retrouve lorsqu'on calcule l'espérance mathématique des variances.

C. DISTRIBUTION D'ECHANTILLONNAGE DES PROPORTIONS

Ici la population est constituée de deux sous-populations complémentaires. Une certaine proportion p des N individus possèdent un certain caractère A, les autres ne le possèdent pas. On peut écrire $p = N_A/N$. Dans un échantillon précis une certaine proportion f d'individus possède ce même caractère A (f peut donc s'écrire n_a/n et il correspond à une fréquence relative f). On étudie la distribution d'échantillonnage de cette nouvelle variable f. Les résultats sont les suivants.

L'espérance mathématique de la distribution d'échantillonnage des proportions est égale à la proportion observée dans la population-mère et ceci quelle que soit la manière dont les échantillons sont construits. On écrit ainsi $E(f) = p$.

La **variance** de la distribution d'échantillonnage des proportions dépend des conditions de tirage et se définit à partir de la proportion observée dans la population d'origine et de la taille de l'échantillon.

- tirage non exhaustif: $V(f) = p(1-p) / n$

- tirage exhaustif: $V(f) = (N-n)p(1-p) / (N-1)n$

La démonstration de ces résultats s'appuie sur le fait qu'une proportion peut être considérée comme la moyenne m d'une variable de Bernoulli prenant les valeurs 1 ou 0 selon que l'indivividu possède ou non le caractère donné. En effet la proportion dépend du nombre d'individus possédant ce caractère et donc du nombre de fois que la variable de Bernoulli prend la valeur 1 (un peu comme si, à chaque fois qu'un individu rencontré possède le caractère A, le compteur de réponses augmente de 1). On peut écrire:

$$m = p \,.\, 1 + (1\text{-}p) \,.\, 0 = p$$

$$\sigma^2 = p(1\text{-}p)^2 + (1\text{-}p)(0\text{-}p)^2 = (1\text{-}p)(p\text{-}p^2 + p^2) = p(1\text{-}p)$$

Finalement l'estimation de p à partir d'un échantillon se ramène à celle d'une moyenne particulière. On transpose alors les résultats concernant la distribution d'échantillonnage des moyennes à celle des proportions. Ainsi dans le cas d'un tirage non exhaustif on sait que $E(\bar{x}) = m$ et $V(\bar{x}) = \sigma^2 / n$. On en déduit:

$$E(f) = p \quad \text{et} \quad V(f) = p(1\text{-}p) / n$$

De même lorsque le tirage est non exhaustif on obtient les résultats suivants:

$$E(f) = p \quad \text{et} \quad V(f) = (N\text{-}n)p(1\text{-}p) / (N\text{-}1)n$$

Là encore on constate que la distribution des proportions, variables selon les échantillons, peut se résumer par son espérance E(f) qui est elle-même égale à la proportion observée dans la population-mère. Toutefois il y a une certaine dispersion de cette distribution, dispersion en rapport avec celle de la variable initiale mais plus faible et dépendant le plus souvent uniquement de la taille absolue de l'échantillon (si l'on néglige les différences liées aux conditions de tirage).

II. LOI DE LA DISTRIBUTION DES MOYENNES

Si l'on veut prévoir de façon précise selon quelles probabilités les échantillons issus d'une population-mère prennent des configurations données il faut être en mesure de déterminer la loi suivie par les distributions d'échantillonnage des divers paramètres. Seul le cas de la distribution d'échantillonnage des moyennes est traité ici, en sachant qu'il peut se transposer à celui des proportions. On distingue, pour des raisons théoriques déjà évoquées, le cas des petits échantillons de celui des grands.

A. LE CAS DES GRANDS ECHANTILLONS

Le théorème central-limite a montré que, sous certaines conditions, une variable aléatoire X , somme de variables aléatoires indépendantes et distribuées selon une loi quelconque, suit une loi normale lorsque le nombre n des variables constitutives tend vers l'infini. Ici la variable $\overline{X} = \Sigma x_i / n$ est bien la somme de variables aléatoires indépendantes et les conditions d'application du théorème sont remplies.

En effet:

- Les variables X_i sont indépendantes les unes des autres si l'on fait l'hypothèse que le tirage est avec remise.

- Les espérances mathématiques et les variances de ces variables existent et s'écrivent $E(X_i) = m$ et $V(X_i) = \sigma^2$

- Le rapport d'une variance particulière à la somme de toutes les variances peut être considéré comme tendant vers 0 si n tend vers l'infini. En effet on peut écrire $V(X_i) / \Sigma V(X_i) = \sigma^2 / n . \sigma^2 = 1 / n$ qui tend vers 0 si n tend vers l'infini .

On en déduit que, quelque soit la loi suivie par X, la variable $\bar{x}$ suit une loi normale si n tend vers l'infini. Cette loi normale est parfaitement définie puisqu'on a déterminé dans la section précédente l'espérance mathématique m et l'écart-type $\sigma / \sqrt{n}$ de la distribution d'échantillonnage des moyennes.

Les conditions théoriques de validité de ce résultat sont très contraignantes. Dans la pratique on est amené à les assouplir de la façon suivante. Il n'est pas nécessaire que les échantillons soient de taille infinie pour que l'on puisse appliquer le résultat: on se contente généralement de tailles assez faibles puisqu'on fixe souvent le seuil à 30 unités ou à 50 si l'on veut être plus exigeant. Le résultat est parfaitement juste à condition que les échantillons soient obtenus par tirage non exhaustif: dans la pratique on étend ce résultat aux tirages sans remise sous la réserve que le facteur d'exhaustivité soit suffisamment proche de 1. On insiste une nouvelle fois sur le fait que la moyenne suit une loi normale dont la dispersion dépend uniquement de la taille absolue de l'échantillon et non du taux de sondage. C'est la raison pour laquelle la plupart des sondages portent sur des échantillons de taille équivalente (de l'ordre de 1000 à 2000 individus) et donnent le même degré de précision quelque soit la dimension de la population-mère étudiée.

B. LE CAS DES PETITS ECHANTILLONS

Cette fois-ci le théorème de la limite-centrale ne s'applique plus. Il faut alors distinguer trois situations.

1. On ne connait pas la loi de la population-mère

Dans ce cas il est impossible de déterminer la loi de la distribution d'échantillonnage des moyennes si les échantillons sont petits c'est à dire inférieurs à 30 ou 50. C'est la raison pour laquelle, comme on le montre dans le prochain chapitre, il est impossible de réaliser des estimations à partir de trop petits échantillons.

2. La population-mère est normale et les paramètres connus

Il est possible de montrer dans ce cas que la moyenne observée dans les échantillons suit également une loi normale quelle que soit la taille des échantillons . En effet on sait que si n variables aléatoires suivent une-même loi normale de caractéristiques m et σ^2 alors leur somme suit également une loi normale de caractéristiques n.m et $n\sigma^2$. Ici $\bar{x} = \Sigma\ x_i / n$ est bien la somme de n variables aléatoires suivant chacune une loi normale. Dès lors $\bar{x}$ suit une loi normale ayant les paramètres suivants:

$$E(\bar{x}) = (m + m + ... + m)/n = n.m / n = m$$

$$V(\bar{x}) = (\sigma^2 + ... + \sigma^2) / n^2 = n\ \sigma^2 / n^2 = \sigma^2 / n$$

3. La population-mère n'est pas parfaitement connue

Deux situations nouvelles peuvent se présenter: soit la variable est distribuée selon une loi normale mais celle-ci n'est pas parfaitement connue et l'on ignore par exemple son écart-type, soit la variable respecte vraisemblablement une loi voisine de la loi normale sans que cela soit certain. Dans ces deux cas , lorsque les échantillons sont petits, on considère que la moyenne $\bar{x}$ est distribuée selon une loi de Student à (n-1) degrés de liberté, n étant la taille de l'échantillon.

Cette loi de Student est symétrique et se rapproche de la loi normale à mesure que le nombre de degrés de liberté augmente. Elle est tabulée en fonction de ce nombre. En un certain sens elle apporte une précision à la loi normale ; on observe d'ailleurs que les valeurs prises par le t de Student se rapprochent de celles données par la loi normale lorsque le nombre de degrés de liberté augmente; à partir de 50 on considère qu'elles sont équivalentes.

D'autre part lorsque l'écart-type s est inconnu on l'estime par le terme s' déterminé à partir de l'échantillon par la formule suivante:

$$s'^2 = \Sigma (x_i - \bar{x})^2 / (n-1) = s^2 n / (n-1)$$

Si l'on appelle T la variable aléatoire $(\bar{x} - m) / (s' / \sqrt{n})$ on admet qu'elle suit une loi de Student à (n-1) degrés de liberté.

Figure 11

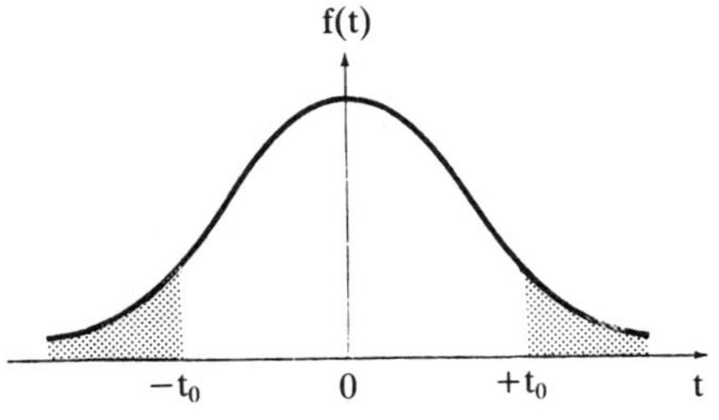

Loi de Student

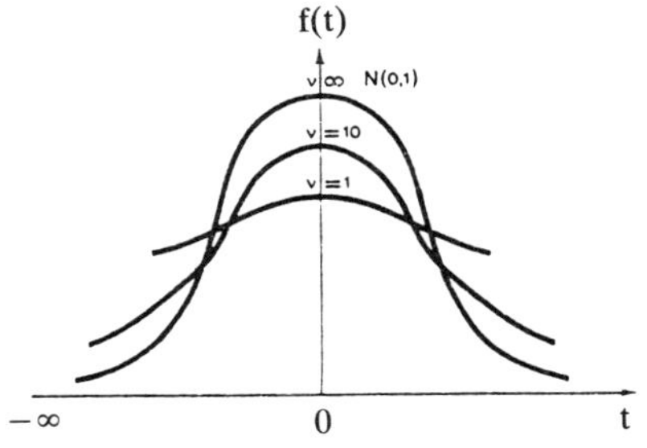

Convergence de la loi de Student
vers la loi normale

EXERCICES D'APPLICATION

EXERCICE N° 17

Dans le cadre de sa politique de promotion commerciale un magasin propose à chaque client de tirer, lors du passage à la caisse, deux bons de ristourne parmi trois possibles ayant les valeurs 2, 4 et 6 francs, le troisième donnant droit en plus à un lot supplémentaire. Etudier les distributions d'échantillonnages:

- de la valeur moyenne du bon parmi les 2 tirés,
- de l'écart-type associé à ces valeurs moyennes,
- de la proportion de bons donnant droit à un lot.

CORRIGE

Si l'on suppose que les trois bons restent en permanence à la caisse après chaque passage de client, deux cas sont à distinguer selon que le tirage des deux bons parmi les trois possibles est exhaustif ou non. D'autre part la population-mère est parfaitement connue. Constituée de 3 éléments de valeurs respectives 2, 4 et 6 elle possède les caractéristiques suivantes:

- valeur moyenne du bon: $m = 4$ pts
- variance associée: $\sigma^2 = 8/3$
- proportion de bons donnant droit à un lot supplémentaire: $p = 1/3$

1. Dans le cas de tirages exhaustifs les solutions sont au nombre de 6 si l'on néglige l'ordre d'apparition des bons (elles seraient de 9 dans le cas contraire mais cela ne changerait rien aux résultats à venir). Le tableau de calcul est le suivant:

Echantillons		(2,2)	(2,4)	(2,6)	(4,4)	(4,6)	(6,6)	Σ
Probabilité	p_i	1/9	2/9	2/9	1/9	2/9	1/9	1
Distribution d'échant.	$\bar{x}_i$	2	3	4	4	5	6	
des	$p_i\bar{x}_i$	2/9	6/9	8/9	4/9	10/9	6/9	4
moyennes	$p_i.\bar{x}_i^2$	4/9	18/9	32/9	16/9	50/9	36/9	52/3
Distribution	s_i^2	0	1	4	0	1	0	
d'échant. des variances	$p_i\, s_i^2$	0	2/9	8/9	0	2/9	0	4/3
Distribution d'échant. de	f_i	0	0	1/2	0	1/2	1	
proportion	$p_i.f_i$	0	0	1/9	0	1/9	1/9	1/3
	$p_i.f_i^2$	0	0	1/18	0	1/18	1/9	2/9

A partir de ce tableau on peut calculer les caractéristiques des diverses distributions d'échantillonnages et vérifier les résultats théoriques les concernant.

a) Distribution d'échantillonnage des moyennes:

$$E(\bar{x}) = 36/9 = 4 = m$$

$$V(\bar{x}) = (52/3) - 4^2 = 4/3 = \sigma^2 / n = (8/3)/(1/2)$$

b) Distribution d'échantillonnage des variances:

$$E(s^2) = 4/3 = \sigma^2 (n-1) / n = (8/3)(2-1) / 2$$

c) Distribution d'échantillonnage des proportions:

$E(f) = 1/3$ soit effectivement p

$$V(f) = (2/9) - (1/3)^2 = 1/9 = p(1-p) / n = (1/3)(2/3) / 2$$

2. Si le tirage est sans remise le nombre d'échantillons possibles est plus réduit (3 si l'on ne tient pas compte de l'ordre et 6 dans le cas contraire) puisque les répétitions de valeurs sont exclues. Le tableau de calcul est le suivant:

Echantillons		(2,4)	(2,6)	(4,6)	Σ
Probabilités	p_i	1/3	1/3	1/3	1
Distribution d'échantillonnage des moyennes	$\bar{x}_i$	3	4	5	
	$p_i.\bar{x}_i$	3/3	4/3	5/3	12/3
	$p_i.\bar{x}_i^2$	9/3	16/3	25/3	50/3
Distribution d'échantillonnage des variances	s_i^2	1	4	1	
	$p_i\, s_i^2$	1/3	4/3	1/3	6/3
Distribution d'échantillonnage des proportions	f_i	0	1/2	1/2	
	$p_i.f_i$	0	1/6	1/6	2/6
	$p_i.f_i^2$	0	1/12	1/12	2/12

On vérifie là aussi les résultats théoriques.

a) Distribution d'échantillonnage des moyennes:

$$E(\bar{x}) = 12/3 = 4 \text{ qui est bien égal à } m$$

$$V(\bar{x}) = (50/3) - 4^2 = 2/3 = (\sigma^2 / n)(N-n)/(N-1)$$

b) Distribution d'échantillonnage des variances:

$$E(s^2) = 6/3 = 2 \quad \text{soit } \sigma^2 N (n-1) / n(N-1)$$

c) Distribution d'échantillonnage des proportions:

$$E(f) = 2/6 = 1/3 \text{ qui est bien égal à } p$$

$$V(f) = 2/12 - (1/3)^2 = 1/18 = p(1-p)(N-n) / n(N-1)$$

EXERCICE N° 18

Soit une distribution de clients d'un grand magasin selon le montant de leurs achats X exprimé en centaines de francs.

1. Quelle est la probabilité que dans un **échantillon** de 16 clients tirés au hasard de manière non exhaustive, le montant moyen d'un achat soit inférieur à 4...

a) en supposant que X suit une loi normale de moyenne 5 et d'écart-type 3 ?

b) en supposant que X suit une loi normale de moyenne 5 et d'écart-type inconnu (on suppose dans ce cas que l'écart-type observé dans l'échantillon est 2,91) ?

c) en supposant que la loi de X est inconnue de paramètres connus(5, 3)

2. Mêmes questions avec un échantillon de 49.

3. Mêmes questions en supposant que le tirage de l'échantillon de taille 49 est exhaustif dans une population de 500 clients.

4. Quelle est la probabilité que dans la **population-mère** un individu ait un achat inférieur à 4...

a) en supposant que X suit une loi normale de moyenne 5 et d'écart-type 3 ?

b) en supposant que X suit une loi inconnue de moyenne 5 et d'écart-type 3 ?

5. On suppose que 80% des clients paient leurs achats par chèque...

a) quelle est la probabilité que dans un échantillon de 49 clients la proportion moyenne de chèques dépasse 85% ?

b) même question avec un échantillon de 36 clients?

CORRIGE

1.a) La variable aléatoire correspondant au montant moyen d'un achat dans un échantillon est distribuée, à l'image de la variable aléatoire initiale X, selon une loi normale ayant les paramètres suivants:

$$E(\bar{x}) = m = 5 \quad \text{et} \quad \sigma_{\bar{X}} = \sigma / \sqrt{n} = 0{,}75$$

$$P\{\bar{x} < 4\} = P\{T < (4 - 5) / 0{,}75\} = P\{T < -1{,}33\} = \mathbf{0{,}09}$$

b) Ici deux problèmes nouveaux se posent:
L'écart-type est inconnu et doit être estimé à partir de s' avec :

$$s'^2 = s^2 \, n / (n-1) = 2{,}91^2 \, 16/15 = 9 \quad \text{soit} \quad s' = 3$$

La loi de la variable X est connue mais imprécise puisque σ est inconnu et l'échantillon de petite taille. Dans ce cas le montant moyen d'un achat suit une loi de Student à (n-1) degrés de liberté soit 16 - 1 = 15 . Les paramètres sont:

$$E(\bar{x}) = 5 \quad \text{et} \quad \sigma_{\bar{x}} = s / \sqrt{n} = 0{,}75.$$

Ainsi $P\{ \bar{x} < 4 \} = P\{ T < -1{,}33 \} = 0{,}1$

Ici la table de Student donne seulement une approximation de ce résultat puisqu'on lit $P\{ T < -1{,}341 \text{ ou } > 1{,}341 \} = 0{,}1$. La probabilité recherchée est donc de l'ordre de **0,1**.

c) Du fait de la petitesse de l'échantillon, on ne peut rien dire sur la distribution de la valeur moyenne, même si les paramètres de la variable X sont connus. On sait simplement, mais ce n'est pas rien, que l'on ne peut pas répondre à la question posée.

2.a) Si X suit une loi normale de paramètres 5 et 3, $\bar{x}$ suit a fortiori une loi normale. Ses paramètres sont:

$$E(\bar{x}) = m = 5 \quad \text{et} \quad \sigma_{\bar{x}} = \sigma / \sqrt{n} = 3/\sqrt{49} = 0{,}428$$

Donc $P\{ \bar{x} < 4 \} = P\{ T < (4-5)/0{,}428 \} = \mathbf{0{,}01}$

On constate que le résultat est nettement plus petit que lors de la question 1a du fait de la taille supérieure de l'échantillon.

b) Si X suit une loi normale dont seul le paramètre m est connu la moyenne est également distribuée selon une loi normale avec s estimé par s'. Ainsi:

$$E(\bar{x}) = m = 5 \quad \text{et} \; \sigma_{\bar{x}} = s' / \sqrt{n} = s / \sqrt{n-1} = 2{,}91/\sqrt{48} = 0{,}42$$

$$P\{ \bar{x} < 4 \} = P\{ T < (4 - 5) / 0{,}42 \} = P\{T < - 2{,}38\} = \mathbf{0{,}008}$$

c) Si X suit une loi quelconque de paramètres connus (5 pour la moyenne et 3 pour l'écart-type) on peut considérer, du fait de la taille suffisante de l'échantillon, que la moyenne suit une loi normale et donc la réponse est la même que celle de la question 2a.

3. Ici la seule nouveauté concerne la dispersion de la distribution de la moyenne.

a) Si X suit une loi normale de paramètres 5 et 3 alors la moyenne suit également une loi normale dont les paramètres sont les suivants:

$$E(\bar{x}) = m = 5 \quad \sigma_{\bar{x}} = (\sigma / \sqrt{n}) \sqrt{(N-n)/(N-1)} = 0{,}407$$

$$P\{ \bar{x} < 4 \} = P\{ T < (4 - 5) / 0{,}407 \} = P\{T < -2{,}45\} = \mathbf{0{,}007}$$

On observe que ce résultat est plus petit que dans le cas précédent car les conditions de tirage ont conduit à une diminution de la dispersion des valeurs moyennes par échantillon.

b) Si X suit une loi normale d'écart-type inconnu la moyenne suit également une loi normale de paramètres:

$$E(\bar{x}) = m = 5 \quad \text{et} \quad \sigma_{\bar{x}} = (s' / \sqrt{n}) \sqrt{(N-n)/(N-1)} = 0{,}399$$

$$P\{\bar{x} < 4\} = P\{ T < (4 - 5) / 0{,}399 \} = P\{ T < -2{,}5 \} = \mathbf{0{,}006}$$

4.a) Ici le problème est très différent puisque la variable étudiée est X, montant de l'achat **d'un** individu de la population-mère et non pas $\bar{x}$, montant moyen d'un achat parmi n individus de l'échantillon. Il faut donc s'attendre à un résultat très supérieur car la distribution de $\overline{X}$ est beaucoup plus dispersée que celle de $\bar{x}$, le calcul d'une moyenne atténuant l'effet des valeurs extrêmes. On écrit donc:

$$P\{ X < 4 \} = P\{ T < (4 - 5) / 3 \} = P\{ T < - 0{,}33 \} = \mathbf{0{,}371}$$

On observe que plus d'un tiers des clients sont dans ce cas alors que dans la question 1a on avait trouvé une probabilité de l'ordre de 10% . Si l'on voulait obtenir la même probabilité qu'en 1a il faudrait que X soit, grosso modo, inférieur à 1. En effet:

$$P\{ T < - 1{,}285 \} = 0{,}1 \quad \text{et } X = m + t\sigma = 5 - 1{,}285 \,.\, 3 = 1{,}145$$

b) Seule l'inégalité de Bienaymé-Tchebicheff permet de donner un ordre de grandeur:

$$P\{ /X - m/ \leq t\sigma \} \geq 1 - 1/t^2$$

$$\text{ici } m + t\sigma = 4 \quad \text{et donc } t = -1/3 \quad \text{et } 1 - 1/t^2 = - 8$$

Ce résultat trivial, et même un peu absurde, marque bien les limites d'utilisation de l'inégalité de Bienaymé-Tchebicheff.

5.a) La variable suit une loi binomiale que l'on peut approximer par une loi normale, np étant nettement supérieur à 30. Ses paramètres sont les suivants:

$$E(f) = p = 0{,}8 \quad V(f) = p(1-p) / n \quad \text{soit } \sigma_f = 0{,}057$$

$$\text{Dès lors } P\{ f > 0{,}85 \} = P\{ T > 0{,}877 \} = \mathbf{0{,}19}$$

Si l'on considère que le tirage est exhaustif l'écart-type varie légérement.

Ainsi en supposant que la population se compose de 500 clients on obtient:

$$V(f) = (N\text{-}n)\ p\ (1\text{-}p)\ /\ (N\text{-}1)\ n \quad \text{soit } \sigma_f = 0{,}054 \quad \text{et } P = 0{,}18$$

b) Cette fois-ci $V(f) = (0{,}8 \,.\, 0{,}2)/36$ soit $\sigma_f = 0{,}066$

et donc $P\{f > 0{,}85\} = P\{T > 0{,}05\ /\ 0{,}066\} =$ **0,227**

En comparant ces divers résultats on observe l'effet conjugué de la taille de l'échantillon (plus il est élevé et plus la dispersion de f est faible) et des conditions de tirage (lorsqu'il est exhaustif la dispersion de f est plus faible).

CHAPITRE 3

THEORIE DE L'ESTIMATION

> Où l'on voit que toujours plus n'est pas toujours mieux et qu'il vaut mieux être sans biais et absolument correct pour être efficace.

On sait bien qu'une hirondelle ne fait pas le printemps. Mais son premier envol permet-il d'annoncer l'arrivée du printemps? C'est toute la question de l'estimation. On a vu, dans le chapitre précédent, comment déduire d'une population-mère parfaitement connue les caractéristiques des distributions d'échantillonnage des paramètres. Ici le problème est opposé. On connait un seul échantillon et l'on veut, à partir de ses caractéristiques, déterminer celles de la **population-mère inconnue**. Par exemple, connaissant le poids moyen d'une personne dans un échantillon aléatoire de 20 individus, que peut-on dire de ce poids moyen dans la population totale. Deux solutions existent à ce problème: elles se fondent sur les résultats de la théorie des distributions d'échantillonnage. La première est l'estimation ponctuelle: elle revient à estimer théoriquement chaque paramètre inconnu de la population-mère par une valeur numérique précise. La seconde est l'estimation par intervalle de confiance. Elle consiste à définir un intervalle de confiance tel que le paramètre inconnu lui appartienne ou non. Cet intervalle est lui même aléatoire et si l'on répète un grand nombre de fois l'opération il y a alors une grande probabilité que le paramètre appartienne aux intervalles ainsi définis.

Toute enquête par sondage aboutit à une estimation. En effet lorsqu'on réalise des sondages (en sciences politiques, dans des études de marché, dans un contrôle de qualité) on cherche à déduire de l'analyse d'un échantillon aléatoire et de ses caractéristiques (moyenne, proportion, paramètre quelconque) une certaine image, une estimation de la population-mère qui est inconnue et le restera. Il est donc fondamental de savoir réaliser une estimation: en ce sens, le chapitre présent est le véritable aboutissement du livre.

I. LES ESTIMATEURS ET LEUR QUALITE

A. DEFINITION D'UN ESTIMATEUR

On peut tenter une approche intuitive de la notion d'estimation à partir de l'exemple suivant. On réalise une enquête auprès de n personnes, choisies de manière aléatoire dans une population très grande, en vue de connaître l'ampleur de leurs dépenses mensuelles de logement. Pour cela on calcule une dépense moyenne par ménage dans l'échantillon observé. En vertu de la loi des grands nombres on sait que cette valeur moyenne observée converge en probabilité vers la valeur moyenne théorique, dite parfois vraie valeur bien que le terme soit ambigüe puisque cette valeur n'a pas d'existence concrète[1]. En pratique cette convergence est d'autant plus visible que la taille de l'échantillon est grande. Par exemple si m vaut 2.000 francs la moyenne observée peut être de 1.900 si l'échantillon est constitué de 1.000 personnes, de 2.050 s'il est de taille 10.000 et de 1.990 s'il est constitué de 50.000 personnes; en effet les valeurs les plus proches de la valeur théorique deviennent de plus en plus probables à mesure que l'échantillon croit. On peut donc accepter intuitivement l'idée que, sous certaines conditions, le paramètre observé dans un échantillon est un bon estimateur du paramètre inconnu de la population d'origine. Ici on prendrait comme estimation de la moyenne générale la moyenne observée dans un échantillon et ceci se rapproche d'autant plus de "la vérité" que l'échantillon est grand. Il suffit alors de généraliser cette procédure à un estimateur T quelconque.

La définition précise du concept d'estimateur est alors la suivante. Partant d'une population-mère constituée d'individus ayant un certain caractère X on veut estimer une caractéristique quelconque T (par exemple la moyenne). Dans un échantillon aléatoire donné de taille n ce caractère X prend les valeurs $X_1, X_2, \ldots, X_i \ldots, X_n$.

On définit alors une fonction de ces valeurs $T' = T_n (X_1, X_2, \ldots, X_n)$. Cette fonction, appellée **estimateur** de T, est une variable aléatoire puisqu'elle prend des valeurs différentes pour chaque échantillon et que chacune de ces valeurs a une certaine probabilité d'apparition correspondant à celle d'obtention de l'échantillon. Ainsi la valeur numérique T' de T_n observée sur le seul échantillon connu sera retenue comme estimation de T; il s'agit alors d'une réalisation particlulière de la variable aléatoire T. Ceci peut paraitre paradoxal car à chaque échantillon correspond une valeur différente de T' mais ne l'est pas

1 A moins de considérer, ce qui est sans doute vrai, que la vérité n'est qu'une notion abstraite.

si l'on précise que cette estimation n'est valable qu'au prix d'une certaine erreur. C'est d'ailleurs pour cela que l'on utilise la notion d'intervalle de confiance.

B. LES QUALITES D'UN ESTIMATEUR

1. Estimateur sans biais ou sans distorsion

On dit que l'estimateur est sans biais si la distribution de l'estimateur est centrée sur la vraie valeur T du paramètre quelque soit l'effectif de l'échantillon. On écrit E(T') = T et on appelle biais la valeur B(T') = E(T') - T. A cause de la propriété de convergence des estimateurs, ce biais diminue à mesure qu'augmente la taille des échantillons. Dans certaines circonstances on accepte un estimateur légèrement biaisé à condition que E(T') tende vers T lorsque n tend vers l'infini. On dit alors que l'estimateur T est assymptotiquement sans distorsion.

2. Estimateur convergent

Un estimateur est convergent si la variance de sa distribution tend vers 0 lorsque n tend vers l'infini c'est à dire qu'il converge en probabilité vers la valeur T du paramètre. Ceci veut dire que l'estimation doit être d'autant plus précise que l'échantillon est plus grand et que l'estimateur donne la valeur exacte du paramètre quand n tend vers l'infini. Un estimateur à la fois sans biais et convergent est dit *absolument correct.*

3. Estimateur efficace

Lorsqu'il existe, pour un-même paramètre, plusieurs estimateurs absolument corrects on retient celui dont la distribution a la plus petite variance et on dit qu'il est efficace. Il vaut mieux en effet retenir une distribution de T_n moins dispersée autour de T afin que l'estimation ait plus de chance d'être parfaitement conforme.

Pour comprendre ces "qualités" on peut prendre l'image du tir à répétition sur une cible. Dans ce cas on peut dire que le fusil est "sans biais" si les balles sont régulièrement réparties à proximité de la cible (il y aurait biais si les impacts étaient systématiquement décalés dans la même direction), qu'il est "convergent" si une importante rafale de balles est plus concentrée sur la cible que quelques balles seulement et qu'il est "plus efficace" qu'un autre si la dispersion des impacts est moindre.

C. EXEMPLES D'ESTIMATEURS

Partant des résultats de la théorie des distributions d'échantillonnage on peut définir trois estimateurs très utiles en pratique.

1. Estimateur du paramètre p de la loi binomiale

Les résultats démontrés dans le chapitre précédent permettent de dire que le paramètre f, qui correspond à la fréquence observée dans un échantillon, est un estimateur absolument correct de p. En effet $E(f) = p$ et $V(f) = p(1-p)/n$ tend vers 0 si n tend vers l'infini. Ceci montre que f est un estimateur à la fois sans biais et convergent de p mais ne prouve toutefois pas que f soit l'estimation la plus précise, la plus efficace, de p. On retient pourtant f comme estimateur de p.

2. Estimateur de la moyennne m d'une loi normale

De-même on montre que $\bar{x}$ est un estimateur absolument correct de m. On sait en effet que $E(\bar{x}) = m$ et $V(\bar{x}) = \sigma^2 / n$ tend vers 0 si n tend vers l'infini. Ceci suffit pour vérifier que $\bar{x}$ est un estimateur à la fois sans biais et convergent de m. Là encore on n'est pas assuré qu'il soit efficace.

3. Estimateur de la variance d'une loi normale

Cette fois-ci le problème est plus complexe. La variance de l'échantillon n'est pas tout à fait un estimateur sans biais du paramètre puisque son espérance $E(s^2)$ vaut $\sigma^2 (n-1) / n$. Pour enlever le biais on construit alors un nouvel estimateur calculé à partir de la variance de l'échantillon soit $s'^2 = s^2 n / (n-1)$. Cet estimateur est absolument correct car on peut montrer qu'il est sans biais et convergent. En effet:

$$E(s'^2) = E(s^2)\, n / (n-1) = [\sigma^2 (n-1)/n].n / (n-1) = \sigma^2$$

et $V(s'^2)$ tend vers 0 si n tend vers l'infini .

On dispose ainsi de trois estimateurs absolument corrects:

- f, fréquence observée, pour p, proportion inconnue dans la population-mère,
- $\bar{x}$, moyenne dans l'échantillon, pour m, moyenne de la population-mère,
- s^2, variance dans l'échantillon, pour σ^2, variance de la variable dans la population-mère.

D. LA METHODE DU MAXIMUM DE VRAISEMBLANCE

Une méthode générale permet de déterminer l'estimation ponctuelle d'un paramètre quelconque; elle s'applique donc aux cas précédents. Cette méthode consiste à définir une fonction de vraisemblance à partir des observations faites dans un échantillon et du paramètre à estimer et à choisir comme estimation ponctuelle de ce paramètre la valeur qui maximise cette fonction. Plus précisément on cherche à estimer un paramètre T à partir d'un échantillon de n observations $(X_1,...,X_i,..X_n)$ de X. On définit une fonction de vraisemblance à partir des observations faites dans l'échantillon et du paramètre à estimer. Cette loi de probabilité à n dimensions d'un échantillon de n valeurs indépendantes d'une variable aléatoire peut s'écrire:

$$L(x_1,x_2,...,x_n, T) = f(x_1,T).f(x_2,T)...f(x_n,T) \text{ si X est continue}$$

$$L = p(x_1,T).p(x_2,T)...p(x_n,T) \text{ si la variable X est discrète.}$$

On choisit alors pour estimation ponctuelle de T la valeur T qui maximise la fonction L, c'est à dire qui rend maximum la probabilité d'obtenir l'échantillon considéré ou la densité de l'échantillon observé si la variable est continue. Pour cela il faut $dL / dT = 0$ ou $dLnL / dT = 0$.

Si l'on applique cette méthode à l'estimation du paramètre m d'une loi de Poisson on démontre que la moyenne x observée dans l'échantillon est une bonne estimation ponctuelle de ce paramètre.

$$\text{On a } P\{ X = k \} = \exp(-m)\ m^k / k!$$

On tire un échantillon de taille n dans lequel X prend les valeurs $x_1,x_2...x_n.$ La fonction de vraisemblance s'écrit alors:

$$L(x_1,x_2,...x_n, m) = \Pi \exp(-m) \quad m^{x_i}/x_i! = e^{-nm} \ \Sigma\, m^{x_i} / \ \Pi\, x_i!$$

Grâce à la transformation logarithmique on peut écrire :

$$Ln\, L = - n\, m + \Sigma\, x_i\, Ln\, L - Ln\, \Pi x_i!$$

$$\text{soit } dLnL / dm = - n + \Sigma\, x_i / m = 0 \quad \text{d'où } m = \Sigma\, x_i / n = \bar{x}$$

L'estimation ponctuelle de m est donc $\bar{x}$ c'est à dire la moyenne observée dans l'échantillon.

II. L'INTERVALLE DE CONFIANCE D'UNE MOYENNE

D'une manière générale l'estimation par intervalle de confiance d'un paramètre quelconque consiste à appliquer les résultats précédents concernant en particulier la théorie de la distribution d'échantillonnage et les qualités d'un estimateur. L'objectif est, à partir de l'observation d'un paramètre dans un échantillon unique, de définir un intervalle dans lequel le paramètre équivalent de la population-mère se situe. Si l'on répète un grand nombre de fois l'opération il y a alors une certaine probabilité, définie a priori, qu'il en soit ainsi. Autrement dit le risque d'erreur correspond au nombre de cas dans lesquels le paramètre n'appartient pas à l'intervalle de confiance. L'estimation revient donc à définir une fourchette, un intervalle de confiance du paramètre inconnu et à contrôler le risque d'erreur, le seuil de confiance, pris en définissant cet intervalle.

Appliquée à la moyenne cette méthode donne les résultats suivants. On a défini, dans le précédent chapitre, la loi de la distribution d'échantillonnage des moyennes. On a montré, par exemple, que $\bar{x}$ suivait une loi normale de paramètres $E(\bar{x}) = m$ et $V(\bar{x}) = \sigma^2 / n$ à condition de savoir que la distribution de la variable dans la population-mère est normale ou que l'échantillon est suffisamment grand. Dès lors on peut construire une variable centrée réduite. Sur le modèle général applicable à une variable normale quelconque elle s'écrit ainsi:

$$T = [\bar{x} - E(x)] / \sigma_{\bar{x}} = (\bar{x} - m) / \sigma_{\bar{x}}$$

On a en effet montré que $E(\bar{x})$ était égal à m quelque soient les conditions de construction de l'échantillon. Il est alors possible de définir un intervalle quelconque dans lequel cette variable a une certaine probabilité de se situer. On écrit:

$$P\{ -t < T < +t \} = 1 - \alpha$$

soit en développant:

$$P\{ -t < (\bar{x} - m) / \sigma_{\bar{x}} < +t \} = 1 - \alpha$$

$$P\{ \bar{x} - t\, \sigma_{\bar{x}} < m < \bar{x} + t\, \sigma_{\bar{x}} \} = 1 - \alpha$$

Il y a donc une certaine chance $(1 - \alpha)$ que m, moyenne inconnue, appartienne à un intervalle symétrique, centré autour de la moyenne observée $\bar{x}$, et de longueur égale à $2\, t\sigma_{\bar{x}}$. Ceci définit la zone de confiance de l'intervalle: elle correspond à la fois à un certain degré de confiance $(1 - \alpha)$ et à un certain risque d'erreur α. Puisqu'on définit **a priori** ces seuils et que cela détermine les valeurs de t et donc la dimension de l'intervalle, un choix est possible: soit on préfère un intervalle petit au risque de se tromper souvent, soit on retient un intervalle d'estimation plus grand, c'est à dire moins précis, mais beaucoup plus sûr. Précision ou certitude ? Délicat dilemme. Pour comprendre cela il suffit de penser aux stratégies des instituts de sondages au moment des élections (non pas dans les sondages d'opinions mais dans les sondages de résultats "sortis des urnes"). Certains peuvent fonder leur image sur la précision de l'estimation en annoncant un résultat très précis, à la virgule près, tout en sachant qu'il y a une probabilité non négligeable de devoir le rectifier en fin d'opération. D'autres peuvent préférer la quasi certitude des résultats annoncés ce qui les contraint à afficher des données moins précises, à fournir une simple fourchette d'estimation. Bien sûr, le temps passant et les résultats partiels se faisant plus nombreux, ces deux stratégies finissent par se confondre.

Figure n° 12

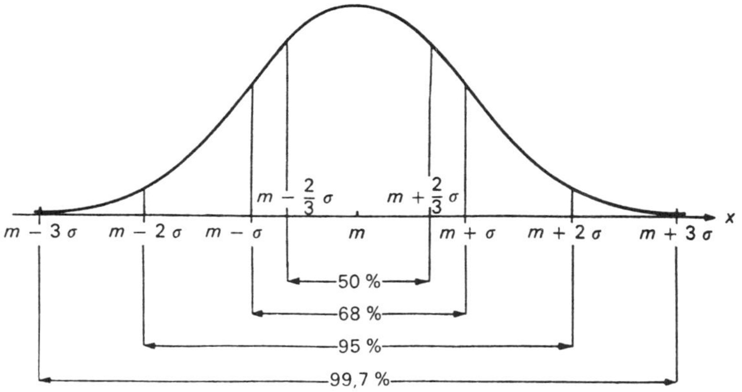

Forme de la loi normale : groupement des observations autour de la moyenne selon la valeur de l'écart-type (extrait de B. GRAIS)

La détermination précise de l'intervalle de confiance et la réponse à tout problème concernant le calcul d'une des valeurs de l'intervalle de confiance, dépendent ainsi de plusieurs éléments: le degré de connaissance de la population-mère, les conditions de construction de l'échantillon, la taille et la valeur des paramètres, le niveau de confiance retenu. Quelques précisions sont à apporter sur ces divers éléments.

- La définition de la zone de confiance se fait a priori à partir de deux notions complémentaires. Le risque d'erreur correspond à la probabilité de se tromper en annonçant l'intervalle de confiance: il est fréquemment fixé à 5%, oscille généralement entre 1% et 10% et varie selon la nature du problème et l'arbitrage entre degré de précision et risque d'erreur. Le coefficient, ou seuil, de confiance ($1 - \alpha$), complémentaire à 1 du risque, indique la probabilité que l'estimation soit juste. Ce coefficient prend souvent les valeurs 0,95; 0,99 ou 0,90.

- A partir du choix de α ou ($1 - \alpha$) on déduit, par simple lecture des tables numériques, la valeur de t. Au préalable il faut déterminer la loi suivie par la distribution d'échantillonnage des moyennes. Si l'échantillon est grand (au moins 30 voire même 50) il s'agit de la loi normale quelle que soit la loi de la variable X. S'il est petit on utilise la loi normale ou la loi de Student selon que l'on doit estimer ou non un paramètre de la population-mère.

- Enfin on détermine l'écart-type $\sigma_{\bar{x}}$ en fonction de ce que l'on sait des conditions de tirage et de l'écart-type dans la population-mère. Trois situations se présentent.

* écart-type connu , tirage non exhaustif: $\sigma_{\bar{x}} = \sigma / \sqrt{n}$

et donc $P\{ \bar{x} - t\sigma / \sqrt{n} < m < \bar{x} + t\sigma / \sqrt{n} \} = 1 - \alpha$

* écart-type connu, tirage exhaustif: $\sigma_{\bar{x}} = (\sigma / \sqrt{n}) \sqrt{(N-n)(N-1)}$

ce qui modifie légèrement l'intervalle de confiance

* écart-type inconnu et estimé par s' avec $s'^2 = s^2 n / (n-1)$

et donc $P\{ x - t\, s / \sqrt{(n-1)} < m < x + t\, s / \sqrt{(n-1)}$

Au bout du compte on peut dire que l'intervalle de confiance est lié aux quatre informations citées plus haut selon des régles précises:

- Plus la taille de l'échantillon est grande plus l'intervalle de confiance est petit et donc plus la précision de l'estimation est grande ; c'est la raison pour laquelle les estimations électorales des instituts de sondage sont de plus en plus précises à mesure que le dépouillement des résultats se réalise.

- Plus le niveau de confiance est grand et plus l'estimation est imprécise puisque l'intervalle de confiance est plus grand.

- Si le tirage de l'échantillon est exhaustif l'intervalle de confiance est un peu plus petit; on le comprend en pensant que les valeurs extrêmes ne peuvent être, dans ce cas, tirées qu'une seule fois.

- Si l'écart-type de la distribution de la variable dans la population-mère est connu l'intervalle de confiance est légèrement plus petit, la meilleure information sur la population-mère permettant une meilleure estimation du paramètre inconnu.

III. INTERVALLE DE CONFIANCE D'UNE PROPORTION

A. METHODE GENERALE

On cherche ici à estimer la proportion d'individus d'une population ayant un caractère donné à partir de l'observation d'un échantillon de taille n dans lequel un certain nombre d'individus possèdent ce caractère. Autrement dit on veut estimer une proportion p inconnue à partir d'une proportion f observée dans un échantillon. On suppose que le tirage de cet échantillon est réalisé avec remise ou sans remise mais avec une taille d'échantillon faible par rapport à celle de la population-mère. Dans ce cas la fréquence des individus ayant le caractère donné suit une loi binomiale de paramètres n et p. En application de la théorie de la distribution d'échantillonnage on peut écrire:

$$f = B(n,p) \quad \text{avec} \quad E(f) = p \quad \text{et } \sigma_f = \sqrt{(p(1-p)/n}$$

B. APPLICATION LORSQUE L'ECHANTILLON EST GRAND

Lorsque l'échantillon est de taille suffisante (au moins 30 ou 50) et que p est assez différent de 0 ou de 1 on sait que la loi binomiale suivie par p' peut être approximée par une loi normale ayant les paramètres suivants:

$E(f) = p$ dans tous les cas de tirage

$V(f) = p(1-p) / n$ si le tirage est non exhaustif

$V(f) = [p(1-p)/n] [(N-n)/(N-1)]$ si le tirage est exhaustif

En cas de tirage non exhaustif, ou lorsque le facteur d'exhaustivité est proche de 1, on peut appliquer le même raisonnement que celui de la section précédente. On définit ainsi une variable centrée réduite qui s'écrit:

$$T = (f - p) / \sqrt{p(1-p)/n}$$

On définit un intervalle de variation (c'est à dire une valeur de t) à partir d'un seuil de confiance ($1 - \alpha$) ou d'un coefficient de risque α choisis a priori :

$$P\{ -t < T < +t \} = (1 - \alpha)$$

En développant, on obtient l'intervalle de confiance de la proportion recherchée:

$$P\{ -t < (f - p) / \sqrt{p(1-p)/n} < +t \} = 1 - \alpha$$

$$P\{ f - t\sqrt{p(1-p)/n} < p < f + t\sqrt{p(1-p)/n} \} = 1 - \alpha$$

Dans cette formule:

- le seuil (ou le risque) est choisi a priori en fonction du problème posé et du risque d'erreur acceptable. Généralement on prend des valeurs de l'ordre de 0,05 pour .
- t est obtenu par simple lecture de la table de la loi normale (une des tables présentées plus haut donne en effet la probabilité de se situer à l'extérieur d'un intervalle symétrique par rapport à la moyenne) et en fonction du risque retenu.
- f et n sont des données de l'échantillon.
- p vaut systématiquement 0,5. En effet pour cette valeur $p(1-p)/n$ est à son maximum (on le vérifie aisément en annulant la dérivée première de ce terme). Cette procédure *par excès* donne l'intervalle de confiance le plus élevé et donc le moins risqué; elle est préférée à une solution qui consisterait à prendre

pour valeur de p celle de f. Cette solution ne vaut évidemment que pour le terme p de l'intervalle de confiance sinon le problème serait résolu.

Ainsi la proportion inconnue est estimée à partir de la seule connaissance de quelques individus. Cette méthode évite de dénombrer et d'interroger toute la population ce qui est côuteux et souvent complexe[2].

Il existe également une procédure graphique permettant de traiter, rapidement mais de façon moins précise, certains cas fréquents. C'est la méthode des *abaques* (voir en annexe). Pour un seuil de confiance donné (par exemple 0,99) ces abaques représentent des courbes correspondant à certaines tailles d'échantillon. Il suffit de lire, sur les deux courbes associées à la taille de l'échantillon, les deux ordonnées des points d'abcisse égale à la proportion observée sur l'échantillon . On obtient ainsi directement les deux termes de l'intervalle de confiance. On constate, sur ces abaques, combien les estimations faites à partir des petits échantillons sont floues. Par exemple, si l'on observe, dans un échantillon de 200 personnes, que 40% ont telle préférence, l'intervalle de confiance au seuil de 0,99 est de l'ordre de 40%-60%. C'est la raison pour laquelle les sondages sérieux utilisent des échantillons de taille nettement supérieure.

2 On pense à l'anecdote bien connue selon laquelle la proportion de gens prudents parmi les alpinistes est très forte, sans doute en partie parce que les casse-cou n'appartiennent plus à la population-mère.

EXERCICES D'APPLICATION

EXERCICE N° 19

Le gérant d'un magasin décide de vendre les oranges à l'unité. Afin de fixer un prix unitaire conforme au prix habituellement pratiqué au kilog il souhaite estimer le poids moyen d'une orange à partir de l'observation d'échantillons d'oranges.

1. D'un stock très grand on extrait un échantillon de 10 oranges dont les poids en grammes sont les suivants: 160, 230, 190, 170, 210, 220, 210, 210, 180, 220. Quelle estimation peut-on faire:

a) si l'on suppose que la distribution de poids dans le stock d'oranges est normale ?

b) si cette distribution suit une loi à peu près normale dont la variance vaut 500 grammes ?

c) si cette distribution suit une loi inconnue ?

2. Mêmes questions à partir d'un autre échantillon de 100 oranges dans lequel le poids moyen d'une orange est 200 grammes et son écart-type 22,36 grammes.

CORRIGE

1. On peut considérer que le tirage de l'échantillon est non exhaustif même si, en pratique, il est certainement réalisé de manière exhaustive. En effet on ne peut pas procéder autrement (la dimension du stock étant inconnue) et on a le droit de le faire parce que le stock est grand et donc le facteur d'exhaustivité proche de 1. Après calcul, le poids moyen dans l'échantillon est de 200 grammes et l'écart-type associé de 22,36 grammes.

a) La distribution mère est normale mais, l'énoncé ne précisant pas ses paramètres, on doit estimer l'écart-type s par s' calculé à partir de l'écart-type de l'échantillon:

$$s'^2 = s^2 n / (n-1) = 500.10/9 \quad \text{soit } s' = 23{,}57 \text{ grs}$$

Les conditions sont remplies pour considérer que $\bar{x}$ suit une loi de Student à (n-1) = 9 degrés de liberté. Ces paramètres sont les suivants:

$$E(\bar{x}) = m \quad \text{et} \quad V(\bar{x}) = s'^2 / n \text{ soit } \sigma_{\bar{x}} = 7{,}45 \text{ grammes}$$

Dès lors l'intervalle de confiance s'écrit:

$$P\{ \bar{x} - t\sigma_{\bar{x}} < m < \bar{x} + t\sigma_{\bar{x}} \} = 1 - \alpha$$

Au seuil de confiance de $(1 - \alpha) = 0,95$ on lit dans la table de Student à 9 degrés de liberté $t = 2,262$

L'intervalle de confiance vaut alors $200 \pm 2,262 \,.\, 7,45$ = **200 ± 16,85** gr.

Ainsi, après avoir analysé ce petit échantillon, le gérant peut estimer, avec 5% de risque d'erreur, que le poids moyen d'une orange est compris entre 183,15 grammes et 216,85 grammes. Ces repères peuvent lui servir ensuite pour fixer le prix unitaire, la règle de décision n'étant plus alors de l'ordre de la statistique mais du domaine de la gestion.

Au seuil de confiance de 0,99 t vaut 3,25 et l'intervalle est plus grand. Il vaut **200 ± 24,2** gr. Ainsi en limitant à 1% le risque d'erreur on doit considérer que le poids d'une orange est compris entre 175,8 grammes et 224,2 grammes.

b) Cette fois-ci la distribution mère est à peu près normale et son écart-type est connu. On doit donc utiliser la loi de Student. L'intervalle de confiance au seuil de 0,95 s'écrit alors:

$$\bar{x} \pm t\sigma / \sqrt{n} = 200 \pm 2,262 \sqrt{500 / \ 10} = 200 \pm 16 = \mathbf{\{184, 216\}}$$

c) Si la distribution mère est inconnue la petitesse de l'échantillon interdit toute estimation du poids moyen d'une orange car les informations disponibles sont à la fois trop faibles (on ne sait rien sur le stock) et trop fragiles (l'échantillon est très petit). On sait simplement qu'on ne sait pas (estimer).

2. Ici l'échantillon est grand (n=100) et les paramètres sont connus: 200gr pour la moyenne et 22,36 gr pour l'écart-type. Si l'on suppose que le tirage est non exhaustif on obtient les résultats suivants:

a) La distribution mère étant normale mais l'écart-type étant inconnu m' suit une loi normale de paramètres:

$$E(\bar{x}) = m \quad \text{et}\, \sigma_{\bar{x}} = s / \sqrt{n-1} = 2,25 \text{ gr.}$$

Au seuil de confiance de 95% t vaut 1,96 . L'intervalle est donc le suivant:

$$200 \pm 1,96 \,.\, 2,25 = \mathbf{200 \pm 4,41\ gr.}$$

Au seuil de 0,99 on obtient: $200 \pm 2,57 \,.\, 2,25$ = **200 ± 5,8 gr**

b) La distribution mère étant à peu près normale (voire même inconnue) et l'écart-type connu (22,36), la moyenne est distribuée selon une loi normale. Au seuil de 0,95 l'intervalle de confiance est le suivant:

$$I.C. = 200 \pm 1{,}96\ .\ 22{,}36\sqrt{100} = \mathbf{200 \pm 4{,}38\ gr.}$$

c) Bien que la distribution mère soit inconnue la taille de l'échantillon est suffisante pour considérer que la moyenne m' suit une loi normale. Il n'y a donc aucune différence avec la question 2a. Dans ce cas (sachant que cela serait transposable aux autres questions) on peut voir ce que provoquerait un changement des conditions de tirage. Si l'on suppose que le stock d'oranges est de 1000 il faut corriger l'écart-type de x par le facteur d'exhaustivité.

Celui-ci vaut $\sqrt{(N-n)/(N-1)}$ soit 0,949.

L'intervalle est alors: $200 \pm 1{,}96(2{,}25\ .\ 0{,}949) = \mathbf{200 \pm 4{,}18}$ gr.

Sur cet exercice on vérifie l'influence (toutes choses étant égales par ailleurs) des diverses informations sur la dimension de l'intervalle de confiance. Cet intervalle est d'autant plus grand que l'échantillon est petit ou que le niveau de confiance est grand. Par contre il est plus petit lorsque le tirage est exhaustif ou quand l'écart-type de la population-mère est connu.

EXERCICE N° 20

En vue de modifier l'aménagement de son magasin et sa gamme de produits un gérant désire connaître la proportion de clients venant faire leurs achats accompagnés d'enfants. Pour cela il réalise plusieurs sondages.

1. Quelle estimation fera-t-il à partir d'un échantillon de 100 clients dans lequel la proportion étudiée est de 0,25...
   a) si la population totale est grande ?
   b) si la population totale se limite à 1000 personnes
2. En supposant que la proportion observée dans un échantillon non exhaustif est de 0,2 comparer les intervalles de confiance obtenus en faisant varier la taille de l'échantillon (100, 500, 1000) et le seuil de confiance (0,9 ; 0,99 ; 0,999) ?
3. On étudie un échantillon non exhaustif dans lequel la proportion observée est 0,25:
   a) à quel seuil de confiance peut-on considérer que la proportion dans la clientèle est supérieure à 0,2 si l'échantillon est constitué de 100 individus ?
   b) au seuil de 95% quelle doit être la taille de l'échantillon pour être assuré que la proportion dans la clientèle ne dépasse pas 35% ?
4. Le gérant fixe comme limite minimum à partir de laquelle il est opportun de modifier sa politique la proportion de un quart de clients accompagnés d'enfants. Quelle observation devra-t-il faire dans des échantillons de 400 ou de 1600 clients pour en être assuré au seuil de 0,95 ?

CORRIGE

Toutes les conditions sont remplies dans cet exercice pour considérer que la proportion observée f suit une loi normale de paramètres E(f) = p et σ_f. Dans tous les cas on se réfère donc à l'intervalle de confiance suivant:

$$P\{ f - t\sigma_f < p < f + t\sigma_f \} = 1 - \alpha$$

1. Ici on a n = 100 et f = 0,25

a) La population étant grande, et qui plus est connue, on peut considérer que le tirage est avec remise. Dès lors au seuil de 0,95 l'intervalle de confiance vaut:

$$f \pm t\sqrt{p(1-p)/n} \text{ (avec p = 0,5 pour réduire le risque).}$$

Il est égal à 0,25 ± 1,96 . 0,05 = **0,25 ± 0,098 .**

Il y a donc 95% de chances que la proportion de clients accompagnés soit comprise entre 0,152 et 0,348. Au seuil de 0,99 t vaut 2,5758 et l'intervalle **0,25 ± 0,128**

b) si la population-mère est de 1000 personnes on doit tenir compte du facteur d'exhaustivité dès lors que le tirage de l'échantillon s'est effectué sans remise (ce qui est le cas le plus fréquent en pratique). L'intervalle en est légèrement affecté puisque le facteur d'exhaustivité vaut [(N-n)/(N-1)] soit 0,9. Au seuil de 5% l'intervalle de confiance est égal à 0,25 ± 1,96 . 0,047 ce qui donne **0,25 ± 0,093** ou **[0,157 ; 0,343].**

2. Ici f = 0,2. On suppose, en l'absence d'information, que le tirage de l'échantillon est non exhaustif (en d'autres termes que le nombre de personnes accompagnées d'enfant suit une loi binomiale approximable, du fait de la taille suffisante de l'échantillon, par une loi normale). En appliquant la relation habituelle on a:

$$P\{f - t\sqrt{p(1-p)/n} < p < f + t\sqrt{p(1-p)/n}\} = 1 - \alpha$$

On peut caractériser chaque cas par la valeur $t\sqrt{p(1-p) / n} = t\, 0{,}5 / \sqrt{n}$ qui exprime la mesure de la dispersion des valeurs extrêmes de l'intervalle de confiance par rapport à la proportion observée. On obtient les résultats suivants:

taille		n = 100	n = 500	n = 1000
seuil	valeur de t			
0,1	1,6449	± 0,082	± 0,036	± ,026
0,01	2,5758	± 0,129	± 0,057	± ,040
0,001	3,2905	± 0,164	± 0,073	± ,052

Ces résultats montrent une fois de plus l'effet conjugué du seuil de confiance et de la taille de l'échantillon sur la dimension de l'intervalle de confiance. L'utilisation des abaques est possible pour certains seuils et elle donne des résultats similaires quoique moins précis.

3. Ici f = 0,25 et le tirage est non exhaustif.

a) Avec n = 100 on désire que la valeur minimum de l'intervalle de confiance soit 0,2.

Ainsi $f - t\sqrt{p(1-p)/n} = 0{,}2$ soit $t = -1$

On lit dans la table $P\{ T < 1 \} = 0{,}8413$

Ainsi on se trompe lorsque la proportion est inférieure à 0,2 c'est à dire quand $t < -1$.

Donc le risque unilatéral est 1 - 0,8413 = **0,1587**

Avec un risque bilatéral $(1 - \alpha) = 0{,}8413 - 0{,}1587 = 0{,}6826$ correspondant à une valeur t égale à peu près à 1 l'intervalle de confiance s'écrit:

$0{,}25 \pm 1\sqrt{0{,}5 \,.\, 0{,}5 / 100} = 0{,}25 \pm 0{,}05$. On est donc assuré (avec un risque d'erreur de 0,1587) que la proportion dépasse 0,2.

On voit ici que la notion d'erreur, généralement associée dans la procédure d'estimation aux deux intervalles extrêmes c'est à dire à la zone située en dehors de l'intervalle de confiance, n'a de sens ici (du fait de la question posée) que pour l'intervalle des valeurs les plus faibles; c'est toute la différence entre les notions de risque bi ou unilatéral.

b) Au risque d'erreur de 5% t vaut 1,96.

On veut que la valeur supérieure de l'intervalle de confiance soit égale à 0,35.

Si $f + t\sqrt{0{,}5 \,.\, 0{,}5 / n} = 0{,}35$ alors $n = 96$

Ainsi on constate qu'avec n = 100 l'intervalle de confiance vaut:

$0{,}25 \pm 1{,}96 \,.\, 0{,}5 / 10 = 0{,}25 \pm 0{,}098$

Par contre si n = 95 l'intervalle vaut 0,25 ± 0,10

Il faut donc que la taille de l'échantillon soit au moins **96.**

4. Le seuil minimum de l'intervalle de confiance est ici fixé à 0,25.
Au risque d'erreur de 0,05 la valeur de t est 1,96.
Pour n = 400 on peut donc écrire:

$$f - 1{,}96\sqrt{0{,}5 \,.\, 0{,}5 \,/\, 400} = 0{,}25 \quad \text{soit} \quad f = 0{,}299$$

De fait si on observe f = 0,299 l'intervalle s'écrit:

$$0{,}299 \pm 1{,}96\sqrt{0{,}5 \,.\, 0{,}5 \,/\, 400} = 0{,}299 \pm 0{,}049$$

L'estimation minimum est donc 1/4. Là encore la notion d'erreur est ambiguë car avec un seuil de confiance de 0,95 on doit considérer en réalité qu'il n'y a que 0,025 de chances de se tromper en assurant que la proportion sera supérieure à 1/4 ; en effet de l'autre coté c'est à dire au delà de 0,348 on est en dehors de l'intervalle mais on ne se trompe pas.

Pour n = 1600 le résultat recherché est:

$$f = 0{,}25 + 1{,}96 \,.\, 0{,}5/40 = 0{,}25 + 0{,}0245 = \mathbf{0{,}2745}$$

Plus l'échantillon est grand plus il tend à fournir une proportion proche de celle souhaitée.

CHAPITRE 4

LA TECHNIQUE DES SONDAGES

Où l'erreur apparait inévitable mais supportable si elle est contrôlée.

On a constaté à plusieurs reprises que les résultats de la théorie statistique probabiliste (en particulier ceux de la théorie de l'estimation) n'ont de sens qu'avec des échantillons parfaitement aléatoires. Mais le respect des conditions théoriques est difficile et les risques d'erreurs nombreux. Il est donc nécessaire de s'interroger sur les moyens permettant d'obtenir concrètement ce type d'échantillon et plus généralement sur la pratique même des sondages.

Cette réflexion s'impose d'autant plus aujourd'hui que se multiplient les sondages et les interrogations sur leur validité. On évoque ici une polémique récente à propos des sondages réalisés auprès des téléspectateurs. En septembre 1987 les medias (en particulier le *Canard Enchainé* daté du 2) critiquèrent le travail d'un Institut de sondages tant sur la pratique (cadeaux aux enquêtés, copinage dans le choix de l'échantillon, redressement des résultats) que sur la méthode (échantillon insuffisant de 1000 personnes, absence de régions entières dans l'échantillon, écart entre le nombre d'enquêtes prévu et celui réalisé). L'Institut répliqua par des arguments tendant à prouver qu'il y avait une méconnaissance des règles de la méthode des sondages: 1000 suffisent largement, tout le monde pratique le sondage par grappes, la dispersion est un gage de qualité, la représentativité locale n'a pas de sens pour une étude nationale, etc...

Ce débat pose des questions essentielles que ce chapitre voudrait contribuer à clarifier. D'ores et déjà on doit distinguer les problèmes pratiques de réalisation des sondages (il semblerait bien que, sur ce plan, les medias aient soulevé de réelles anomalies) et les problèmes théoriques de représentativité ou de pertinence de l'estimation (dans ce domaine les arguments de l'Institut ne manquent pas de force) tout en sachant qu'entre la théorie (les lois du hasard exposées précédemment) et la pratique (les techniques de sondage) il y a un écart inévitable. Une réflexion aujourd'hui où les discours, de plus en plus friands de chiffres et de sondages, réduisent les comportements à des opinions, à des pourcentages d'avis favorables au détriment de l'analyse des processus qualitatifs.

Quant à la production des données elle est elle-même contradictoire et les choix méthodologiques sont inévitablement des compromis entre les divers objectifs et moyens de l'étude. Objectif de production de chiffres, d'images ou de sens, objectif de recherhce du représentatif ou du significatif, moyens en temps et en argent...les contraintes sont variées et doivent être spécifiées d'emblée. Reste donc, pour terminer, à préciser les pratiques possibles en matière d'enquête, à fixer les avantages et limites des principales méthodes utilisées.

I. PROBLEMES GENERAUX DE TOUTE ENQUETE

A. LES PHASES DE L'ENQUETE

A chaque étape d'une enquête quelconque, des problèmes pratiques et théoriques se posent qui peuvent avoir des conséquences importantes sur la validité des résultats observés et la possibilité d'en extraire des conclusions pertinentes voire-même des éléments de généralisation.

1. Définition de l'objet de l'enquête

En amont de toute enquête il y a un travail théorique, plus ou moins approfondi selon les objectifs visés. Ce travail consiste à définir rigoureusement le questionnement, à sélectionner les variables pertinentes, à les convertir en indicateurs observables, à imaginer des hypothèses sur les liens entre les variables, leur évolution, leurs différenciations selon les individus concernés...A ce stade les problèmes ne sont pas véritablement statistiques mais plutôt méthodologiques, voire épistémologiques; ils renvoient à des questions générales de méthode prenant des formes singulières dans le champ étudié. En ce sens il ne peut y avoir ici à proprement parler d'erreur statistique mais simplement des choix (d'hypothèses par exemple) non pertinents du point de vue de la question étudiée.

2. Analyse des conditions de l'enquête

Les choix à faire pour organiser une enquête dépendent d'abord du degré d'information disponible sur le sujet étudié. Il est essentiel de répertorier les connaissances acquises sur la population étudiée (d'autres enquêtes ayant déjà fourni certains résultats), sur l'analyse du problème posé (certaines relations entre variables ayant déjà été mises en évidence) et sur les difficultés inhérentes au champ d'observation. Ces choix sont également déterminés par les contraintes qui s'imposent aux responsables de l'enquête. Celles-ci sont à la fois matérielles (budget et temps disponible pour l'enquête) et sociales (moyens effectifs de rencontrer la population visée...).

3. Choix des instruments de travail

Les objectifs et contraintes étant précisément définis on est alors en mesure de choisir les procédés d'investigation et de définir le plan de sondage[1]. Ce dernier consiste essentiellement à réunir et analyser les statistiques disponibles sur le sujet étudié, à déterminer l'échantillon, à désigner les lieux d'observation et les individus enquêtés.

On détermine d'abord le principe de base de l'enquête en optant pour un recensement exhaustif ou un sondage sur échantillon. Puis on choisit une technique de collecte des données c'est à dire des moyens d'interrogation (enquête postale, enquête téléphonique, interview, formulaire administratif...) et un certain type de questionnement (questions ouvertes ou fermées, guide d'entretien...). Naturellement le choix dépend du sujet étudié et détermine la richesse des données collectées et donc la pertinence des conclusions tirées. On sait par exemple que les enquêtes à domicile ont tendance à sur-représenter les personnes inactives et les gens aimables qui répondent plus volontiers. De-même on prétent que, contrairement à l'intuition, le sondage téléphonique donne de très bons résultats ce qui explique sa généralisation actuelle.

A ce stade, et lorsqu'on opte pour un sondage, se pose le problème crucial de la taille optimale de l'échantillon qui n'est pas la taille maximale[2]. Une fois de plus le choix est un compromis entre les contraintes théoriques (déjà signalées dans le chapitre sur l'estimation) et pratiques. Ainsi la taille retenue sera fonction de la précision des résultats souhaitée sur l'ensemble de la population et sur chacune des partitions effectuées pour l'analyse des résultats, du temps et des moyens dont on dispose, de l'expérience acquise.

4. Réalisation de l'enquête

Une fois défini le protocole d'enquête, il reste à collecter les données. Là encore de multiples problèmes pratiques (notamment de passation d'enquête) se posent et ont des conséquences souvent lourdes. On ne les étudie pas ici car ils ne relèvent pas vraiment de notre objectif[3].

5. Analyse des résultats

Du point de vue des producteurs de statistiques l'analyse des résultats commence par un contrôle de qualité destiné à valider les observations. On

---

1 Voir les Enquêtes de l'I.N.S.E.E. exemplaires quant à la définition des plans de sondages et la publication de l'I.N.S.E.E. (série E, n°101) consacrée au "Travail de production statistique".

2 Le succès de l'Institut de sondage américain qui anticipa, en 1936, le résultat des élections présidentielles sur un échantillon de 4.500 personnes et contre l'avis d'un journal qui se targuait d'une enquête auprès de 2 millions de personnes n'a pas été pour rien dans la diffusion des enquêtes par sondages et la conviction (évidente pour les statisticiens) de leur qualité potentielle, y compris sur des petits échantillons.

3 Voir les ouvrages de méthodologie et notamment M. GRAVITZ, Méthodes des sciences sociales, Paris, Dalloz, 1984, 6° édition.

vérifie la cohérence des réponses d'une-même personne, la vraisemblance de ses choix, la conformité des résultats avec ceux déjà disponibles sur le-même sujet. On s'assure de la représentativité de l'échantillon définitif en effectuant si nécessaire un *redressement*. On fixe les seuils à partir desquels il est prudent de ne pas prendre en considération les observations[4]. Il est alors possible d'analyser à proprement parler les résultats en utilisant les instruments de la statistique descriptive et probabiliste. On peut, par exemple, repérer les différences significatives ou l'indépendance entre deux paramètres grâce au test du khi-deux, tirer des conclusions générales ou extrapoler à partir de l'estimation.

Une question difficile se pose à ce stade, celle du redressement. Il ne s'agit pas d'une manipulation de données mais d'une nécessité statistique, délicate et donc source de malentendus. Elle doit s'effectuer chaque fois que l'échantillon définitif n'est pas celui prévu, soit que le plan de sondage n'ait pas été respecté jusqu'au bout, soit que les non-réponses soient trop nombreuses (d'où son usage fréquent dans les enquêtes postales). Son principe consiste à comparer certaines caractéristiques de l'échantillon à celle de la population-mère et à supprimer le biais éventuel en pondérant différemment les strates voire-même en en supprimant certaines. Plusieurs procédés de redressement sont utilisés, en particulier pour tenir compte des non-réponses aux enquêtes postales; on peut citer le procédé graphique de Clausen et Ford d'extrapolation des réponses des personnes les plus difficiles à joindre aux non-répondants, ou la méthode qualitative de Hansen consistant à rechercher puis à interviewer les non-répondants...Cette question des redressements est un des points les plus contestables de la pratique des sondages. En effet la correction s'effectue à partir d'hypothèses souvent fragiles (et généralement hors du champ de la statistique) en particulier lorsqu'il s'agit du redressement des non-réponses[5]. Ne se posent donc pas, en matière de sondage, uniquement des problèmes de méthode statistique mais aussi, et peut-être avant tout, des problèmes de méthode scientifique, bien difficiles à maitriser dans de nombreux domaines. Ainsi s'expliquent les fréquentes "erreurs" des instituts de sondage sans que la théorie statistique soit pour autant remise en cause.

Quant aux utilisateurs de sondages ils ont besoin de connaître, avant de commenter les résultats, les conditions précises de l'enquête. Les enquêtes sérieuses fournissent généralement leurs conditions d'élaboration. C'est le cas des grandes enquêtes officielles comme celles de l'I.N.S.E.E. (recensement, enquête-emploi...) qui joignent à leurs tableaux de résultats et à leurs commentaires une annexe méthodologiques très détaillée sur "le champ de

4 La taille réelle des échantillons n'est pas forcément la taille initialement prévue et donc les estimations peuvent être moins précises qu'envisagé au départ.

5 Chacun a en tête les résultats des sondages politiques et leurs fréquentes erreurs, en particulier sur les comportements nouveaux, les votes extrêmes et les anticipations concernant les abstentionnistes. A cet égard il faut dissocier les sondages effectués sur des bulletins de vote, généralement fiables, et les sondages d'opinion, dont l'"infaillibilité" est souvent bien illusoire.

l'enquête", "la constitution de l'échantillon", "le déroulement de l'enquête", "le redressement et l'extrapolation de l'échantillon" (pour reprendre ici les termes de l'*Enquête Emploi*). Cette question a été l'objet de polémiques il y a quelques années au point que le législateur a imposé à tous les organismes d'enquête la publication, en marge de leurs résultats, d'un petit encart méthodologique. Celui-ci doit préciser au moins la taille de l'échantillon, la période de l'enquête, la méthode d'échantillonnage et les critères retenus s'il s'agit de la méthode des quotas, le mode de collecte des données et éventuellement des indications sur les marges d'erreur. Cette règle, très utile pour limiter les conclusions et commentaires érronés, n'est pas encore systématiquement appliquée. Elle l'est tout de-même de plus en plus et suffisamment pour que l'on émette les plus grandes réserves sur les enquêtes qui ne prennent pas cette précaution.

B. L'ERREUR DE MESURE

Dans les précédents chapitres on a souvent rencontré la notion d'erreur. Il s'agissait en fait d'un type d'erreur très particulier que l'on pourrait nommer probabiliste puisqu'il correspond au risque pris lors d'une décision (test de khi-deux, estimation par intervalle de confiance). On reviendra plus loin sur cela car on veut évoquer ici un autre type d'erreur que l'on peut qualifier "de mesure" au sens où elle est liée à la manière dont on a observé le phénomène. Elle est d'une toute autre nature puisqu'elle affecte les données elles-mêmes et non les conclusions qu'on en tire, puisqu'elle est difficilement contrôlable alors que l'autre l'est strictement d'un point de vue statistique.

Ces erreurs de mesure se produisent à tous les stades de l'enquête mais n'ont pas la même signification ni les mêmes conséquences. Lors de la détermination de la population étudiée on peut faire des erreurs dans le tirage de l'échantillon, des omissions ou des répétitions dans la sélection des individus. On peut également faire des erreurs au moment du traitement des données et même gérer ces erreurs, comme on le fait en redressant les résultats de sondages dont on sait que leur base est incertaine.

Si ces erreurs sont évitables au prix d'une certaine prudence, celles liées à la collecte proprement dite des données sont beaucoup plus difficiles à contrôler. Dans quelle mesure une investigation peut-elle être complètement objective ? Comment contrôler l'inévitable subjectivité de la relation entre l'enquêteur et l'enquêté ? Que valent les "opinions" ? Quelle est la validité d'un sondage à chaud? Ces questions ont des répercussions pratiques essentielles tant dans le déroulement de l'enquête que dans la formulation des questions. Si l'on met à part l'erreur volontaire provoquée par l'enquêteur spécialiste de l'auto-remplissage du questionnaire (faisant l'hypothèse qu'elle est rare et contrôlée par les instituts) on sait bien que les réponses ne donnent pas toujours une idée exacte de l'opinion réelle, d'ailleurs fluctuante, des enquêtés. Chacun connait:

- les effets d'influence dans le choix du lieu et de la procédure d'enquête (plus le rapport enquêteur-enquêté est proche plus le risque d'influence est grand), dans la formulation des questions ("comme la majorité des français pensez vous que...").

- le rôle déterminant de l'anonymat qui, préservé, fait augmenter le taux et la qualité des réponses sur les sujets considérés comme délicats (salaires, pratiques personnelles...).

- l'importance de la présentation des questions et de leurs items: leur nombre (plus il sera important meilleure sera l'enquête...mais jusqu'à une certaine limite de saturation), leur ordre (qui peut influencer par des enchainements logiques ou déboussolants), leur formulation et le danger des mots savants (que l'enquêté fait mine de comprendre), imprécis voire ambigus (ce qui rend difficile l'exploitation).

- le souci de l'image sociale chez l'enquêté qui risque d'introduire un biais incontrôlable dans les résultats: effet de prestige conduisant à sous- estimer systématiquement les pratiques connotées négativement (usage de l'alcool, du tabac) et inversement pour d'autres (pratiques culturelles par exemple), effet de conformisme créant des réponses stéréotypées et très marquées par l'air du temps, effet de répulsion pour l'ignorance conduisant à répondre à tout, quoi qu'il arrive ("je n'en sais rien...allez, mettez plutôt d'accord").

- les comportements sytématiques face aux propositions de l'enquêteur: rejet des extrêmes, répulsion pour le non, attirance pour les chiffres ronds, tendance à répondre "cela dépend"...

Cette liste, très incomplète, suffit pour suggérer la grande difficulté de la construction des données; elle montre le caractère illusoire de certains résultats chiffrés très détaillés au regard de l'incertitude préalable des réponses.

II. SONDAGE OU RECENSEMENT ?

A. LES CRITERES DU CHOIX

Deux solutions sont possibles pour réaliser une enquête: le recensement ou le sondage. Le premier est théoriquement exhaustif alors que le second n'est réalisé que sur un échantillon à partir duquel on espère pouvoir tirer des conclusions valables pour l'ensemble de la population. Les critères de choix sont de deux ordres. Pratiques ils renvoient à l'arbitrage entre coût et délai, à la détermination des objectifs et moyens de la collecte. Théoriques ils concernent la possibilité et le souhait d'utiliser la théorie statistique et notamment la théorie de l'estimation fondée sur la loi des grands nombres. Quant à la décision elle est nécessairement imparfaite et s'accompagne obligatoirement d'une erreur de mesure ou d'échantillonnage. Elle a une part inévitable d'arbitraire et n'a de pertinence qu'au regard du problème posé. Il n'y a donc pas de méthode meilleure dans l'absolu (l'exhaustif ou l'aléatoire n'étant pas toujours mieux) et en ce sens on peut parler de fausse querelle des méthodes. De fait les performances des diverses techniques ont tendance à se rapprocher et on a souvent l'occasion de les combiner (en utilisant par exemple les sondages à plusieurs degrés, les échantillons emboités) pour adapter les principes théoriques au sujet.

En pratique les recensements sont très rares et le strict respect du critère d'exhaustivité est quasi impossible; ainsi on estime que le recensement de population, en France, laisse de coté environ 300.000 personnes. Sauf quand la population visée est petite il est difficile de dénombrer, de définir précisément et a fortiori de rencontrer effectivement l'ensemble de la population visée.

De ce fait les sondages, enquêtes, questionnaires, panels, se généralisent. Certes ils ne sont pas nouveaux, au moins dans leur principe et dans leurs formes les plus rudimentaire. De tous temps, en effet, on a dégusté le vin, prélevé des fruits pour les jauger, choisi des échantillons de tissus, en un mot réalisé des sondages approximatifs fondés sur le principe d'homogénéité (parfois doûteuse) de populations trop grandes pour être observées en totalité[6]. Mais ces dernières années le mouvement s'accélère. Les entreprises multiplient les études de marché (clientèle potentielle, chalandise, rapport au produit...), les études d'impact de la publicité (audience, qualité, effet...), les tests de produits (qualité, respect des normes, acceptabilité, emballage, nom, concept...). Les administrations, les responsables politiques, les organismes d'études et de recherches ont également de plus en plus recours à ce moyen d'information.

Pourquoi donc le sondage est-il préféré au recensement[7] ? Les arguments sont simples et nombreux. Un sondage est moins coûteux pour d'évidentes raisons de taille. Il est également plus rapide ce qui, au delà des implications financières, est intéressant lorsque l'étude concerne des phénomènes conjoncturels ou doit servir à orienter des décisions de court-terme. Un sondage permet une investigation plus précise et plus riche (multiplicité des critères, recherche d'informations complexes, qualitatives...) par opposition à un recensement qui, par sa lourdeur, impose des questions simples et peu nombreuses. Enfin il arrive que ce soit le seul moyen possible soit parce que la population-mère est inaccessible (car en perpétuelle transformation) soit parce que les individus se détruisent avec le temps (au sens strict, pour des objets de courte durée de vie, ou au sens figuré pour des objets extraits d'un stock). Le sondage est alors le seul procédé utilisable pour étudier des processus en continu tels que des productions en série. L'enquête par sondage n'a toutefois pas que des avantages et elle est souvent décriée notamment à cause des problèmes techniques difficiles qu'elle soulève et que l'on va préciser.

---

6 Pour l'anecdote on peut rappeler le calcul de la dime royale réalisé par Vauban à partir du seul cas de la Normandie, la détermination assez précise de la population française par Laplace au début du 19° siècle à partir de trente départements, les "votes de paille" organisés dès le début de ce siècle et ancêtre des sondages d'opinions politiques...

7 A tel point que les commentateurs considèrent parfois implicitement que les sondages politiques sont plus pertinents que les votes réels (ceux-ci venant "contredire la connaissance acquise par les sondages").

B. L'ERREUR D'ECHANTILLONNAGE

Toutes les réflexions concernant l'erreur de mesure restent valables bien sûr pour les sondages. Mais s'ajoute en plus une erreur spécifique, celle dite d'échantillonnage.

Au sens strict cette erreur a le sens qui lui a été donné dans les chapitres précédents, c'est à dire qu'il s'agit d'une imprécision, d'une incertitude sur les extrapolations et non sur les données elles-mêmes. Autrement dit elle correspond à la marge acceptée (l'intervalle de confiance d'une estimation, la marge d'incertitude) lorsqu'on passe d'un résultat certain sur l'échantillon à une conclusion probable sur la population totale. Ce biais, inévitable, présente le grand avantage de pouvoir être controlé statistiquement, au moins dans les cas d'échantillons parfaitement aléatoires[8]. En ce sens il est plus pertinent de réaliser des enquêtes par sondage que de vouloir à tout prix recenser l'ensemble de la population alors qu'en pratique on néglige une frange de cette population (le biais étant dans ce cas incontrôlable puisque la singularité des individus non enquêtés n'est pas maitrisée). C'est d'ailleurs au nom de cet argument que de nombreux statisticiens mettent en doute l'intérêt réel des recensements de population.

L'erreur d'échantillonnage prend souvent la forme d'une erreur pratique qui consiste à commenter des différences non significatives. Dans ce cas on oublie, en extrapolant les observations faites sur l'échantillon à l'ensemble de la population, que chaque résultat (par exemple une proportion de réponse d'un certain type) est affecté d'une marge d'imprécision et que cette marge est encore plus grande pour des sous-populations que pour l'effectif total. Ainsi lorsqu'on réalise une enquête auprès de 2000 personnes parmi lesquelles 10% ont un certain comportement on a le droit de dire qu'au total cette proportion est comprise entre 8% et 12% (avec un risque d'erreur de 5%). Mais il faut savoir qu'à partir de sous-populations plus réduites (par exemple de 200 personnes) une proportion de 10% aboutit à un intervalle de 5 à 15% ce qui rend incorrect tout commentaire d'écarts compris dans cet intervalle (dont les valeurs vont pourtant du simple au triple). Enfin il faut signaler l'erreur d'extrapolation fréquente qui consiste à considérer qu'un échantillon construit aléatoirement dans une population-mère particulière (par exemple une ville) permet de tirer des conclusions dans une autre population-mère (par exemple une autre ville ou le

8 Il arrive parfois que ce biais contrôlé, pourtant minime, soit tel qu'il rende difficile la prise de décision. On pense aux pronostics malheureux des instituts de sondages lors des dernières élections législatives: ils n'ont, à vrai dire, rien d'anormal dès lors que la marge d'incertitude sur de nombreux sièges (de l'ordre de 1%) est inférieure à la marge d'erreur statistique de tout sondage (de 1% à 2%). La question qui se pose ne concerne donc pas la validité des méthodes de sondage mais bien plutôt la pratique des instituts, de leurs clients et de leurs utilisateurs.

département). Inversement d'ailleurs une enquête représentative au plan national ne l'est pas nécessairement au plan régional[9].

Parfois on attribue à la notion d'erreur d'échantillonnage un sens plus large englobant l'ensemble des problèmes liés à la construction et à l'utilisation d'un échantillon. On range alors dans cette catégorie les erreurs sur les hypothèses ayant fondé les choix d'échantillonnage (critères, quotas...), les incertitudes dans les extrapolations (considérées comme valables uniquement si la population est grande), les précisions inutiles (du fait du niveau de regroupement des données). Il est par exemple important, dans l'appréciation faite du travail des instituts de sondages électoraux, de ne pas confondre les sondages d'opinions pré-electoraux, souvent fragiles du fait de l'imprécision de la science politique qui les fonde, et les estimations de résultats électoraux, aujourd'hui de bonne qualité lorsqu'ils respectent une prudence minimum, ceci ne pouvant surprendre lorsqu'on connait la théorie de l'estimation. Mais c'est diluer la notion que de l'utiliser indifféremment pour les problèmes d'extrapolation et pour ceux de construction de l'enquête. Reste maintenant à voir comment se réalise concrètement la définition des échantillons. On distingue deux grandes catégories de sondages (aléatoires et raisonnés) fondamentalement opposés tant dans la façon de procéder que dans la possibilité de leur appliquer la théorie statistique.

III. LES SONDAGES ALEATOIRES

A. PRINCIPE DE LA METHODE

Dans ce type de sondage l'échantillon est construit à partir d'un tirage aléatoire c'est à dire de telle manière que chaque individu de la population- mère a la même probabilité d'appartenir à l'échantillon. Dès lors la théorie statistique peut s'appliquer. En effet la construction de l'échantillon fait que chaque individu appartient ou non à l'échantillon. Ceci correspond à la définition d'une variable aléatoire distribuée selon une loi binomiale ou normale si la taille de l'échantillon est suffisamment grande. On peut donc appliquer la théorie et contrôler la qualité des estimations réalisées en utilisant la procédure des intervalles de confiance. Cette méthode est la seule qui permette une estimation statistiquement rigoureuse. En contrepartie elle est exigente, lente et coûteuse. Elle exige en effet une connaissance parfaite de la base de sondage et ne peut être appliquée qu'à condition de pouvoir énumérer, sans omission ni répétition, tous les individus de la population à étudier.

9 C'est le problème que pose l'exploitation des grandes enquêtes de l'I.N.S.E.E., généralement représentatives seulement au plan national.

B. LES PROCEDES DE CONSTRUCTION DE L'ECHANTILLON

1. Les procédés absolument aléatoires

Dans ces procédés la base de sondage est parfaitement et totalement accessible. Par exemple on dispose d'une liste alphabétique d'individus (état-civil, listes électorales...), de communes ou d'entreprises composant la population-mère. Il faut souligner que la liste alphabétique est déjà un mode de classement non neutre dans la mesure où il existe une certaine corrélation entre le positionnement des individus dans cette liste et certaines de leurs caractéristiques. On sait par exemple que la fréquence relative des premières lettres des noms patronymiques n'est pas sans rapport avec l'origine géographique de ces noms. On ne peut donc pas utiliser tel quel ces listes d'autant qu'elles sont rarement exhaustives (voir le biais lié par exemple à l'utilisation d'un annuaire téléphonique). Il faut utiliser un procédé de tirage aléatoire parfaitement neutre pour que l'on se rapproche au mieux de la condition théorique d'équiprobabilité des individus. C'est l'objectif des deux méthodes présentées ici.

* Les **tirages systématiques**

Après avoir numéroté chaque individu on choisit au hasard l'un de ces numéros, l'individu correspondant étant alors le point de départ du tirage. On calcule ensuite la raison de la progression du tirage en fonction du taux de sondage (si le sondage est au 1/10° on prend un individu tous les 10). Il ne reste plus alors qu'à choisir les rangs de tirage en appliquant la raison à partir du point de départ: si le départ tiré a été 22 on sélectionne, pour l'échantillon, les individus numérotés 22,32,42 et ainsi de suite jusqu'au numéro 12.

* L'utilisation des **tables de nombres aléatoires**

Pour réduire le risque lié à la régularité du tirage systématique on utilise une procédure s'appuyant sur des tables aléatoires de nombres (voir un exemple en annexe). Celles-ci sont construites par les grands instituts statistiques qui tirent des nombres, selon des procédés techniques souvent très sophistiqués, et les publient. Il ne reste plus alors qu'à utiliser ces nombres pour choisir les individus de l'échantillon. Par exemple pour choisir un échantillon de 10 personnes dans une population de 1000 on prend les 10 premières valeurs des 3 derniers chiffres des nombres indiqués; mais on peut compliquer le choix en prenant les nombres en alternance irrégulière dans les diverses zones de ces tables. Cette méthode est généralement préférée à la précédente car elle assure, sans complication nouvelle, une meilleure neutralité dans le tirage. En un certain sens le statisticien respecte trop le hasard pour le laisser au hasard; il préfére l'organiser.

2. Les procédés simplifiés, mixtes ou dérivés

Les motifs d'utilisation de ces procédures sont de deux ordres. Il s'agit d'abord de contourner l'exigence, coûteuse et complexe, de délimitation précise de la base de sondage tout en restant le plus aléatoire possible pour utiliser encore, sans trop de risque, la théorie de l'estimation. De plus, et cette raison est trop rarement signalée, certaines de ces techniques améliorent l'estimation en réduisant l'écart-type de la population-mère grâce à un premier tri augmentant l'homogénéité des sous-ensembles. On réalise donc des sondages à deux niveaux dont l'un, l'autre ou les deux sont aléatoires. Il y a ainsi trois cas de figures possibles.

* Le sondage **à deux degrés**.

Il s'agit d'un tirage doublement aléatoire effectué en deux temps: tirage d'un échantillon d'unités primaires puis, dans chacune de celles-ci, tirage des unités secondaires qui correspondent aux individus enquêtés. Par exemple on tire de façon aléatoire, dans une liste complète des communes, un échantillon de celles-ci puis on tire au hasard, dans la liste exhaustive des habitants de ces communes, certains d'entre eux qui constituent l'échantillon. Cette méthode, très utilisée par l'I.N.S.E.E., est complexe, d'une précision parfois inférieure à d'autres méthodes mais avantageuse puisqu'elle n'exige pas la constitution de la liste exhaustive des unités secondaires. Quant aux unités primaires (qui peuvent être par exemple des communes, des quartiers, des établissements) elles doivent être le plus semblables possibles, de taille voisine et comporter des unités secondaires les plus hétérogènes possibles du point de vue du caractère étudié.

* Le sondage **par grappes**

Dans ce cas on prélève au hasard un échantillon de grappes (des villes, des entreprises) puis on étudie toutes les unités des grappes retenues. Dans ce tirage à un seul niveau d'aléatoire la base de sondage est la liste des grappes. Par exemple on tire de façon aléatoire un échantillon de lieux d'habitation (à partir du cadastre) puis on interroge, sans nouveau tirage, l'ensemble des habitants des lieux retenus (qu'il s'agisse d'une maison individuelle ou d'un immeuble). Naturellement ce procédé est moins rigoureux que les précédents (dans la mesure où il risque de provoquer un biais non négligeable en particulier lorsque les unités d'une grappe se ressemblent trop) mais il est beaucoup plus aisé à réaliser et présente les mêmes avantages que le sondage à plusieurs degrés.

Un cas particulier est le sondage **aréolaire**. Dans ce cas l'unité de sondage est une aire géographique. Ces aires doivent, pour respecter au mieux la condition théorique, être choisies petites, nombreuses et équivalentes. Ce procédé un peu délicat et coûteux est utilisé en particulier pour mettre à jour les bases de sondage.

* Le sondage par **strates**

L'objectif premier de la stratification est d'améliorer la précision des estimations en renforçant l'homogénéité des ensembles dans lesquels on tire l'échantillon. En pratique on découpe la population-mère en sous-groupes homogènes par rapport à la variable étudiée, appelés strates, puis on effectue un tirage aléatoire dans ces strates. Contrairement à la méthode des quotas, qui sera présentée plus loin et qui en apparence lui ressemble, celle-ci préserve un certain degré d'aléa. Le ou les critères de stratification doivent être connus a priori pour chaque unité de la base de sondage et fortement corrélés à la variable étudiée. Il est généralement intéressant de stratifier mais l'avantage a tendance à décroitre ce qui explique que le nombre de strates se situe le plus souvent autour de 5 à 10 (sans qu'il y ait vraiment de règle à respecter concernant la taille des strates). Enfin la partition de la population en strates répond à des principes précis; ainsi la précision est optimale lorsque les taux de sondage sont proportionnels aux écart-types dans les strates (l'échantillon est dit alors de Neyman)[10]. Ce procédé est par exemple utilisé par l'Enquête-Emploi[11] qui construit son échantillon par un enchainement de tirages dans des strates géographiques, puis des groupes d'aires de logement.

IV. LES SONDAGES PAR CHOIX RAISONNE

Dans cette deuxième catégorie de sondages le principe général n'est plus le hasard mais le choix raisonné. La sélection des individus dans la population-mère est faite en fonction du problème à étudier et de telle manière que l'échantillon ressemble le plus possible, selon un nombre réduit de critères, à la population-mère. Il s'agit donc d'un procédé empirique qui ne permet pas, à strictement parler, l'application de la théorie statistique et en particulier l'appréciation de la précision des estimations faites à partir des résultats. Il est toutefois très utilisé car, on l'a déjà dit, c'est le seul moyen de procéder lorsqu'il y a des difficultés d'élaboration de la base de sondage (coût, difficulté d'accès, fiabilité).

A. LA METHODE DES QUOTAS

Le principe général de cette méthode est le suivant. On fait l'hypothèse qu'il y a une certaine corrélation entre les multiples caractéristiques des individus d'une population. On construit alors un échantillon, une sorte de modèle réduit, tel qu'il ait une étroite ressemblance avec la population-mère selon quelques critères simples appelés *variables de contrôle*. Ceci exige naturellement une connaissance précise de la distribution de la population- mère selon ces variables

10 En général ces écarts-type sont inconnus et on est contraint de retenir des taux de sondage uniformes.

11 Voir les notes méthodologique jointes en annexe des publications régulières de l'I.N.S.E.E.)

c'est à dire la connaissance des fréquences relatives de chacunes des modalités des variables retenues (ces proportions étant appelées quotas). On le voit, le principe de cette méthode est très discutable. Pour le rendre plus acceptable on a coutume de vérifier a posteriori la ressemblance de l'échantillon avec la population-mère au regard d'autres critères que ceux utilisés pour le contrôle a priori. Si ce n'est pas une garantie c'est du moins un argument favorable. La mise en oeuvre précise de cette méthode se fait en trois étapes.

1. Le choix des variables de contrôle

Ce moment, décisif pour la qualité des résultats de l'enquête, exige des conditions qui peuvent devenir partiellement contradictoires. Tout d'abord la corrélation entre les variables de contrôle et celles correspondant au problème étudié doit être grande. Ceci veut dire que l'on ne peut pas systématiquement retenir les mêmes variables pour toutes les enquêtes et qu'il faut préalablement réfléchir sur les critères de différenciation de la population pertinents vis à vis de la question étudiée. Mais en même temps la distribution statistique de ces variables doit être connue pour l'ensemble de la population ce qui contraint à retenir des variables simples et donc souvent analogues d'une enquête à l'autre. Compromis délicat qui conduit, par exemple, à sélectionner, pour une enquête sur l'emploi dans les entreprises, des variables standards comme le sexe, l'âge, la catégorie professionnelle des actifs, la taille ou le secteur d'activité de l'entreprise car on sait qu'il s'agit de variables tout à la fois explicatives de l'emploi et accessibles pour la poulation totale puisqu'elles sont utilisées dans toutes les grandes enquêtes.

2. La définition des quotas

On calcule d'abord la répartition de la population de référence selon les variables de contrôle en s'appuyant sur des enquêtes existantes. A ce stade le danger est de négliger les possibilités de transformation structurelle entre le moment de l'enquête et la date des données de référence. Ensuite on applique ces proportions à l'échantillon en multipliant les quotas par le taux de sondage. Par exemple si l'on sait que dans la population active française il y a 42% de femmes et si l'on a retenu le sexe comme variable de contrôle on veille à ce qu'il y ait 42 femmes dans un échantillon de 100 personnes.

3. La construction pratique de l'échantillon

Les deux étapes précédentes se concrétisent par un tableau croisant les modalités des variables de contrôle retenues et spécifiant pour chaque cas de figure le nombre d'individus à inclure dans l'échantillon. A partir de là l'enquêteur doit respecter ce tableau de contrainte et s'il ne le fait pas on est tenu de réaliser a posteriori des redressements délicats. En général on laisse à l'enquêteur toute latitude pour la sélection des individus quitte à contrôler son travail. Il doit simplement s'arranger pour respecter les quotas et par exemple interroger 3 techniciens hommes de 25 à 35 ans.

Au total cette méthode, certes sans fondement théorique réel au delà de l'hypothèse osée de corrélation entre certaines variables, est d'un usage délicat car elle dépend énormément du travail préalable de définition des quotas, de la rigueur des enquêteurs et de la prudence d'interprétation des résultats ventilés. Elle est pourtant trés fréquemment utilisée car elle est moins exigente que les autres et très adaptée à l'étude de phénomènes complexes (les refus d'enquête rendant illusoire les avantages d'un sondage aléatoire) ou à l'interrogation de petits échantillons (les sondages aléatoires reposant au contraire sur la loi des grands nombres). Par contre cette méthode est évidemment inutilisable pour l'étude des variables fondamentales prises généralement comme variables de contrôle puisqu'on ne dispose plus alors de repères pour la fixation des quotas.

Dans la pratique les instituts de sondage considèrent (mais la preuve n'est pas faite) que la précision d'un sondage par quotas bien réalisé est au moins aussi bonne que celle d'un sondage aléatoire: l'estimation par intervalle de confiance est donc utilisée aussi dans ces cas bien que l'on ne puisse pas, en toute rigueur, associer une marge de précision aux estimations réalisées.

B. LES AUTRES METHODES EMPIRIQUES

*** La méthode des itinéraires (ou de Politz)**

Cette technique est intermédiaire entre sondages raisonné et aléatoire; elle est d'ailleurs souvent associée à la méthode des quotas et permet d'introduire le plus grand hasard possible dans la découverte des personnes à interroger. Elle consiste à imposer à l'enquêteur un chemin précis pour le choix de son échantillon; ceci évite les biais liés par exemple à l'interrogation sytématique d'une file d'attente ou à la sélection de relations personnelles. Il s'agit donc bien d'une méthode raisonnée.

*** La méthode des unités-types**

Ici on part d'un principe d'homogénéité. On suppose par exemple que les variables attachées aux individus ne sont pas indépendantes entre elles et donc que le positionnement d'un individu donné selon un caractère précis (il est par exemple dans la moyenne des salaires ou dans le groupe des 5% des salaires les plus élevés) ressemble à son positionnement dans d'autres domaines. On peut aussi estimer qu'il y a une stabilité des comportements dans le temps. En pratique on divise la population en sous-ensembles relativement homogènes et on représente chacun d'entre eux par une unité-type. On mène par exemple l'enquête dans un canton par département parce qu'on suppose qu'il est représentatif de ce département et on pourrait même imaginer d'interroger systématiquement "le français moyen", s'il existait...

Cette méthode, simple en apparence, est très délicate et fragile quant à la qualité de ses résultats car elle exige une très bonne connaissance préalable de la population et, pour le moins, une grande stabilité des comportements. Elle est donc inadaptée à l'étude des phénomènes méconnus ou extrêmement changeants.

*** La méthode du balayage**

Fréquemment utilisée par les équipes de recherche spécialisées dans des sujets complexes, nouveaux, qualitatifs, elle consiste à définir de façon raisonnée un échantillon significatif, et non représentatif, de la population étudiée. Elle part donc d'une réflexion théorique permettant de dégager des situations typiques, intéressantes, diversifiées, dans lesquelles on prend un petit échantillon d'individus. Ce balayage de situations le plus diversifiées possible, s'appuyant sur un principe dit de *saturation*, permet souvent d'améliorer la connaissance du problème et peut déboucher ensuite sur une enquête classique mais dont les fondements seront beaucoup plus riches.

Au bout du compte on voit combien les variantes pratiques sont nombreuses. Si la théorie statistique est stricte (respect de la loi des grands nombres, tirages parfaitement aléatoires...) la pratique est plus floue. C'est peut-être ce que l'on appelle dans la vie courante "savoir composer avec ses principes"...

CONCLUSION GENERALE

A l'issue de ce bref parcours initiatique, certaines illusions, impressions erronées et pourtant répandues, seront-elles en partie levées ? Illusion du jeu, le sophisme du joueur étant à la mesure de son espoir[1]. Illusion des sondages, l'ignorance des lecteurs autorisant un usage souvent abusif des résultats d'enquêtes. Illusions de la vie courante, le hasard régissant, contre notre gré ou à notre grand plaisir, nombre de nos décisions.

Illusions des sondages

Peut-on faire mine de croire que ce qui est vrai pour un échantillon l'est dans les mêmes termes pour la population totale? Si par exemple "25% des français interrogés pensent que c'est le soleil qui tourne autour de la terre"[2] doit-on en déduire qu'un français sur quatre ignore encore l'enseignement de Copernic ou ne doit-on pas plutôt espérer que le sondage n'est pas représentatif?

Peut-on commenter de la même façon les résultats globaux d'un sondage avec ceux qui concernent seulement une sous-population de l'enquête alors que la précision de l'estimation est d'autant plus grande que la population interrogée l'est également. Ainsi, à partir d'une enquête réalisée auprès de 2000 personnes et montrant que 50% ont telle préférence on peut déduire que ce résultat est à peu près valable pour la population entière, l'intervalle de confiance étant exactement de 47% à 53%. Par contre, si les sous-populations étudiées ne comportent que 100 personnes l'intervalle de confiance devient 40% - 60% et il passe à 15% - 85% lorsqu'une partition ne comprend que 10 personnes.

Peut-on oublier que les sondages valent parfois mieux par les questions qu'ils soulèvent que par les réponses qu'ils semblent donner? Lorsque on observe par exemple[3] que 31% des femmes qui passent des petites annonces matrimoniales prétendent mesurer plus de 1,70 m alors que cette catégorie ne

1 Dans les jeux de hasard les probabilités ne dépendent en rien des résultats antérieurs mais le joueur aimerait tellement que le hasard ait une mémoire.

2 Sondage "Science et Avenir / S.O.F.R.E.S. du 22.6.85 repris par J. DUHAMEL et G. WOLINSKY, Paris, Lattès, 1987.

3 Sondage Le Point- Revue Française de Sociologie du 22.4.83 cité dans "100% français"

représente que 7% de la population française que peut-on en déduire ? Mensonge des personnes interrogées ayant tendance à se grandir un peu pour mieux voir venir au loin le prince charmant? Echantillon non représentatif, les enquêteurs ayant une préférence marquée pour les femmes grandes? Colinéarité, les femmes de petite taille trouvant plus aisément chaussure à leur pied? Ou simple erreur matérielle? Le choix est grand.

Peut-on, en faisant généralement l'hypothèse de normalité, imaginer que tous les phénomènes sont effectivement normaux. On sait bien que souvent une cause, un effet de structure, sont déterminants ce qui provoque une dissymétrie dans la distribution. Ainsi la répartition des français selon leur taille est sans doute normale mais il est peu probable qu'on observe ce phénomène lors d'un sondage auprès d'élèves d'une école maternelle ou de pensionnaires d'une maison de retraite.

Peut-on en un mot se fier à ses intuitions? Penser par exemple qu'il est facile de prendre au hasard des individus alors que l'on sait très bien que des classements apparemment anodins, comme l'ordre alphabétique, créent des liaisons invisibles entre individus. Penser encore que plus la population-mère est grande plus l'échantillon doit l'être alors qu'on a vu que l'intervalle de confiance dépendit uniquement de la taille absolue de l'échantillon, une enquête aléatoire auprés de 2000 personnes donnant la même qualité de résultat pour des populations de 10.000 ou 10 millions de personnes...et pratiquement la même qualité qu'un recensement exhaustif.

Illusions du jeu

Peut-on faire fortune aux jeux de loterie alors qu'ils sont par essence inégaux ? Du moins est-il agréable de savoir choisir son divertissement en toute connaissance de cause et conformément au type d'émotion recherchée. Chaque jeu se différencie en effet par l'ampleur de la mise de départ, la probabilité de gain, l'importance et le mode de répartition des gains, la proportion des mises reversées aux joueurs; ainsi la Société Nationale de la Loterie Nationale et du Loto répartit 60% des mises entre les gagnants alors que les casinos répartissent plus de 98% des mises à la roulette. De même, parmi les joueurs, l'un préfère le *Tapis Vert* car il aime gagner peu mais souvent, l'autre le *Loto* car il préfère rêver sur un gain démesuré mais rare[4], tel a un faible pour la roulette anglaise, tel autre pour la française ou l'américaine selon son degré d'acceptation de l'injustice[5].

Il est également plaisant de savoir élaborer des sytèmes de jeu en tablant par exemple sur la non-équiprobabilité des comportements des parieurs, lesquels ont toujours leurs petites préférences: ainsi en jouant plus volontiers leurs dates

4 Voir à ce sujet l'article de L. THEPAUT dans "Jeux et stratégies" n°48 de décembre 1987.

5 Ces roulettes ayant 2, 1 ou aucun zéros ce qui donne plus ou moins de chances en faveur de la banque.

de naissance à la loterie les joueurs provoquent une meilleure rentabilité de sortie de certains numéros (plus de 12, plus de 31) impossibles dans cette méthode de jeu; de même en jouant plus volontiers le "carré d'as" au *Tapis vert* ils contraignent parfois les organisateurs à verser brusquement de très forts gains[6]. On peut aussi concevoir des "martingales infaillibles" ce qui exige, outre la connaissance des règles du calcul de probabilités, une bonne fortune, car elles se fondent généralement sur le principe d'une mise croissante à mesure de la perte. On peut même, illusion accrue, envisager de "faire sauter la banque", laquelle se défend d'ailleurs en imposant des règles (plafonnement des mises, invention du zéro qui n'est ni pair ni impair) fondées sur la théorie de "la ruine automatique des joueurs". Ainsi au *Tapis Vert* on peut montrer qu'en doublant la mise à chaque perte (ce qui demande un certain sang-froid) on est assuré de la récupérer (ce qui, à 2 francs la mise minimum, est assez gagne-petit) quel que soit le moment du gain. Mais attention! Ce principe, quasi général dans les jeux de hasard, est inexploitable dans les casinos car les mises sont plafonnées.

En un mot, il vaut mieux ne pas succomber (ou succomber en toute connaissance de cause) aux mythes du joueur (les "numéros de la chance", les "numéros en chaleur", les "porte-bonheur" ou les "porte-malheur") et garder, même dans le feu de la passion, suffisamment de méthode pour ne pas confondre, par exemple, l'espérance de gain et la probabilité de gain.

Illusions de la vie courante

Doit-on s'étonner de certaines coincidences, de certaines rencontres, tellement rares qu'elles semblent incroyables, sans en mesurer précisément la probabilité. Ainsi il y a une infinité de coincidences possibles (amis communs, rencontre d'une personne connue dans un lieu lointain ou incongru..) et donc la probabilité d'en rencontrer une est très forte...sauf s'il s'agit d'une coincidence particulière et déterminée par avance. De même certains événements sont moins rares qu'on ne le pense. Ainsi sur 23 personnes il y a une chance sur deux que deux personnes soient nées le même jour d'une année similaire ou différente.

Peut-on penser aussi que des modèles statistiques simples suffisent pour rendre compte de la complexité du réel ? Les phénomènes naturels ou sociaux ont leur propre logique qui n'est pas nécessairement de l'ordre de la statistique et notamment de l'équiprobabilité. Il ne faut pas s'étonner, par exemple, du prétendu paradoxe des regroupements qui fait que les voitures avancent par groupes (puisque le rythme des feux scande la circulation), que les jours de perturbation météorologique ont tendance à s'enchainer (la météo ne relevant

6 Ceci est certes coûteux dans l'immédiat mai très avantaguex à long terme car l'ampleur soudaine des gains suscite souvent de nouvelles vocations de parieurs. Notons à ce propos que plusieurs commentateurs d'une récente sortie victorieuse du carré d'as ont, au défi de toutes les lois de la statistique et faute d'une bonne compréhension de la notion de probabilité, annoncé l'arrivée prochaine de cet évènement pour une date, certes lointaine, mais précise!

pas du hasard même si les prévisions s'en rapprochent parfois), que les malades sont plus nombreux dans les communes disposant d'un hopital, que les trèfles à quatre feuilles sont rares sauf dans les champs où l'on en trouve un...Par contre la pratique du poilu de la guerre de 14 qui consistait à se protéger dans un trou d'obus au nom de la loi des grands nombres était fort illusoire, surtout si le canon ennemi était immobile et parfaitement réglé.

Peut-on également croire qu'un évènement est défini une fois pour toutes et parfaitement ? S'il est vrai par exemple que l'ouverture d'un jeu de cartes, d'un moment de vie, d'une rencontre, sonne la fin de certaines illusions (le hasard, se faisant chair, se mue en certitude) il est vrai aussi qu'elle annonce le début de l'aventure, le pire ou le meilleur n'étant jamais sûrs.

Le jugement de causalité est donc plus complexe qu'on le pense. Ainsi il serait bien naif de croire, si les lecteurs de livres de statistiques ont de meilleurs résultats à leurs examens, que ces livres sont utiles...les bons élèves ont peut-être simplement une plus forte propension à acheter des livres, sans pour autant les lire, pour confirmer, conforter leur statut. Autant de questions simples aux réponses à peine esquissées. Autant d'incitations à une démarche rigoureuse, à un questionnement permanent, moins excitant certes que l'illusion sommaire de la réponse immédiate, mais tellement plus satisfaisants au bout du compte.

C'est donc de méthode, encore et toujours, dont nous avons besoin. Et l'on voudrait, pour terminer, évoquer un article limpide à ce sujet[7]. Sous le titre étonnant *Statistique et vérité* ("l'adultère absolu" selon l'auteur) D. Schwartz mentionne, avec force exemples convaincants, les prudences nécessaires lorsqu'on utilise ou produit des statistiques. Sont ainsi mentionnés les thèmes essentiels dont on a parlé dans cet ouvrage:

- "l'impossible certitude" dans les phénomènes aléatoires, "la variabilité affectant tous les aspects du vivant" et donc mettant "la vérité hors de portée",
- le progrès considérable lié à la maitrise de l'erreur puisqu'"avec la démarche statistique la décision est objective, son risque d'erreur plafonné, son degré de signification connu",
- l'intérêt et les limites de la reconnaissance de l'erreur, la statistique endossant souvent injustement "le péché originel inhérent au domaine où on l'utilise",
- la difficulté de l'interprétation des résultats par absence de cause unique, d'effet certain, l'auteur prônant une "relation de cause à probabilité d'effet",
- les limites de l'enquête d'observation qui porte sur des échantillons souvent imposés,

7 Celui de D. SCHWARTZ dans le "Journal de la Société de Statistiques de Paris" (1984, 2° trimestre) repris dans "Problèmes Economiques" du 28 novembre 1984.

- les dilemmes entre "mensonge et efficacité", entre "vérité d'aujourd'hui et mensonge de demain".

Et l'on conclut volontiers avec l'auteur: "Parce que la statistique s'apprend. Mais cette évidence est ignorée. Chacun croit pouvoir faire sa statistique comme Monsieur Jourdain sa prose, ne suffit-il pas de savoir compter? Et chaque décideur se croit fondé à utiliser les statistiques, d'autant qu'un dérapage imperceptible permet de transformer une vérité déplaisante en mensonge agréable. La statistique est en celà désaventagée par rapport aux autres sciences: le premier venu oserait-il tenter une expérience de biologie moléculaire, discourir sur les conclusions d'un spécialiste, ou les utiliser? Il est certes nécessaire d'entreprendre une vulgarisation de la science statistique, mais que ce soit surtout pour développer l'esprit critique, montrer les pièges, et persuader chacun que cette science, comme toutes les autres, s'apprend."

POST-FACE EN FORME DE MORALE

OU LES 13(+1) COMMANDEMENTS DU STATISTICIEN

- Tu seras patient pour savoir profiter de la loi des grands nombres.

- Tu croiras en l'espérance, surtout mathématique, mais en sachant qu'elle est rarement accessible en pratique.

- Tu sauras donner ta confiance mais par intervalle.

- Tu seras méthodique en sachant dénombrer, sans oubli ni redite, et utiliser arrangements et combinaisons.

- Tu prendras des risques mais en les mesurant, tu les réduiras mais sans les annuler.

- Tu tireras parti de la moindre information et tu inventeras un peu s'il le faut.

- Tu sauras que la perfection n'est pas de ce monde et tu contrôleras l'incertain pour mieux t'en satisfaire.

- Tu garderas ton sang-froid devant le gain inattendu ou la perte brutale car tu sauras que l'improbable n'est pas impossible.

- Tu aimeras jouer mais pas au petit bonheur la chance ni au grand malheur la malchance.

- Tu préfèreras le plus fréquent mais tu sauras que pour faire une distribution normale il faut aussi des marges.

- Tu sauras compter sur les événements quasi-impossibles et viser les événements quasi-certains ou inversement selon l'intérêt de l'événement.

- Tu mesureras le favorable au regard du possible.

- Tu aimeras la diversité car elle génère au total l'harmonie de la symétrie.

- En un mot tu apprendras à te simplifier la vie.

EXERCICES SUPPLEMENTAIRES ET RESULTATS

A. SI LE LECTEUR AIME PLUTOT LES ETUDES...

EXERCICE N° 1

On observe une population étudiante selon l'âge et la série du baccalauréat. Les informations suivantes sont connues: 50% ont le baccalauréat de la série B et 20% celui de la série C, 10% ont moins de 20 ans et 40% 20 ans juste, parmi les moins de 20 ans 20% ont le bac série B et 80% série C, parmi les plus de 20 ans 52% ont le bac série B et aucun le bac C.

1- On interroge au hasard un étudiant. Calculer la probabilité :

a) que l'étudiant ait plus de 20 ans et le bac série B.

b) qu'il ait moins de 20 ans ou le bac série C.

c) qu'il ait 20 ans juste sachant qu'il a le bac série B.

d) qu'il ait le bac C sachant qu'il a 20 ans exactement.

e) qu'il ait moins de 20 ans sachant qu'il a le bac C.

2- On interroge plusieurs étudiants à partir d'un tirage avec remise.

a) Dénombrer les probabilités que, parmi deux étudiants, il y ait aucun, un, deux titulaires du bac série C.

b) Calculer la probabilité que la 3° personne interrogée soit la seule à avoir 20 ans juste.

c) Calculer la probabilité que la 3° ait exactement 20 ans sachant que les deux précédentes ne sont pas dans ce cas.

d) Calculer la probabilité que parmi deux étudiants il y ait au moins un titulaire du bac C ou un ayant moins de 20 ans.

e) Construire le tableau de contingence croisant les modalités "posséder ou non le bac C" et "avoir ou non moins de 20 ans" pour des échantillons de deux individus.

3- Reprendre les questions 2a et 2b dans le cas du tirage simultané de deux étudiants dans une population totale de 50 personnes.

REPONSES

1-a) $P = 0{,}5 \,.\, 0{,}52 = \mathbf{0{,}26}$

b) $P = 0{,}1 + 0{,}2 - 0{,}08 = \mathbf{0{,}22}$

c) P = (0,5 - 0,02 - 0,26) / 0,5 = **0,44**
d) P = 0,12 / 0,4 = **0,3**
e) P = 0,08 / 0,2 = **0,4**

2-a) P(aucun C) = **0,64** P(un seul C) = **0,32** P(deux C) = **0,04**
b) P = 0,6 . 0,6 . 0,4 = **0,144**
c) P = **0,4**
d) P = 1 - $[1 - (0{,}2 + 0{,}1 - 0{,}08)]^2$ = **0,3916**

3-a) P(aucun C) = (40/50) (39/49) = **0,6367**
P(un seul C) = 2 (10/50) (40/49) = **0,3265**
P(deux C) = (10/50) (9/49) = **0,0367**
b) P = (30/50) (29/49) (20/48) = **0,1479**

EXERCICE N° 2

On envisage de réaliser une enquête afin d'observer les conditions d'accès des étudiants au niveau de la troisième année. Pour construire l'échantillon on utilise le fichier d'inscription en première année élaboré deux ans auparavant. On sait que dans cette promotion 60% des étudiants inscrits en première année avaient le baccalauréat de la série B et 10% de la série C. On suppose que le taux de passage direct en seconde année est de 50% lorsqu'on a le bac B, de 70% s'il s'agit du bac C et de 20% dans les autres cas. On suppose également que le taux de passage direct en 3° année est égal à 70% et ceci indépendamment de la série du bac.

On construit de façon aléatoire des échantillons d'inscrits dans le fichier (de tailles respectives 10, 30, 50) et l'on veut connaître la probabilité que la proportion d'étudiants ayant accédé à la 3° année sans redoublement:

- soit exactement égale à 30%,
- soit d'au moins 50%

(répondre en utilisant la probabilité élémentaire tabulée la plus proche de la probabilité effectuée).

REPONSES

Il faut d'abord préciser les conditions de la loi:

- La variable aléatoire est le nombre d'individus possédant un certain caractère (le fait que les questions parlent de proportions d'étudiants ne change rien à l'affaire).

- Deux caractéristiques exclusives définissent les individus: accéder directement ou non en 3° année (le fait qu'un grand nombre de situations concrètes, notamment liées à l'origine scolaire, existent ne doit pas être pris en considération). De plus il est possible de calculer les probabilités qu'un individu possède ou non le caractère recherché.

- Par contre les conditions de tirage ne sont pas explicitées par l'énoncé. Deux cas sont envisageables.

Soit on suppose que le tirage est exhaustif. Dans ce cas la variable suit une loi hypergéométrique que l'on ne peut malheureusement pas appliquer, faute de connaître la taille de la population-mère (c'est à dire celle du fichier). On suppose alors que cette population est suffisammment grande pour considérer que le facteur d'exhaustivité tend vers 1 et donc que la loi binomiale est utilisable.

Soit on suppose que le tirage n'est pas exhaustif et dans ce cas toutes les conditions de la loi binomiale sont remplies.

Par application des théorèmes des probabilités totales et composées on obtient la probabilité qu'un étudiant inscrit dans le fichier ait accédé directement en 3° année. Elle vaut $0{,}7\ (0{,}6 \,.\, 0{,}5 + 0{,}1 \,.\, 0{,}7 + 0{,}3 \,.\, 0{,}2) = 0{,}301$

Pour simplifier et utiliser les tables numériques on arrondit le paramètre à 0,3. Les résultats sont alors les suivants:

taille	10	30	50
30% exactement	0,2668	0,1573	0,1224
au moins 50%	0,1503	0,0169	0,0024

On observe que les probabilités vont en diminuant avec la taille. Ceci provient de la dissymétrie de la distribution binomiale qui s'estompe lorsque la dimension des échantillons augmente.

EXERCICE N° 3

On effectue un sondage téléphonique sur une liste d'abonnés caractérisés par leur âge ("moins de 25 ans", "de 25 à 49 ans", "50 ans et plus") et leur lieu d'habitation ("zone urbaine", "zone rurale"). On sait que parmi les abonnés 30% ont moins de 25 ans, 20% ont 50 ans ou plus, 40% habitent en zone rurale et que parmi ces derniers 12,5% ont moins de 25 ans et 37,5% ont au moins 50 ans.

1. Le sondage est réalisé par plusieurs enquêteurs à partir d'une même liste et sans que les personnes interrogées soient répertoriées. Quelle est la probabilité que parmi 10 personnes interrogées:

a) 40% habitent en zone rurale?

b) moins de 60% habitent en zone urbaine?

c) au moins 10% soient à la fois agés de moins de 25 ans et habitants de zone rurale?

d) la dernière interrogée soit la 6° habitant en zone urbaine?

e) l'on retrouve les quotas par âge de la population initiale?

2. On suppose maintenant que l'on interroge 40 personnes dans les mêmes conditions que précédemment. Quelle est la probabilité que:

a) moins de 60% habitent en zone urbaine?

b) 10% au moins soient à la fois agés de moins de 25 ans et habitants de zone rurale?

3. Mêmes questions que 2 en supposant que l'on interroge 200 personnes.

4. On suppose maintenant que le sondage est réalisé par un seul enquêteur qui veille à ne pas réinterroger plusieurs fois la même personne en répertoriant chacun de ces appels. S'il y a 20 noms dans le fichier téléphonique quelle est la probabilité qu'en interrogeant 4 personnes:

a) elles aient toutes moins de 50 ans?

b) 3 au moins habitent en zone urbaine?

REPONSES

1.a) loi binomiale (10; 0,4) : $P\{X = 4\}$ = **0,2508**
b) loi binomiale (10; 0,6) : $P\{X < 6\}$ = **0,3669**
c) loi binomiale (10; 0,05) : $P\{X > 0\}$ = **0,4013**
d) loi de Pascal (de rang 6): P = **0,15**
e) loi multinomiale : P = **0,085**

Ces résultats appellent plusieurs commentaires:

- dans la question c l'utilisation de la loi de Poisson n'est pas rigoureusement acceptable et pourtant elle aboutirait à un résultat assez proche (0,3935).

- les questions a et d se ressemblent puisqu'elles visent des objectifs analogues en structure (6 habitants de zone urbaine) mais différents puisque dans la question "d" on fixe une condition supplémentaire de rang ce qui fait chuter la probabilité.

- la question e permet d'observer qu'il est rare, en construisant un échantillon, d'obtenir une parfaite image réduite de la population-mère.

2.a) loi binomiale (40; 0,6) : P = **0,4319**
b) loi binomiale (40; 0,05): P = **0,1381**
loi de Poisson (m = 2) : P = **0,1429**

Ici les conditions d'approximation par la loi de Poisson sont à peu près remplies et l'erreur commise est faible puisqu'elle est de l'ordre de 3%

3.a) loi binomiale (200; 0,6) approximable par une loi normale d'espérance mathématique 120 et d'écart-type 6,93 ce qui donne , du fait de la correction de continuité, une probabilité de **0,4721** (si on ne faisait pas cette correction on trouverait une probabilité de 0,5 à cause de la symétrie de la distribution normale).

b) loi binomiale (200; 0,05) approximable par deux lois:

- soit la loi de Poisson (m = 10) et l'on obtient alors une probabilité de **0,0035**

- soit la loi normale d'espérance 10 et d'écart-type 3,08 ce qui donne une probabilité d'environ **0,001**

4.a) loi hypergéométrique (20; 4; 0,8): P = **0,375**

b) loi hypergéométrique: P = **0,465**

EXERCICE N° 4

On suppose que parmi les étudiants le niveau de ressources dépend de multiples variables dont l'une est déterminante (le sexe) au point qu'elle constitue une partition dans la population. Chez les garçons les ressources sont distribuées selon une loi normale de moyenne 2.400 francs par mois et d'écart-type 300 francs alors que chez les filles la loi est également normale mais de moyenne 3000 francs et d'écart-type 400 francs.

1. On constitue des couples mixtes de façon aléatoire et on étudie la variable "niveau de ressources d'un couple". Déterminer la probabilité qu'un couple ait:

a) plus de 6.000 francs de ressources.

b) entre 5.000 et 6.000 francs.

c) plus de 8000 francs.

2. Etonnés par ces résultats on vérifie les données et on s'aperçoit qu'il y a eu erreur sur les écart-types qui sont en fait trois fois supérieurs à ceux indiqués. Si on constitue, toujours au hasard, des groupes de quatre garçons et deux filles quelle est:

a) la probabilité qu'un groupe dispose de plus de 10.000 francs de ressources par mois?

b) l'intervalle de ressources symétrique par rapport à la moyenne qui englobe 95% des groupes?

c) la probabilité qu'un groupe puisse financer un voyage coûtant 10.000 francs en supposant que chaque groupe y consacre la moitié de ses ressources?

REPONSES

1. Par application des propriétés de l'espérance, de la variance et de la loi normale (et sous réserve que les variables soient indépendantes) ce qui n'est pas le cas en pratique, on peut dire que la variable C ,"ressources d'un couple",

suit une loi normale dont l'espérance mathématique vaut 5.400 francs et l'écart-type 500 francs. On obtient alors les résultats suivants:

a) P{C > 6.000} = **0,11507**

b) P{5.000 < C < 6.000} = **0,67307**

c) P{C > 8.000} = **0,0000001**

On observe que la distribution des ressources d'un couple est très concentrée autour de la moyenne parce que les écart-types des deux distributions sont petits par rapport aux moyennes.

2. La variable G, "ressources d'un groupe", suit également une loi normale mais, toujours en supposant que les variables sont indépendantes, ses paramètres sont 15.600 frs pour l'espérance mathématique et 2.473 frs pour l'écart-type.

a) P{G > 10.000} = **0,98809**

b) P{G $\in$[10 752 ; 20 447] } = 0,95

Il suffit, pour cette dernière question, d'observer dans la table que 95% des observations sont dans l'intervalle ± 1,96 et de convertir ces valeurs de T en valeurs de X en appliquant $X = m + T\sigma$

c) P{G > 20 000} = **0,03754**

EXERCICE N° 5

Selon une enquête réalisée de façon aléatoire auprès de 60 étudiants la distribution de ceux-ci en fonction de leur durée hebdomadaire de travail se répartit ainsi:

durée de travail	20 à 24 h.	24 à 28 h.	28 à 32 h.	32 à 36 h.	36 à 40 h.	40 à 44 h.
nombre d'étudiants	3	6	12	15	15	9

1. L'hypothèse de normalité de la distribution vous parait-elle envisageable ?

a) au seul vu des résultats?

b) en vous appuyant sur une méthode graphique?

c) en utilisant un test statistique?

2. Si oui quelle est la proportion d'étudiants consacrant plus de 39 heures à leur travail:

a) dans l'échantillon observé?

b) dans la population-mère en supposant que ce qui est vrai pour l'échantillon l'est a fortiori pour elle?

REPONSES

1.a) Pour répondre intuitivement on peut:

- s'interroger sur la nature de la distribution: le phénomène est-il le résultat de multiples causes? la variable est-elle continue? Ici c'est probablement le cas ce qui plaide en faveur de l'hypothèse de normalité.

- observer la distribution de valeurs ou la représenter graphiquement et voir si elle est à peu près symétrique: ici c'est le cas à l'exception des valeurs les plus fortes ce qui confirme l'hypothèse.

b) L'utilisation de la méthode de Henry confirme l'hypothèse de normalité car les points sont à peu près alignés selon une droite qui fournit les paramètres de la loi normale: environ 34 h. pour la moyenne et 6 h. pour l'écart-type.

c) Le test de khi-deux donne les résultats suivants:

- après étude de l'échantillon on retient les paramètres de ce dernier (moyenne de 34 h. et écart-type de 5,51 h.) comme estimation de ceux de la loi normale retenue comme hypothèse.

- le khi-deux calculé vaut environ 0,67,

- le nombre de degrés de liberté est 2 car il y a eu un regroupement de classes et deux paramètres estimés.

- la distance est très faible au regard des valeurs de khi-deux correspondant aux seuils habituels et donc **on retient très largement l'hypothèse**.

2.a) Pour répondre à la question on pourrait se contenter de calculer, à partir d'une hypothèse d'équirépartition des individus dans chaque classe, le nombre d'individus de l'échantillon respectant la contrainte (soit 12,75 sur les 60). Mais le fait d'avoir retenu l'hypothèse de normalité permet de faire autrement:

- A partir du graphique de Henry on constate sur la droite que le point d'abcisse 39 h. a une ordonnée de l'ordre de 19% ce qui correspond à 11,4 personnes.

- A l'aide de la loi normale (34; 5,51) retenue pour le test de khi-deux on trouve une probabilité de 0,182 ce qui donne environ 11 personnes (10,9 exactement).

b) Dans la population-mère le résultat serait beaucoup moins précis. Après utilisation de la méthode des intervalles de confiance on obtient (avec un effectif n de 60 et un seuil de 95%) un intervalle d'environ 0,182 ± 0,1265 ou encore [0,055 ; 0,308].

EXERCICE N° 6

Au cours d'une enquête par sondage aléatoire les résultats à une question ont été les suivants:

Réponse	hommes	femmes
un peu	35	15
beaucoup	30	20
passionnément	25	25
à la folie	30	30
pas du tout	30	10

Pensez vous que les différences de comportement entre hommes et femmes soient significatives?

REPONSES

La question revient à s'interroger sur le lien de dépendance entre les deux caractères "type de réponse" et "sexe". Le fait qu'ils soient qualitatifs interdit l'utilisation de l'analyse de la régression ou de la corrélation. On se tourne donc vers le test de khi-deux qui est, lui aussi, un test d'indépendance.

L'hypothèse retenue est celle de l'indépendance totale entre les caractères; c'est d'ailleurs la seule envisageable en pratique. Les effectifs théoriques correspondant à cette hypothèse sont équivalents en valeur relative pour chacun des deux sexes. Il suffit donc de calculer la structure relative de l'ensemble des réponses et de l'appliquer aux effectifs hommes et femmes.

	Effectifs observés O_i				Effectifs théoriques T_i	
	homme	femme	total	%	Hommes	Femmes
un peu	35	15	50	20%	30	20
beaucoup	30	20	50	20%	30	20
passionnément	25	25	50	20%	30	20
à la folie	30	30	60	24%	36	24
pas du tout	30	10	40	16%	24	16

Il reste alors à comparer ces deux séries d'effectifs et à réaliser le test de khi-deux sous sa forme habituelle. Seul le nombre de degrés de liberté est calculé différemment. Il est égal à:

(nombre de lignes - 1)(nombre de colonnes - 1) soit (5-1)(2-1) = 4

On vérifie bien qu'il suffit de 4 données pour déterminer, compte tenu de la connaissance des effectifs marginaux, les effectifs théoriques. A l'issue des calculs des distances du khi-deux entre les effectifs observés et théoriques on obtient une distance globale de l'ordre de 10,4. Compte tenu du nombre de degrés de liberté cette distance est comprise entre celles correspondant aux seuils de 0,05 et 0,025. Ainsi au seuil de 5% on rejette l'hypothèse d'indépendance avec un risque d'erreur de 3 à 4% alors qu'au seuil de 2,5% on l'accepte. Il y a donc un certain **doute**. Ainsi il est difficile de dire si les différences de comportements entre hommes et femmes sont véritablement significatives. Ce résultat peut surprendre et montre bien les limites d'une approche intuitive des tableaux de données: nombre de lecteurs auraient probablement dit d'emblée que les réponses des femmes et des hommes n'étaient pas les mêmes ce qui est vrai pour l'échantillon mais pas suffisamment vrai pour qu'on puisse le transposer à la population-mère.

EXERCICE N° 7

On étudie la pratique d'achat de livres des étudiants. Une enquête sommaire montre qu'en moyenne chaque étudiant lit 8 livres par an.

1. Que peut-on dire du nombre moyen de livres lus par un étudiant particulier:

a) en l'absence de toute autre information?

b) si l'on suppose également que les résultats d'une enquête antérieure (ayant montré que l'écart-type de la distribution du nombre de livres par personne et par an était de 4) restent valables?

c) si l'on postule en plus que la distribution est normale?

2. Quelle est la probabilité qu'un étudiant achète au moins 16 livres par an dans les divers cas précédents?

REPONSES

1.a) Seule l'inégalité de Markov est utilisable.

$$P\{ X \geq a \} \leq E(X) / a = 8/a$$

par exemple $P\{ X \geq 10 \} \leq 8/10$ ou $P\{ X \geq 40 \} \leq 8/40$

b) Cette fois-ci on peut utiliser l'inégalité de Bienaymé-Tchebicheff:

$$P\{ X \in [m \pm t \sigma] \} \geq 1 - 1 / t^2$$

pour $t = 2$ on a $P\{ X \in [8 \pm 2 . 4]\} \geq 1 - 1/2^2$

Il y a au moins 75% de chances que X soit compris entre 0 et 16.

c) Ici on peut utiliser la loi normale puisque tout est connu.

Soit $T = (X - m) / \sigma = (X - 8) / 4$

par exemple $P\{0 < X < 16\} = P\{ -2 < T < 2 \} = 0,9545$

ou bien $P\{ X \geq 10 \} = P\{ T \geq 0,5 \} = 0,30854$

On observe que les réponses sont de plus en plus précises à mesure que les informations sur la population sont nombreuses. Notons que les résultats seraient légèrement différents si l'on faisait la correction de continuité.

2. Pour la même question $P\{ X \geq 16\}$ on obtient les résultats suivants:

a) Inégalité de Markov: $P \leq 8/16 =$ **0,5**

b) Inégalité de Bienaymé-Tchebicheff: $P \leq 1/2^2 =$ **0,25**

c) loi normale: $P = P\{ T \geq 2 \} =$ **0,022**

ou, avec la correction de continuité, $P\{T > 1{,}875\} =$ **0,03**

EXERCICE N° 8

On a réalisé l'étude exhaustive d'une population de 500 étudiants selon la distance d'éloignement de leur domicile familial et le fait qu'ils utilisent ou non le train comme moyen de locomotion.

1. Si l'on extrait 3 échantillons d'étudiants (2 échantillons non exhaustifs respectivement de 64 et 25 étudiants et un échantillon exhaustif de 25 étudiants) quelle est la probabilité que la distance moyenne d'éloignement, dans un échantillon, soit supérieure à 70 kms:

a) en supposant que cette distance est distribuée dans la population totale selon une loi normale de moyenne égale à 60 kms et d'écart-type égal à 49 kms?

b) en supposant que cette distance suit une loi normale de moyenne 60 kms mais d'écart-type inconnu (on suppose alors que dans chaque échantillon observé l'écart-type est de 49 kms?

c) en supposant que la loi de distribution de la distance est inconnue mais que l'on connait sa moyenne (60 kms) et l'écart-type dans chaque échantillon (49 kms)?

2. Dans les mêmes conditions d'échantillonnage que précédemment étudier la probabilité que, dans un échantillon, moins de 20% des étudiants voyagent en train en sachant qu'ils sont au total 30% dans ce cas.

REPONSES

1.a) La distance X correspondant à l'éloignement de chaque étudiant suit une loi normale et donc la distance moyenne par échantillon suit également une loi normale quelle que soit la taille de l'échantillon. Seuls les paramètres changent en fonction de la nature du tirage et de la taille de l'échantillon.

* Tirage non exhaustif et n = 64

$E(\bar{x}) = m = 60$

$V(\bar{x}) = \sigma^2 / \bar{n}$ soit $\sigma_{\bar{x}} = 49 / \sqrt{64} = 6{,}125$

$P\{ \bar{x} > 70 \} = P\{ T > (70 - 60) / 6{,}125 \}$
$= P\{ T > 1{,}63 \} =$ **0,05155**

* Tirage non exhaustif et n = 25

$E(\bar{x}) = 60$ et $\sigma_{\bar{x}} = \sigma / \sqrt{n} = 49 / \sqrt{25} = 9{,}8$

$P\{ \bar{x} > 70 \} = P\{ \bar{x} > 1{,}02 \} =$ **0,15386**

* Tirage exhaustif et n = 25

$E(\bar{x}) = m = 60$

$V(\bar{x}) = (\sigma^2 / n)(N - n) / (N - 1)$ soit $\sigma_{\bar{x}} = 9{,}56$

$P\{ \bar{x} > 70 \} = P\{ T > 1{,}046 \} =$ **0,148**

b) Ici X suit une loi normale imprécise puisque l'écart-type est inconnu.

Il doit donc être estimé par $s' = s\sqrt{n / (n-1)}$
Du fait de cette imprécision $\bar{x}$ suit une loi normale si n est grand et une loi de Student si n est petit.

* Tirage non exhaustif et n = 64 (ce qui est grand)

$E(\bar{x}) = m = 60$ et $\sigma_{\bar{x}} = s / \sqrt{n-1} = 49 / \sqrt{64-1} = 6{,}17$

$P\{ \bar{x} > 70 \} = P\{ T > 1{,}62 \} =$ **0,05262**

* Tirage non exhaustif et n = 25

$\bar{x}$ suit une loi de Student à (n-1) = 24 degrés de liberté

$E(\bar{x}) = m = 60$ $\sigma_{\bar{x}} = s / \sqrt{(n-1)} = 49 / \sqrt{24} = 10$

$P\{ \bar{x} > 70 \} = P\{ T > 1 \} =$ **0,15** (cf. table)

On lit en effet que la probabilité que T appartienne à l'intervalle [-1,059 ; 1,059]} est égale à 0,7.

* Tirage exhaustif et n = 25

Par rapport à la question précédente il suffit de corriger l'écart-type par le facteur d'exhaustivité ce qui donne 9,75. On obtient alors, toujours avec la loi de Student:

$$P\{ \overline{x} > 70 \} = P\{ T > 10 / 9{,}75 \} = \mathbf{0{,}15}$$

c) Cette fois-ci la loi de X étant inconnue on ne peut rien dire si les échantillons sont trop petits. Par contre s'ils sont grands la moyenne m' suit malgré tout une loi normale. Dès lors on ne peut traiter que le cas de l'échantillon de taille 64 et le résultat est le même que dans la question b.

2. Ici f suit une loi normale.

E(f) = p = 0,3 quelles que soient les conditions de tirage et la taille de l'échantillon. Par contre V(f) varie selon les cas.

* Tirage non exhaustif et n = 64

$$V(f) = p(1-p) / n = 0{,}3 \,.\, 0{,}7 / 64 \quad \text{soit } \sigma_f = 0{,}057$$

$$P\{f < 0{,}2\} = P\{T < (0{,}2 - 0{,}3) / 0{,}057\} = \mathbf{0{,}04}$$

* Tirage non exhaustif et n = 25

$$V(f) = p(1-p) / n = 0{,}3 \,.\, 0{,}7/25 \quad \text{soit } \sigma_f = 0{,}0916$$

$$P\{ f < 0{,}2 \} = P\{ T < -1{,}09 \} = \mathbf{0{,}137}$$

* Tirage exhaustif et n = 25

$$\sigma_f = 0{,}0916\sqrt{(N-n)(N-1)} = 0{,}0894$$

$$P\{ f < 0{,}2 \} = P\{ T < -1{,}12 \} = \mathbf{0{,}132}$$

On voit que la probabilité est plus grande lorsque l'échantillon est plus petit et lorsque le tirage est non exhaustif: ceci provient naturellement de l'effet renforcé, dans ces cas, des valeurs extrêmes de la distribution.

EXERCICE N° 9

En vue de connaître l'âge moyen des étudiants lors de leur entrée à l'Université on réalise plusieurs enquêtes.

1. Une première enquête, auprès de 50 étudiants, a donné un âge moyen de 20 ans (avec un écart-type de 2,5 années). Quelle estimation peut-on faire:

a) si l'on sait déjà que l'écart-type associé à l'âge moyen dans la population totale est de 2 ans?

b) si l'on ne sait rien sur la population-mère?

2. Une seconde enquête, auprès de 12 étudiants, donne les résultats suivants concernant l'âge: {20, 17, 18, 21, 23, 22, 20, 18, 19, 23, 20, 19} . Quelle estimation peut-on faire:

a) si l'on ne sait rien sur la population-mère?

b) si la population-mère est normale mais de paramètres inconnus?

c) si la population-mère est quasi-normale avec un écart-type de 2?

3. Si l'on affirme, à l'issue de l'enquête, que l'âge moyen d'un étudiant a 95% de chances d'être inférieur à 20 ans:

a) quelle a été l'observation faite si l'on sait que l'échantillon comprenait 100 observations?

b) quelle a été la taille de l'échantillon si l'âge moyen observé dans celui-ci était de 19 ans?

(on suppose pour ces deux questions que la population-mère est normale et que son écart-type vaut 4 ans).

REPONSES

1. La taille de l'échantillon est suffisamment grande pour que l'on puisse considérer que dans tous les cas la moyenne m' suit une loi normale.

a) L'intervalle de confiance s'écrit $\bar{x} \pm t\,\sigma\ / \sqrt{n}$

au seuil de 95% t = 1,96

Intervalle = $20 \pm 1{,}96 \,.\, 2 / \sqrt{50} = 20 \pm 0{,}55 =$ **[19,45; 20,55]**

au seuil de 99% t = 2,5758

Intervalle = $20 \pm 2{,}5758 \,.\, 2 / \sqrt{50} =$ **$20 \pm 0{,}72$**

b) au seuil de 95% t = 1,96

Intervalle = $20 \pm 1{,}96 \,.\, 2{,}5 / \sqrt{49} =$ **$20 \pm 0{,}7$**

2.a) La taille de l'échantillon est trop faible pour que l'on puisse répondre à la question.

b) La distribution de la moyenne suit une loi de Student à (n - 1) = 11 degrés de liberté. Après calcul les paramètres de l'échantillon sont les suivants: 20 ans pour la moyenne et 1,87 année pour l'écart-type.

au seuil de 95% l'intervalle vaut $\bar{x} \pm t \, . \, s \, / \sqrt{n-1}$
soit $20 \pm 2{,}201 \, . \, 1{,}87 \, / \sqrt{11}$ = **20 ± 1,24**

c) L'écart-type étant connu on le préfère à sa valeur dans l'échantillon et donc l'intervalle se modifie et vaut $20 \pm 2{,}201 \, . \, 2 \, / \sqrt{12}$ = **20 ± 1,27**

3.a) au risque d'erreur de 10% $t = 1{,}6449$
et $\bar{x} + t \, \sigma \, / \sqrt{n} = 20$ d'où $\bar{x} = 20 - 1{,}6449 \, . \, 4 \, / \sqrt{100}$ = **19,342**
b) au même seuil on a $19 - 1{,}6449 \, . \, 4 \, / \sqrt{n} = 20$ d'où n = **43** personnes

B. SI LE LECTEUR PREFERE LE JEU...

EXERCICE N° 10

1- On prend simultanément 3 cartes dans un jeu de 32 cartes constitué de 4 couleurs ayant chacune 8 valeurs. Calculer:

a) le nombre de configurations ordonnées différentes possibles,
b) le nombre de paquets différents possibles,
c) le nombre de paquets constitués de cartes:
- de la même valeur,
- de la même couleur et de valeurs consécutives,
- de la même couleur,
- de trois couleurs différentes,
- de trois valeurs différentes,
- de deux couleurs uniquement,

2- On prend trois cartes dans trois jeux de 32 cartes, une par jeu. Calculer:

a) le nombre total de configurations ordonnées possibles,
b) le nombre de configurations ordonnées possibles en fonction du nombre de couleurs représentées.

3- On peut, à l'issue de cet exercice, réfléchir aux probabilités de gain au jeu du *Tapis vert*".

REPONSES

1-a) A^{3}_{32} = **29 760**

b) C^{3}_{32} = **4 960**

c) - même valeur: **32**

- même couleur et valeurs consécutives = **24**

- même couleur: **224**

- trois couleurs différentes: **2 048**

- deux couleurs: $C^2_8 \,.\, C^1_8 \,.\, A^2_4$ = **2 688**

On vérifie que la somme des trois derniers correspond à l'ensemble des différents paquets possibles.

2-a) 32^3 = **32 768**

b) - trois couleurs: $8^3.\ 3!\ C^3_4$ = **12 288**

- deux couleurs: $8^3.\ 3!\ C^2_4$ = **18 432**

- une seule couleur: $8^3\ .\ C^1_4$ = **2 048**

On vérifie que la somme de ces trois valeurs correspond au résultat de la question précédente.

EXERCICE N° 11

Un jeu consiste à jeter quatre dés équilibrés et à observer simplement les répétitions de valeurs. Si les 4 dés sont identiques on gagne 100 francs, si 3 le sont on gagne 5 francs et si deux seulement se répètent on gagne 1 franc.

1. Quel doit être le prix de la partie pour que l'organisateur du jeu équilibre son affaire?
2. Le jeu est-il attractif?

REPONSES

Pour répondre aux deux questions il faut d'abord étudier la loi de probabilité de ce jeu. Quatre événements sont possibles selon les probabilités suivantes:

Evenements	Probabilités p_i	Valeurs x_i
4 dés identiques	6/1296	100
3 dés identiques	120/1296	5
2 dés identiques	810/1296	1
4 dés différents	360/1296	0

On en déduit E(X) = 1,55 franc
V(X) = 46,83 soit un écart-type de 6,84 francs
Mode = 2 dés identiques = 1 franc

Le commentaire des caractéristiques de cette loi permet de répondre aux deux questions posées.

1. Le jeu est intéressant pour l'organisateur à condition que le prix de la partie soit au moins égal à 1,55 franc. C'est la seule information que le statisticien puisse fournir; au delà il s'agit d'un problème de gestion et de marge de profit souhaitée par l'organisateur.

2. Le jeu est attractif mais de façon différente selon les joueurs et le type d'émotion qu'ils recherchent en jouant. Ainsi le jeu:

- assure de fortes émotions dans la mesure où la dispersion des gains possibles est très grande (le coefficient de variation étant de l'ordre de 4),
- assure un gain fréquent même s'il est souvent faible (le cumul des trois situations dans lesquelles on gagne quelque chose atteignant 75% des cas),
- permet un gain très élevé mais rare (moins de 1% des cas).

Ces principes sont mis en application par les organisateurs de jeux de hasard pour définir mises et enjeux, pour attirer une clientèle diversifiée. On peut par exemple proposer des lots très élevés mais rarement gagnés (exemple du loto), des lots plus faibles mais souvent acquis (exemple de la loterie nationale), des lots proportionnels aux probabilités théoriques de gain (dans l'exemple précité il faudrait prévoir, pour une mise de 40 francs, des lots de 2160 f, 108 f, 16 f et 36 francs).

En prolongement de cet exercice on pourrait étudier la stratégie au jeu de yam et analyser par exemple:

- les solutions possibles lors du jeu sec et notamment les probabilités en les comparant aux gains prévus par la règle du jeu,
- la stratégie la plus sûre statistiquement à l'issue d'un premier jet lorsqu'il s'agit de relancer certains dés (par exemple, après un premier jet de type 2-3-4-6-6, vaut-il mieux tenter la suite, le carré ou le brelan en un seul jet?).

EXERCICE N° 12

On cherche à vérifier l'équilibre d'un dé à jouer en réalisant plusieurs expériences de jets de dés. Les résultats sont les suivants:

valeur du dé	1	2	3	4	5	6
nombre de jets						
1° expérience	30	15	20	12	25	18
2° expérience	18	8	12	12	6	4

1. Qu'en penser au vu de la première expérience ?
2. Même question au vu de la seconde expérience ?
3. Peut-on considérer, au vu de la seconde expérience, que la valeur 1 a deux fois plus de chance de sortir et la valeur 6 deux fois moins que chacun des numéros 2, 3, 4 ou 5 ?

REPONSES

1. On retient l'hypothèse du dé équilibré. Dans ce cas chaque valeur a une chance sur six de sortir et les effectifs théoriques sont tous égaux à 20 puisqu'il y a 120 jets. Après calcul d = 10,9 et n = 5. La distance est comprise entre les valeurs de khi-deux correspondant aux seuils de 10% et de 5%: on rejette donc l'hypothèse dans le premier cas avec un risque d'erreur légèrement supérieur à 5% et on la retient dans le second. Il y a **doute**.

2. Cette fois-ci la distance est de 12,8 et, le nombre de degrés de libertés n'ayant pas changé, on **rejette l'hypothèse** aux deux seuils précédents (avec un risque d'erreur de 2,5%) c'est à dire que l'on préfère retenir le point de vue que le dé est pipé. Par contre on retient l'hypothèse au seuil de décision de 1%.

3. Dans ce cas les effectifs théoriques changent puisqu'il n'y a plus équiprobabilité des valeurs: la valeur 1 a en effet une probabilité de sortie de 2/6,5 tandis que le 6 a 0,5/6,5 et les autres valeurs 1/6,5 chances de sortir. Après calcul on constate que la distance de khi-deux est de l'ordre de 3: l'**hypothèse** est donc largement **retenue** aux seuils habituels. On note que d'autres hypothèses de déséquilibre pourraient être retenues: c'est le cas par exemple de celle qui envisagerait que le 1 sorte deux fois plus souvent que chacun des autres numéros.

EXERCICE N° 13

Un jeu de hasard consiste à tirer 2 cartes parmi 3 ayant respectivement les valeurs 1, 3 et 5, la dernière carte ayant de plus la propriété d'être un joker.

Etudier les distributions d'échantillonnage du nombre de points moyen par échantillon, de la variance associée à ce nombre et de la proportion de joker présent dans l'échantillon.

REPONSES

1° cas: le tirage des cartes est effectué sans remise.

Dans ce cas on peut considérer qu'il y a seulement 3 échantillons différents possibles (si on ne les différencie pas selon l'ordre d'apparition des cartes) équiprobables. Le tableau de calcul est alors le suivant:

(1) Echantillons		(1,3)	(1,5)	(3,5)	total
(2) Probabilité	p_i	1/3	1/3	1/3	1
(3) Moyennes	$\bar{x}_i$	2	3	4	
(4)	$p_i.\bar{x}_i$	2/3	3/3	4/3	3
(5)	$p_i.\bar{x}_i$	4/3	9/3	16/3	29/3
(6) Proportions	f_i	0	1/2	1/2	
(7)	$p_i.f_i$	0	1/6	1/6	1/3
(8)	$p_i.f_i^2$	0	1/12	1/12	1/6
(9) Variances	s_i^2	1	4	1	
(10)	$p_i.s_i^2$	1/3	4/3	1/3	2

- les deux premières lignes correspondent à ce que l'on appelle une distribution d'échantillonnage,
- les lignes (2) et (3) correspondent à la distribution d'échantillonnage des moyennes dont on étudie les caractéristiques grâce aux lignes (4) et (5),
- les lignes (2) et (6) correspondent à la distribution d'échantillonnage des proportions caractérisée à l'aide des lignes (7) et (8),
- les lignes (2) et (9) correspondent à la distribution d'échantillonnage des variances caractérisée à l'aide de la ligne (10).

Dans la population-mère constituée des trois éléments (1,3,5) on observe les caractéristiques suivantes:

moyenne = 3 variance = 8/3 proportion = 1/3

Les caractéristiques des distributions d'échantillonnage vérifient les résultats théoriques présentés dans le cours:

$$E(\bar{x}) = 3 = m \quad V(\bar{x}) = 29/3 - 9 = 2/3 = (N-n)\sigma^2 / (N-1)n$$

$$E(s^2) = 2 = N(n-1)\sigma^2 / (N-1)n$$

$$E(f) = 1/3 = p$$

$$V(f) = 1/6 - (1/3)^2 = 1/18 = (N-n)\, p\, (1-p) / (N-1)n$$

2° cas: le tirage des cartes s'effectue avec remise.

Dans ce cas il y a 6 échantillons différents dont certains sont plus fréquents que d'autres, l'ordre de tirage devant intervenir dans le calcul des probabilités. Ces échantillons sont: (1,1)-(1,3)-(1,5)-(3,3)-(3,5)-(5,5). A l'issue de calculs se déroulant selon le même principe que précédemment on obtient des résultats qui vérifient les résultats théoriques (ce qui n'est bien sûr pas une preuve):

$$E(\bar{x}) = 3 = m \qquad V(\bar{x}) = 4/3 = \sigma^2 / n$$

$$E(s^2) = 4/3 = (n-1)\sigma^2 / n$$

$$E(f) = 1/3 = p \quad V(f) = 1/9 = p(1-p)/n$$

EXERCICE N° 14

Dans le texte-ci-joint dénombrer les mots et expressions ayant un certain rapport avec le contenu de ce livre et préciser leur signification:

"Henry et Pascale se sont rencontrés par hasard chez Denise, un restau de second rang mais dans lequel le seuil d'acceptation de la cuisine de Tchebi le chef, chevalier du test-vin bien connu, est sans risque sauf lorsqu'il y a du tirage avec Denise.

"Tu restes à l'écart, type ?" qu'elle lui dit. Il se gausse et lui répond: "Ah! Justement, si on passait à table...Deux poissons, patron !". Plus tard ils terminèrent leur repas par le marc qu'offre le patron. Ils se découvrirent les mêmes espérances, les mêmes points de convergence; en un mot, ils étaient complémentaires. Pour fêter ça ils décidèrent d'aller à Thouars où ils se sont bien aimés.

Toutefois la fréquence de leur liaison restait moyenne; ils étaient très indépendants, chacun gardant un certain degré de liberté. De plus en plus disjoints, leur intervalle de confiance se ramena bientôt à zéro. Jusqu'au jour où, selon toute probabilité et d'après son estimation, ponctuelle comme elle l'était, elle aurait du être là. Mais contre toute vraisemblance, au Point-Central, limite dépassée, il n'y avait personne.

Elle en avait eu assez. Il avait franchi le seuil, ce mec. Pire qu'hideux, vulgaire. Elle pensait: "Je ne serai pas la seconde, espèce de coureur, tu ne franchiras plus mon seuil". Alors Henry, son student, s'est fait ficher à la porte. Et elle est partie élargir sa base de sondage sentimental.

C'est la loi ! Normal ! Simplement un échantillon représentatif des relations aléatoires et jamais exhaustives entre deux individus."

C. SI LE LECTEUR PREFERE LES SCIENCES POLITIQUES...

EXERCICE N° 15

Dans un bureau électoral on estime, à l'expérience des consultations précédentes, que la fréquence de vote des électeurs est très faible entre 13 et 14 heures. On s'interroge sur le risque pris par un scrutateur s'absentant au cours de cette période durant un laps de temps t. Déterminer la probabilité que durant cette absence:

- aucun électeur ne vienne,
- au moins deux électeurs viennent.

On étudiera plusieurs situations selon que le temps d'absence est de 3 ou 6 minutes et selon que la fréquence de passage est de 10 ou 20 électeurs durant l'heure.

REPONSES

Les conditions théoriques d'application du processus de Poisson sont remplies:

- La probabilité de réalisation de l'événement "venue d'un électeur entre 13 et 14 heures" au cours d'une petite période de ce temps peut être (faute d'autres informations sur ce comportement) considérée comme proportionnelle à cette période.

- Cette probabilité peut être estimée indépendante du nombre d'événements antérieurs; il suffit pour cela de considérer que les électeurs ne communiquent pas entre eux et ne s'influencent pas mutuellement.

- La probabilité de deux apparitions successives de cet événement au cours d'un même petit intervalle de temps peut être retenue comme négligeable si l'on suppose (ce qui n'est sans doute pas le cas en pratique) que les électeurs vont voter individuellement.

Les résultats sont alors les suivants:

question	$P(X = 0)$		$P(X \geq 2)$	
temps d'absence	3 mn	6mn	3mn	6mn
fréquence: 10/h	m = 0,5	m = 1	m = 0,5	m = 1
probabilité	0,6065	0,3679	0,0902	0,2642
fréquence: 20/h	m = 1	m = 2	m = 1	m = 2
probabilité	0,3679	0,1353	0,2642	0,5940

On constate que le même résultat est obtenu avec des couples de valeurs temps-fréquence différents: ceci provient naturellement du fait que la loi de Poisson est à un seul paramètre, lequel est le produit de ces deux critères. On constate également, comme pour la loi binomiale, que la probabilité diminue lorsque le paramètre de la loi augmente, ce qui exprime la tendance à la diminution de la dissymétrie de la distribution.

EXERCICE N° 16

Un candidat à des élections nationales a été élu avec 60% des voix.

1. On interroge au hasard 50 personnes sur leur vote. Quelle est la probabilité que, dans ce groupe, le candidat élu au plan national ait eu:
   a) exactement 60% des votes?
   b) moins de la moitié des votes?
2. Mêmes questions dans un groupe de 200 personnes.

REPONSES

1. Quelques soient les conditions de tirage de l'échantillon on peut considérer, compte tenu de la grandeur de la population-mère, que la variable "nombre de personnes ayant voté pour le candidat élu" suit une loi binomiale de paramètres $n = 50$ et $p = 0,6$. On obtient alors les résultats suivants:

a) P = **0,1145**
b) P = **0,0573**

Mais l'approximation est ici envisageable puisque $n.p = 30$. La loi normale à utiliser est de paramètres 30 et 3,46. Dès lors on obtient, compte tenu de la correction de continuité, les résultats suivants:

a) P = **0,1113**
b) P = **0,05592**

On observe que l'approximation est d'assez bonne qualité et pourtant en utilisant la loi normale on considère que X peut être négatif ce qui est impossible; en fait la probabilité que cela se produise avec une loi normale de ce type est négligeable. En utilisant la table de la fonction densité de probabilité de la loi normale on obtient pour la question a:

$$P\{X = 30\} = f(t) / \sigma = 0{,}39894/3{,}46 = 0{,}115$$

2. Là encore la variable suit une loi binomiale mais on peut (les conditions étant encore mieux remplies que précédemment puisque np = 120) et on doit (puisque la loi binomiale n'est pas tabulée) réaliser une approximation à partir de la loi normale de paramètres 120 et 6,928 déduits des caractéristiques de la loi binomiale. On obtient alors les résultats suivants:

a) P = **0,0575**

b) P = **0,00154**

Ainsi il apparait qu'il est pratiquement impossible de constituer, dans une population votant à 60% pour un candidat donné, un échantillon dans lequel ce même candidat n'a pas la majorité des voix. Le fait que cela se produise en pratique, c'est à dire par exemple dans un bureau de vote précis, exprime (si l'on exclut l'hypothèse ahurissante de fraude) simplement le fait que la répartition des électeurs entre les bureaux n'est pas aléatoire (on sait bien que les modes d'habitat ne sont pas indépendants de variables socio-économiques qui sont elles mêmes corrélées aux comportements électoraux).

EXERCICE N° 17

Le jour d'une élection on réalise un sondage aléatoire dans 200 communes sur des échantillons de 30 inscrits en vue d'observer la participation électorale. Les résultats sont les suivants:

nombre de non votants par échantillon	0	1	2	3	4
nombre de communes	64	58	54	22	2

1. Peut on considérer que cette distribution est binomiale ?

2. La conclusion est-elle similaire en supposant que des observations identiques ont été faites en pourcentages mais sur un ensemble de seulement 100 communes ?

REPONSES

1. En postulant que la construction des échantillons s'est faite avec remise ou dans des populations très grandes on peut envisager que la variable

"nombre de non votants par échantillon de 30 votants" est distribuée selon une loi binomiale. Le problème est d'en définir le paramètre et ensuite de comparer, à l'aide du test de khi-deux, les différences entre effectifs théoriques et observés.

Le tableau de calculs est le suivant:

x_i	n_i	$n_i.x_i$	$N.p_i$	$(n_i-Np_i)^2 / Np_i$
0	64	0	58,78	0,46
1	58	58	73,46	3,25
2	54	108	44,38	2,08
3	22	66	17,26	1,30
>3	2	8	6,12	2,77
total	200	240	200	9,86

Sur l'ensemble des observations le nombre moyen de non votants par échantillon est égal à 240/200 soit 1,2. On retient cette valeur comme estimation de l'espérance mathématique de la loi binomiale envisagée et on en déduit son paramètre:

$$E(x) = n.p \quad \text{soit} \quad p = E(x)/n = 1,2/30 = 0,04$$

C'est donc avec la loi binomiale de paramètres n = 30 et p = 0,04 que l'on calcule les effectifs théoriques et développe le test:

$$d = 9,86 \qquad n = k - 1 - r = 5 - 1 - 1 = 3$$

Au seuil de 5% le khi-deux vaut 7,815 et donc on refuse l'hypothèse envisagée avec un risque de l'ordre de 2% d'erreur de première espèce. Au seuil de 1% le khi-deux vaut 11,345 et donc on accepte l'hypothèse.

2. L'hypothèse envisagée est toujours la même car le nombre moyen de non votants par échantillons, et donc l'estimation de p, reste le même puisque la structure relative des résultats est conservée. Par contre la distance de khi-deux est affectée par le fait que les effectifs, théoriques et observés, sont deux fois moindres. Après calcul on obtient une distance de khi-deux de 2,9 et un nombre de degrés de liberté de 2 puisqu'il a fallu regrouper les classes et qu'un paramètre est estimé. Dès lors l'hypothèse est **acceptée** aux seuils traditionnels. Ceci illustre le fait que les écarts sont d'autant moins acceptables que le nombre d'observations est grand.

EXERCICE N° 18

Les élections présidentielles opposent deux candidats.

1. Le soir des élections on réalise l'*opération estimation* en dépouillant un échantillon aléatoire de votes.

a) Un candidat obtient 52% des 100 premières voix dépouillées: quel sera son score final (aux risques d'erreur de 5% et de 1%)?

b) L'institut de sondages annonce que le candidat ayant actuellement 52% des voix sera élu (au risque unilatéral de 1%): quelle est la taille de l'échantillon qui permet d'affirmer cela?

c) Quel risque unilatéral prend l'institut en annonçant l'élection d'un candidat ayant obtenu 52% sur les 400, 1000, 2500 premiers bulletins?

d) Si le candidat est annoncé élu (avec un risque unilatéral d'erreur de 1%) à partir des premiers dépouillements (de 100 puis de 400 bulletins) quel est son score dans ces échantillons?

2. Le lendemain des élections on s'interroge sur la singularité de certains lieux de vote. On suppose que le candidat a finalement obtenu 55% des voix.

a) Si la distribution des électeurs par lieux de vote était aléatoire quelle serait la probabilité que le candidat n'ait pas eu la majorité dans des bureaux de 1000, 200 votants?

b) Si dans un bureau les résultats sont inversés que peut-on déduire si ce bureau était composé de 100, de 1000 électeurs?

REPONSES

1. Pour toutes ces questions on utilise l'intervalle de confiance d'une proportion:

$$P\{f - t \quad p(1-p)/n < p < f + t\sqrt{p(1-p)/n}\} = 1 - \alpha$$

ou encore l'intervalle de confiance de p (I.C.) $= f \pm t \,.\, 0{,}5 / \sqrt{n}$

a) $f = 0{,}52 \quad n = 100$ avec $\alpha = 5\%$ on a $t = 1{,}96$ (loi normale)
Intervalle $= 0{,}52 \pm 1{,}96 \,.\, 0{,}5\sqrt{100}$ = $\mathbf{0{,}52 \pm 0{,}098}$

avec $\alpha = 1\%$ on a $t = 2{,}5758$
Intervalle $= 0{,}52 \pm 2{,}5758 \,.\, 0{,}5 / \sqrt{100}$ = $\mathbf{0{,}52 \pm 0{,}128}$

b) S'il est annoncé comme élu c'est que la limite inférieure de l'intervalle de confiance est au minimum de 0,5 soit $f - t \,.\, 0{,}5 / \sqrt{n} = 0{,}5$ avec une valeur de t de 2,3263 ($\alpha = 0{,}01$). Avec $f = 0{,}52$ on en déduit $n =$ **3382**

c) De l'intervalle on déduit $t = 0{,}02\sqrt{n} / 0{,}5$

$n = 2500 \quad t = 2 \quad \alpha =$ **0,02275**
$n = 1000 \quad t = 1{,}265 \quad \alpha =$ **0,103**
$n = 400 \quad t = 0{,}8 \quad \alpha =$ **0,21186**

d) Cette fois-ci f est inconnu et se déduit de l'intervalle de confiance.
Avec $\alpha = 0{,}01$ et donc $t = 2{,}3263$ on obtient:

$n = 100$ $f = \mathbf{0{,}6163}$
$n = 400$ $f = \mathbf{0{,}5581}$

2. La population-mère est parfaitement connue.
a) f suit une loi normale avec $E(f) = p = 0{,}55$
et $V(f) = p(1-p) / n = 0{,}45 \,.\, 0{,}55 / n$

$n = 1000$ $\sigma_f = \sqrt{0{,}55 \,.\, 0{,}45 / 1000} = 0{,}0157$

$P\{p < 0{,}5\} = P\{T < (0{,}5 - 0{,}55) / 0{,}015\} = 0{,}0007$

$n = 200$ $\sigma_f = 0{,}035$

$P\{ p < 0{,}5 \} = P\{ T < - 0{,}05 / 0{,}035 \} = 0{,} 077$

b) Les conditions sont les mêmes. Si le tirage était aléatoire on obtiendrait les résultats suivants:
$n = 100$ et donc $P\{p < 0{,}45\} = P\{T < - 2{,}01\} = \mathbf{0{,}0222}$
$n = 1000$ et donc $P\{p < 0{,}45\} = P\{T < - 6{,}3\} = \mathbf{0}$
Celà devient quasiment impossible et donc on peut en déduire que les échantillons ne sont pas aléatoires.

EXERCICES DE SYNTHESE

EXERCICE N° 1

L'objectif est d'améliorer la gestion d'un bureau de postes à partir de l'étude des caractéristiques des paquets enregistrés.

I°partie

A- La distribution des paquets enregistrés au cours d'une journée selon leur poids est la suivante:

Poids	0 à 200 g.	200 à 400 g.	400 à 600 g.	600 à 800 g.	800 à 1000 g.	1000 à 1200
Nombre de paquets	6	24	40	26	2	2

1. Peut-on considérer que cette distribution suit une loi normale de moyenne 500 grammes et d'écart-type 200 grammes ?

2. La réponse serait-elle différente si l'ajustement était réalisé par une loi normale dont les paramètres seraient estimés à partir de l'échantillon ?

B- Quelle est la probabilité qu'un paquet, tiré au hasard dans un ensemble de 100 paquets dont les caractéristiques (moyenne, écart-type) sont connues et identiques à celles de la question précédente, ait un poids compris entre 200 et 800 grammes...

1. Si l'on suppose que la distribution est normale?

2. Si l'on ignore la loi suivie par cette distribution (on donnera comme résultat une inégalité)?

C- Toujours dans cette même population de 100 paquets, on extrait des échantillons de 20 paquets et on étudie la distribution d'échantillonnage du poids moyen des paquets d'un échantillon.

1. Si le tirage est exhaustif, quel est l'écart-type de cette distribution d'échantillonnage ?

2. A quelle condition peut-on considérer que cette distribution est normale ?

3. On suppose maintenant que la distribution des paquets suit une loi quasi-normale (de moyenne 500 grammes et d'écart-type inconnu), que les échantillons sont tirés avec remise et que l'écart-type observé dans un échantillon particulier est de 218 grammes. Quelle est la probabilité que dans un échantillon, le poids moyen d'un paquet soit compris entre 400 et 600 grammes?

2° partie

On suppose que les paquets ont deux caractéristiques: affranchis ou non, portant ou non la mention "lettre". Une étude a montré que la probabilité qu'un paquet porte la mention "lettre" est 0,4 et que la probabilité qu'il soit affranchi dans ce cas est de 0,9 alors qu'elle n'est que de 0,7 lorsque le paquet ne porte pas la mention lettre.

A- On tire au hasard un paquet.

1. Quelle est la probabilité qu'il ne porte pas la mention "lettre" et qu'il soit affranchi ?

2. Sachant que ce paquet est affranchi, quelle est la probabilité qu'il porte la mention "lettre" ?

B- On tire un échantillon de 10 paquets par tirage avec remise.

1. Quelle est la probabilité qu'il y ait moins de 4 paquets ne portant pas la mention "lettre" ?

2. Quel est le mode de la variable aléatoire "nombre de paquets de l'échantillon ne portant pas la mention "lettre" ?

3. Quelle est la probabilité que le dernier paquet tiré soit le 4° à ne pas porter la mention "lettre" ?

3° partie

On souhaite maintenant connaître la proportion de paquets mal affranchis afin de voir s'il est rentable de poursuivre le contrôle d'affranchissement. Hypothèse est faite que cette proportion suit une loi normale. Afin d'obtenir une estimation de cette proportion, on réalise une enquête sur un échantillon construit de manière non exhaustive et aléatoire.

A- Cet échantillon est constitué de 100 paquets parmi lesquels 10 sont mal affranchis. Dans quel intervalle de confiance se situe la proportion globale de paquets mal affranchis:

1. au seuil de confiance de 95% ?

2. au seuil de confiance de 99% ?

B- On veut être assuré (avec un risque d'erreur de 1%) que cette proportion globale inconnue ne dépasse pas 0,1.

1. Quelle doit être pour cela la proportion observée dans un échantillon de 200 paquets ?

2. Pour atteindre ce même objectif, quelle doit être la taille de l'échantillon si la proportion observée est de 0,05 ?

EXERCICE N° 2

Une agence de voyages souhaite améliorer sa gestion interne à partir d'une meilleure connaissance de sa clientèle et des flux d'inscriptions.

1° partie

Le nombre journalier de voyageurs inscrits est très variable au cours d'une année mais l'agence suppose qu'il est distribué selon une loi normale.

A- Quelle estimation, au risque d'erreur de 5%, peut-on faire du nombre moyen d'inscriptions par jour:

1. A partir d'un échantillon de 10 journées au cours desquelles les nombres d'inscrits ont été respectivement 12, 18, 23, 21, 15, 26, 27, 19, 14, 25 ?

2. A partir d'un échantillon de 40 journées dans lequel le nombre moyen d'inscriptions journalières a été 30 (avec un écart-type de 10).

B- L'étude systématique des inscriptions au cours d'une année permet de dire qu'il y a en moyenne 25 inscriptions par jour. Au cours de la première journée de l'année suivante on enregistre 50 inscriptions. Est-ce aberrant ? (pour répondre on étudiera la probabilité qu'une telle valeur soit dépassée).

1. Si l'on ne connait pas du tout la loi du phénomène,

2. Si l'on suppose que le nombre journalier d'inscrits suit une loi normale d'écart-type 10.

2° partie

La même étude a montré que dans sa clientèle l'agence avait 30% de personnes n'ayant jamais fait aucun voyage organisé, 50% étaient déjà partis avec l'agence et 20% avaient déjà voyagé mais avec une autre agence.

A- Si l'agence sélectionne 10 personnes dans cette clientèle par un tirage aléatoire non exhaustif, quelle est la probabilité:

1. Qu'il y ait moins de 9 personnes habituées des voyages organisés?

2. Qu'il y ait une personne n'ayant fait aucun voyage, sept habituées de l'agence et deux venant d'une autre agence?

3. Que la dernière personne de ces dix soit la seconde à n'avoir jamais fait aucun voyage organisé?

B- On suppose, pour cette question, que l'agence a deux bureaux dont l'un a inscrit 3 fois plus de personnes que l'autre. On sait par ailleurs que la proportion de personnes n'ayant jamais fait de voyage organisé parmi les inscrits du bureau le plus important est 0,25.

1. En tenant compte des données générales de cette seconde partie, calculer la proportion de personnes n'ayant jamais fait de voyage parmi les inscrits du bureau le moins important en effectifs inscrits.

2. Dès lors, quelle est la probabilité qu'une personne dont on sait qu'elle n'a jamais pratiqué de voyage organisé se soit inscrite dans le bureau le plus important?

3° partie

On suppose que durant l'année, l'agence a enregistré 10.000 inscriptions. Elle constitue alors de façon aléatoire des groupes de 50 personnes différentes.

A- Déterminer l'espérance et la variance de la distribution d'échantillonnage des proportions de personnes n'ayant jamais effectué de voyage organisé (les données générales de la deuxième partie de l'exercice restant valables).

B- En déduire la probabilité que dans un groupe de 50 personnes cette proportion dépasse 50%.

C- Si la proportion globale de personnes n'ayant jamais fait de voyage organisé était inconnue, quelle estimation grossière en ferait-on (au seuil d'erreur de 1%) à partir d'une proportion de 0,4 observée dans un échantillon de 50 personnes?

4° partie

A partir de cette distribution de 200 groupes de 50 inscrits l'agence étudie le phénomène d'annulation des inscriptions. Le nombre d'annulations par groupes se répartit ainsi:

nombre d'annulations par groupes	0	1	2	3	4	5
nombre de groupes	15	40	50	45	25	25

A- Peut-on considérer que la variable aléatoire "nombre d'annulations par groupes de 50 personnes" suit une loi binomiale (on considère ici que le tirage est non exhaustif).

B- En appliquant la conclusion de la question précédente en déduire:

1. Le nombre probable de groupes dans lesquels il y a plus de 5 annulations.

2. Le risque pris par l'agence si elle retient des autobus de 48 places maximum pour acheminer chaque groupe.

EXERCICE N° 3

Un exploitant agricole réalise plusieurs observations afin de rationaliser sa production avicole.

1° partie

Voulant normaliser sa production d'oeufs l'exploitant étudie d'abord le poids moyen des oeufs pondus.

A- Une première observation donne les résultats suivants.

poids des oeufs (en grammes)	< 48	48 à 54	54 à 58	58 à 60	60 à 62	62 à 66	66 à 72	> 72
nombre d'oeufs	10	30	44	16	22	38	32	8

Peut-on considérer, par une méthode graphique, que cette distribution d'oeufs selon le poids est normale. Si oui, indiquer sur le graphique les paramètres de la loi retenue.

B- Une seconde observation portant sur 6 douzaines d'oeufs révèle un poids moyen de l'oeuf de 61 grammes avec un écart-type de 10 grammes.

1. Sous quelles hypothèses peut-on, à partir de cette seule observation, déduire une estimation du poids moyen d'un oeuf dans l'ensemble de la production?

2. Quelle sera alors cette estimation au seuil de 5% ?

3. Si les oeufs sont conditionnés par lots de 6 douzaines (l'emballage ayant un poids standard de 680 grammes) et si le contrôle de production s'effectue uniquement par observation du poids total d'un lot, quel est le risque de rejet de la production si le poids minimum du lot est fixé à 5 kg.? (on rappelle que la variance d'une somme de variables indépendantes est égale à la somme de leurs variances)?

C- Une troisième observation, après modification du régime alimentaire des poules, porte sur un échantillon de 2 douzaines d'oeufs. Le poids moyen est de 63 grammes.

1. En supposant que la distribution de poids dans l'ensemble de la production est normale (et d'écart-type égal à 10 grammes), quelle estimation peut-on faire du poids moyen en retenant un risque de 5% de rejet par insuffisance de poids ?

2. Que devient cette estimation...

a) si le seuil de rejet est plus faible?

b) si l'échantillon est plus petit?

2° partie

A- L'analyse de 100 échantillons composés chacun de 8 douzaines d'oeufs a donné les résultats suivants:

nombres d'oeufs fragiles par échantillon	0	1	2	3	4	5	6
nombre d'échantillons	12	21	34	25	5	2	1

1. Peut-on considérer, au risque de 10%, que cette distribution suit une loi de Poisson ?

2. Peut-on considérer, au même seuil, que cette distribution suit une loi de Poisson de paramètre m = 2 ?

B- Dans l'ensemble de la production 6% des oeufs sont fragiles. Le producteur observe la proportion d'oeufs fragiles dans des lots de 8 douzaines d'oeufs car le distributeur rejette tout lot de ce type dans lequel plus de 8% des oeufs sont fragiles.

1. Quels sont les paramètres (espérance, variance) de la distribution d'échantillonnage de ces proportions ?

2. Quel risque prend le producteur en ne contrôlant pas ses oeufs avant la distribution ?

C- Après observation d'un échantillon dans lequel la proportion de fragilité est de 6% le producteur est sûr (à 1% près) de respecter les contraintes du distributeur (plus de 8%). Combien a-t-il observé d'oeufs pour pouvoir affirmer cela ?

3° partie

L'exploitant étudie l'influence de la race (A, B ou C) et du régime alimentaire (X ou Y) des poules sur le poids et la fragilité des oeufs. Sur un ensemble de 200 oeufs (on suppose que chaque poule ne pond qu'un oeuf) 40% sont de race A, 50% de race B, et le régime a été suivi par 70% de l'ensemble des poules, 85% des poules de race A et 60% de celles de race B.

A- Si l'on prend un seul oeuf dans cette population:

1. Quelle est la probabilité qu'il provienne d'une poule de race C ou ayant suivi le régime X ?

2. Sachant que cet oeuf a été pondu par une poule ayant suivi le régime X quelle est la probabilité qu'il provienne d'une poule de race A ?

B- Si l'on prend deux oeufs en même temps quelle est la probabilité qu'ils soient issus de poules de races différentes ?

C- Si l'on prend 10 oeufs par tirage avec remise quelle est la probabilité:

1. que moins de la moitié soient pondus par des poules ayant suivi le régime X ?

2. qu'il y ait précisément 4 oeufs pondus par des poules de race A et 4 de race B ?

3. que le dixième oeuf soit le sixième pondu par une poule de race A ?

EXERCICE N° 4

En vue d'infléchir la politique d'un centre culturel on étudie les pratiques culturelles des habitants d'une ville.

1° partie

Une enquête auprès de 200 adhérents du centre culturel sur les souhaits de participation à divers ateliers a donné les résultats suivants (en supposant que chaque adhérent exprime un seul souhait):

Ateliers	Photo	Video	Musique	Théatre	Danse
Nombre d'adhérents	28	52	40	35	45

A- On utilise les résultats de cette enquête pour estimer la proportion de personnes souhaitant pratiquer la vidéo parmi l'ensemble des adhérents aux divers centres culturels.

1. Sous quelle hypothèse cette estimation est-elle légitime?

2. Quelle estimation (au seuil de confiance de 99%) peut-on alors faire de la proportion d'adhérents, dans l'ensemble des centres culturels, souhaitant pratiquer la vidéo ?

3. La mairie de la ville, dans laquelle 4000 personnes sont adhérentes aux divers centres culturels, s'est équipée pour pouvoir acceuillir 1200 personnes dans les ateliers vidéo. Pensez vous, au vu des résultats de la question précédente, que cet équipement est suffisant ?

B- Une précédente enquête avait montré que les souhaits des adhérents se répartissaient de façon égalitaire entre les cinq ateliers. Peut-on considérer, en s'appuyant sur un test, que les souhaits ont changé?

2° partie

On sait que 10% des habitants de la ville sont des utilisateurs réguliers des centres culturels, 30% des utilisateurs occasionnels, les autres n'étant pas inscrits à ces centres.

A- Si l'on sait également que les femmes représentent 50% des habitants et 75% des utilisateurs des centres, quelle est la probabilité qu'une personne rencontrée par hasard dans la ville:

1. Soit une femme sachant que c'est une personne qui n'est pas inscrite dans les centres culturels?

2. Soit inscrite à un centre culturel quelconque sachant que c'est une femme ?

B- Si l'on extrait un échantillon, avec remise, de 10 habitants de cette ville quelle est la probabilité:

1. Que la structure de cet échantillon selon les trois types de comportement vis à vis des centres culturels soit la même que celle de la population entière ?

2. Que moins de la moitié ne soient pas inscrits aux centres?

3. Que le dixième interrogé soit le second qui se déclare être utilisateur régulier d'un centre?

C- On réalise un sondage aléatoire exhaustif auprès de 100 habitants de la ville, celle-ci ayant 10.000 habitants:

1. Quelle est la loi de la variable aléatoire "nombre de personnes de l'échantillon étant des utilisateurs des centres" ? Peut-on l'approximer par une ou d'autres lois?

2. En déduire la probabilité approximative que plus de la moitié des 100 personnes soient des utilisateurs des centres?

D- On veut caractériser théoriquement la distribution d'échantillonnage de la proportion d'utilisateurs réguliers dans des échantillons de 100 personnes:

1. Quelle est la loi de cette distribution et quels en sont ses paramètres?

2. Quelles sont les propriétés de l'estimateur de la proportion générale d'utilisateurs réguliers des centres culturels?

3° partie

On souhaite connaître l'importance des dépenses culturelles des habitants de la ville.

A- On réalise une enquête auprès de 200 personnes et on obtient les résultats suivants concernant les dépenses culturelles en francs:

dépenses annuelles	0 à 200	200 à 400	400 à 800	800 à 1200	1200 à 2000
nombre de personnes	18	32	100	46	4

1. En utilisant une méthode graphique peut-on considérer que cette distribution suit une loi normale et, si oui, préciser les paramètres de la loi.

2. Selon quel procédé pratique cet échantillon doit-il être construit pour que l'on puisse utiliser ses informations pour calculer une estimation des dépenses de tous les habitants?

B- On réalise une autre enquête auprès de 100 habitants par un tirage aléatoire non exhaustif: on constate que dans cet échantillon la dépense par habitant est en moyenne de 650 francs (avec un écart-type de 350 francs).

1. Quelle estimation moyenne peut-on faire, au seuil de confiance de 95%, des dépenses par habitants pour l'ensemble de la population?

2. Sachant qu'il y a 10.000 habitants dans la ville et que 5% des dépenses culturelles des habitants vont aux centres culturels de la ville, quelle estimation minimum peut-on faire, en utilisant le résultat de la question précédente, des dépenses totales affectées aux centres?

3. On considère que la dépense observée dans cet échantillon est une bonne estimation ponctuelle de la dépense moyenne des habitants de la ville. Quel ordre de grandeur peut-on donner, dans l'ignorance totale de la loi de la distribution mère, à la probabilité que la dépense culturelle d'un habitant dépasse 1300 francs?

4. En quoi l'estimation réalisée dans la question 1 serait-elle différente

a) si le seuil de confiance était supérieur?

b) si le tirage était exhaustif?

c) si l'échantillon était plus petit?

EXERCICE N° 5

On étudie les modalités de gestion d'une société de vente par correspondance et particulièrement ses ventes de chemises.

1° partie

La société souhaite mieux connaître les goûts de sa clientèle et réalise pour cela plusieurs enquêtes aléatoires sur des échantillons avec remise.

A- Elle étudie 50 échantillons de 10 chemises commandées et caractérise chacun d'eux par le nombre de chemises à manches courtes. Les résultats sont les suivants:

nb de chemises à manches courtes par échantillon	0	1	2	3	4	5
nombre d'échantillons	9	10	17	5	4	5

1. Peut-on ajuster à cette distribution une loi simple tabulée (faire un test aux seuils de décision de 0,95 et 0,9 et commenter précisément les résultats)?

2. En déduire le nombre d'échantillons dans lesquels il y a plus de 5 chemises à manches courtes.

B- La société observe un seul échantillon de chemises pour étudier la proportion de chemises à col ouvert (les autres étant à col cravate) dans l'ensemble des commandes.

1. Dans l'échantillon la proportion est 0,4.

a) quelle estimation peut-on faire si l'échantillon est de 50 chemises et le seuil de risque de 0,01?

b) même question avec un échantillon de 64 chemises et un seuil de risque de 0,0027.

c) Que deviendraient ces estimations si le tirage était sans remise?

2. L'enquêteur constate que dans un échantillon la proportion de chemises à col cravate est de 0,54. Il en conclut la nécessité (au risque unilatéral de 1%) de proposer au moins une chemise à col cravate sur deux pour satisfaire la clientèle.

a) Quelle était la taille de l'échantillon pour qu'il puisse affirmer cela?

b) Quelles sont les qualités théoriques de l'estimateur qui permettent d'affirmer cela ?

2° partie

Afin de déterminer sa politique de prix la société étudie le prix des chemises chez son principal client.

A- On prend au hasard une chemise dans le catalogue.

1. Si l'on suppose que la distribution des chemises selon le prix est normale (avec un prix moyen de 200 francs et un écart-type de 50 francs)

a) Quelle est la probabilité que son prix soit compris entre 180 et 245 francs?

b) Quelle est le prix de la chemise telle que 10% de celles-ci sont moins chères?

2. Si l'on connait seulement le prix moyen (200 francs) dans cette distribution peut-on donner un ordre de grandeur de la probabilité que le prix de la chemise dépasse 300 francs ?

B- On extrait un échantillon aléatoire et non exhaustif de 16 chemises. Quelle estimation (au seuil de 5%) peut-on faire du prix moyen d'une chemise à partir de l'observation d'un échantillon dans lequel le prix moyen est de 180 francs et l'écart-type de 70 francs...

1. Si l'on suppose que la distribution des prix est normale mais que son écart-type est inconnu ?

2. Si l'on ne sait rien de la distribution des prix ?

C- On étudie la distribution d'échantillonnage de lots de 50 chemises prises au hasard et sans remise dans un stock de 200 chemises dont le prix moyen est de 150 francs (avec un écart-type de 50 grammes). Calculer les paramètres de la distribution d'échantillonnage...

1. Des prix moyens par échantillon ?

2. Des variances associées à ces prix moyens?

3° partie

Le stock de chemises de la société est constitué à 80% de chemises de la collection en cours et la proportion de chemises ayant un défaut de fabrication est de 6% dans l'ensemble du stock et de 5% parmi les chemises de la collection en cours.

A- On effectue un tirage exhaustif. Quelle est la probabilité...

1. En tirant une chemise qu'elle soit de la collection en cours sachant qu'elle est défectueuse ?

2. En tirant deux chemises, qu'une seule soit de la collection en cours (on suppose, pour cette seule question, que le stock est de 10 chemise)?

B- Pour répondre à la commande d'un client, on choisit au hasard 5 chemises dans un stock très grand:

1. Quelle est la probabilité que la cinquième soit la seconde à être d'une collection ancienne ?

2. On suppose que le client est insatisfait, d'une part s'il reçoit plus d'une chemise défectueuse et d'autre part si, ayant reçu une seule chemise défectueuse et l'ayant renvoyée, il reçoit de nouveau une chemise défectueuse (on suppose que le retour par la société est fait au hasard). Quelle est la probabilité que le client soit satisfait ?

C- Un client commande 500 chemises et ne veut pas obtenir plus de 3 chemises qui soient à la fois défectueuses et d'une collection ancienne.

1. Définir la variable aléatoire et ses lois de probabilité, précise et approximative.

2. En déduire, par lecture de table, la probabilité d'insatisfaction du client.

RESULTATS DES EXERCICES

EXERCICE N° 1

1° partie

A-1. Le khi-deux étant "petit" (il vaut 1,4) l'hypothèse de normalité est retenue.

2. Même réponse bien que le nombre de degrés de liberté soit inférieur puisqu'il est égal à 2.

B-1. P = 0,866

2. L'inégalité de Bienaymé-Tchebicheff donne $P \geq 0,555$

C-1. L'écart-type vaut 40,2 grammes.

2. La distribution de poids doit être normale.

3. Avec la loi de Student et l'écart-type estimé on obtient une probabilité de l'ordre de 0,95

2° partie

A-1. P = 0,42

2. Le théorème de Bayes donne P = 0,461

B-1. P = 0,0548

2. Le mode vaut 6

3. La loi de Pascal donne P = 0,044

3° partie

A-1. L'intervalle est $0,1 \pm 0,098$

2. L'abaque donne l'intervalle [0,04 - 0,20]

B-1. P = 0,009

2. n = 663

EXERCICE N° 2

1° partie

A-1. Avec la loi de Student à 9 degrés de liberté et l'écart-type estimé on obtient l'intervalle $[20 \pm 3,76]$

2. L'intervalle vaut [30 ± 3,13]

B-1. Avec l'inégalité de Markov $P \leq 0,5$

2. P = 0,00714

2° partie

A-1. Avec la loi binomiale P = 0,8507

2. Avec la loi multinomiale P = 0,03375

3. Avec la loi de Pascal P = 0,04669

B-1. La proportion est 0,45

2. Avec le théorème de Bayes P = 0,625

3° partie

A- E(f) = 0,3 et V(f) = 0,00418

B- La probabilité vaut 0,000968

C- Abaque et calcul donnent [0,22 - 0,58]

4° partie

A- La distance de khi-deux étant petite (elle vaut environ 1,2) l'hypothèse est largement acceptée (le nombre de degrés de liberté vaut 4).

B-1. Environ 8 groupes.

2. La probabilité vaut 0,2794

EXERCICE N° 3

1° partie

A- L'ajustement par le diagramme de Henry est satisfaisant car les points sont alignés. On en déduit que la moyenne est d'environ 60 grammes et l'écart-type de 7 gr.

B-1. Normalité de la distribution et tirage aléatoire.

2. L'intervalle vaut [58,63 grammes - 63,32 grammes].

3. La probabilité est d'environ 0,2.

C-1. Avec la loi normale l'intervalle vaut [59,65 gr.- 66,35gr]

2.a) Intervalle de confiance plus grand.

b) Intervalle de confiance plus grand.

2° partie

A-1. Le khi-deux calculé (8,74) est supérieur au seuil de décision à 4 degrés de liberté et donc on refuse l'hypothèse.

2. Cette fois-ci le nombre de degrés de liberté est plus élevé et on accepte l'hypothèse.

B-1. E(f) = 0,06 et V(f) = 0,00058

2. Avec la loi normale P = 0,203

C- n = 3393

3° partie

A-1. P = 0,74

2. Avec le théorème de Bayes P = 0,485

B- La probabilité vaut 0,583

C-1. Avec la loi binomiale P = 0,0473

2. Avec la loi multinomiale P = 0,0504

3. Avec la loi de Pascal P = 0,0668

EXERCICE N° 4

1° partie

A-1. Les échantillons doivent être parfaitement aléatoires.

2. L'intervalle vaut [0,17 - 0,35]

3. L'équipement est insuffisant car le risque de dépassement est élevé (environ 0,13).

B- Le khi-deux calculé est 8,45 et le nombre de degrés de liberté est 4. Au seuil de décision de 10% on refuse l'hypothèse alors qu'au seuil de 5% on l'accepte.

2° partie

A-1. P = 1/3

2. P = 0,6

B-1. Avec la loi multinomiale P = 0,1058

2. Avec la loi binomiale P = 0,1662

3. Avec la loi de Pascal P = 0,038

C-1. C'est une loi hypergéométrique (N = 10.000 ; n = 100 ; p = 0,4) que l'on peut approximer par une loi binomiale (100; 0,4) elle-même approximable par une loi normale (40; 4,9).

2. Avec la loi normale P = 0,01618

D-1. E(f) = 0,1 dans tous les cas

V(f) = 0,0009 si le tirage est non exhaustif et 0,000891 si le tirage est exhaustif.

2. L'estimateur est sans biais et efficace.

3° partie

A-1. Sur le diagramme de Henry les points sont à peu près alignés. L'ajustement par la loi normale est donc accepté; les paramètres lus sur le diagramme sont environ 600 francs pour la moyenne et 300 francs pour l'écart-type.

2. Le sondage doit être systématique et construit à partir des tables de nombres au hasard.

B-1. Avec la loi normale et l'écart-type estimé on obtient un intervalle de l'ordre de [581 francs - 719 francs]

2. Le minimum de l'intervalle étant 581 francs par habitant la dépense estimée est 290.500 francs.

3. Avec l'inégalité de Markov on a $P \leq 0,5$

4. a) L'intervalle serait plus grand.

b) L'intervalle serait plus petit.

c) L'intervalle serait plus grand.

EXERCICE N° 5

1° partie

A-1. La distance entre la distribution et celle que donnerait une loi binomiale (10; 0,2) est de 7,55. Cette valeur est comprise entre celles que donne la loi de khi-deux à 3 degrés de liberté aux seuils de décision de 10% (6,25) et 5% (7,81). On refuse donc l'hypothèse au premier seuil (le risque d'erreur étant alors de l'ordre de 7%) et on l'accepte au second.

2. Si on retient l'hypothèse le nombre recherché est 0,32 ce qui est négligeable.

B-1. a) Sur l'abaque on lit [0,22 - 0,58]

Après calcul on a [0,218 - 0,582]

b) L'intervalle vaut [0,2125 - 0,5875]

c) L'intervalle serait un peu plus petit.

2. a) L'effectif est d'environ 845

b) Sans biais, convergent et efficace.

2° partie

A-1. a) $P = 0,47136$

b) Le prix est 136 francs.

2. Avec l'inégalité de Markov $P \leq 0,66$

B-1. L'intervalle est [180 ± 38,5]

2. On ne peut rien dire.

C-1. $E(\bar{x}) = 150$ f. $V(\bar{x}) = 37{,}68$
2. $E(s^2) = 2462$

3° partie

A-1. P = 2/3
2. P = 0,355
B-1. P = 0,0819
2. P = 0,954
C-1. Loi hypergéométrique (500; 0,02)
Approximativement loi binomiale (500; 0,02) ou loi de Poisson (10)
2. Avec la loi de Poisson P = 0,9896

TABLES NUMERIQUES

1. TABLE DE LA LOI BINOMIALE

2. TABLE DE LA LOI DE POISSON

3. TABLES DE LA LOI DE LAPLACE-GAUSS

4. TABLE DE LA LOI DU KHI-DEUX

5. DISTRIBUTION DE STUDENT-FISHER

6. ABAQUE DE DETERMINATION DE L'INTERVALLE DE CONFIANCE D'UNE PROPORTION

7. DIAGRAMME DE LA DROITE DE HENRY

8. EXTRAITS D'UNE TABLE DE NOMBRES AU HASARD

Ces tables numériques sont standards. Elles sont publiées dans des ouvrages spécialisés comme par exemple R.A. FISHER, F. YATES, Statistical tables, Edimburg, Oliver and Boyd, 1963 ou encore E.S. PEARSON, O. HARTLEY, Biometrika tables for statisticians, Cambridge University Press, 1962. Elles apparaissent telles quelles dans les livres de statistiques cités en bibliographie et sont accessibles dans certains logiciels statistiques (voir par exemple M. BELLEC, P. LORET, L'outil informatique pour les sciences et les sciences économiques, des langages aux applications, Paris, Masson, 1986.

1. TABLE DE LA LOI BINOMIALE

n	c	Probabilités cumulées $\Pr(k \leqslant c) = \sum_{k=0}^{k=c} C_n^k p^k (1-p)^{n-k}$									
		$p = 1\,\%$	$p = 2\,\%$	$p = 3\,\%$	$p = 4\,\%$	$p = 5\,\%$	$p = 6\,\%$	$p = 7\,\%$	$p = 8\,\%$	$p = 9\,\%$	$p = 10\,\%$
	0	0,9510	0,9039	0,8587	0,8153	0,7738	0,7339	0,6957	0,6591	0,6240	0,5905
	1	0,9990	0,9962	0,9915	0,9852	0,9774	0,9681	0,9575	0,9456	0,9326	0,9185
5	2	1	1	0,9997	0,9994	0,9988	0,9980	0,9969	0,9955	0,9937	0,9914
	3			1	1	1	1	0,9999	0,9998	0,9997	0,9995
	4							1	1	1	1
	0	0,9044	0,8171	0,7374	0,6648	0,5987	0,5386	0,4840	0,4344	0,3894	0,3486
	1	0,9957	0,9838	0,9655	0,9418	0,9139	0,8824	0,8483	0,8121	0,7746	0,7361
	2	0,9999	0,9991	0,9972	0,9938	0,9885	0,9812	0,9717	0,9599	0,9460	0,9298
10	3	1	1	0,9999	0,9996	0,9990	0,9980	0,9964	0,9942	0,9912	0,9872
	4			1	1	0,9999	0,9998	0,9997	0,9994	0,9990	0,9984
	5					1	1	1	1	0,9999	0,9999
	6									1	1
	0	0,8601	0,7386	0,6333	0,5421	0,4633	0,3953	0,3367	0,2863	0,2430	0,2059
	1	0,9904	0,9647	0,9270	0,8809	0,8290	0,7738	0,7168	0,6597	0,6035	0,5490
	2	0,9996	0,9970	0,9906	0,9797	0,9638	0,9429	0,9171	0,8870	0,8531	0,8159
15	3	1	0,9998	0,9992	0,9976	0,9945	0,9896	0,9825	0,9727	0,9601	0,9445
	4		1	0,9999	0,9998	0,9984	0,9986	0,9972	0,9950	0,9918	0,9873
	5			1	1	1	0,9999	0,9997	0,9993	0,9987	0,9978
	6						1	1	0,9999	0,9999	0,9997
	7								1	1	1
	0	0,8179	0,6676	0,5438	0,4420	0,3585	0,2901	0,2342	0,1887	0,1516	0,1216
	1	0,9831	0,9401	0,8802	0,8103	0,7358	0,6605	0,5869	0,5169	0,4516	0,3917
	2	0,9990	0,9929	0,9790	0,9561	0,9245	0,8850	0,8390	0,7879	0,7334	0,6769
	3	1	0,9994	0,9973	0,9926	0,9841	0,9710	0,9529	0,9294	0,9007	0,8670
20	4		1	0,9997	0,9990	0,9974	0,9944	0,9893	0,9817	0,9710	0,9568
	5			1	0,9999	0,9997	0,9991	0,9981	0,9962	0,9932	0,9887
	6				1	1	0,9999	0,9997	0,9994	0,9987	0,9976
	7						1	1	0,9999	0,9998	0,9996
	8								1	1	0,9999
	9										1
	0	0,7397	0,5455	0,4010	0,2939	0,2146	0,1563	0,1134	0,0820	0,0591	0,0424
	1	0,9639	0,8794	0,7731	0,6612	0,5535	0,4555	0,3694	0,2958	0,2343	0,1837
	2	0,9967	0,9783	0,9399	0,8831	0,8122	0,7324	0,6488	0,5654	0,4855	0,4114
	3	0,9998	0,9971	0,9881	0,9694	0,9392	0,8974	0,8450	0,7842	0,7175	0,6474
	4	0,9999	0,9996	0,9982	0,9937	0,9844	0,9685	0,9447	0,9126	0,8723	0,8245
30	5	1	1	0,9997	0,9989	0,9967	0,9921	0,9838	0,9707	0,9519	0,9268
	6			1	0,9999	0,9994	0,9983	0,9960	0,9918	0,9848	0,9742
	7				1	0,9999	0,9997	0,9992	0,9980	0,9959	0,9922
	8					1	0,9999	0,9999	0,9996	0,9910	0,9980
	9						1	1	0,9999	0,9998	0,9995
	10								1	1	0,9999
	11										1

n	c	Probabilités cumulées $\Pr(k \leq c) = \sum_{k=0}^{k=c} C_n^k p^k (1-p)^{n-k}$									
		$p = 1\%$	$p = 2\%$	$p = 3\%$	$p = 4\%$	$p = 5\%$	$p = 6\%$	$p = 7\%$	$p = 8\%$	$p = 9\%$	$p = 10\%$
40	0	0,6690	0,4457	0,2957	0,1954	0,1285	0,0842	0,0549	0,0356	0,0230	0,0148
	1	0,9393	0,8095	0,6615	0,5210	0,3991	0,2990	0,2201	0,1594	0,1140	0,0805
	2	0,9925	0,9543	0,8822	0,7855	0,6767	0,5665	0,4625	0,3694	0,2894	0,2228
	3	0,9993	0,9918	0,9686	0,9252	0,8619	0,7827	0,6937	0,6007	0,5092	0,4231
	4	1	0,9988	0,9933	0,9790	0,9520	0,9104	0,8546	0,7868	0,7103	0,6290
	5		0,9999	0,9988	0,9951	0,9861	0,9691	0,9419	0,9033	0,8535	0,7937
	6		1	0,9998	0,9990	0,9966	0,9909	0,9801	0,9624	0,9361	0,9005
	7			1	0,9998	0,9993	0,9977	0,9942	0,9873	0,9758	0,9581
	8				1	0,9999	0,9995	0,9985	0,9963	0,9920	0,9845
	9					1	0,9999	0,9997	0,9990	0,9976	0,9949
	10						1	0,9999	0,9998	0,9994	0,9985
	11							1	1	0,9999	0,9996
	12									1	0,9999
	13										1
50	0	0,6050	0,3642	0,2181	0,1299	0,0769	0,0453	0,0266	0,0155	0,0090	0,0052
	1	0,9106	0,7358	0,5553	0,4005	0,2794	0,1900	0,1265	0,0827	0,0532	0,0338
	2	0,9862	0,9216	0,8106	0,6767	0,5405	0,4162	0,3108	0,2260	0,1605	0,1117
	3	0,9984	0,9822	0,9372	0,8609	0,7604	0,6473	0,5327	0,4253	0,3303	0,2503
	4	0,9999	0,9968	0,9832	0,9510	0,8964	0,8206	0,7290	0,6290	0,5277	0,4312
	5	1	0,9995	0,9963	0,9856	0,9622	0,9224	0,8650	0,7919	0,7072	0,6161
	6		0,9999	0,9993	0,9964	0,9882	0,9711	0,9417	0,8981	0,8404	0,7702
	7		1	0,9999	0,9992	0,9968	0,9906	0,9780	0,9562	0,9232	0,8779
	8			1	0,9999	0,9992	0,9973	0,9927	0,9834	0,9672	0,9421
	9				1	0,9998	0,9993	0,9978	0,9944	0,9875	0,9755
	10					1	0,9998	0,9994	0,9983	0,9957	0,9906
	11						1	0,9999	0,9995	0,9987	0,9968
	12							1	0,9999	0,9996	0,9990
	13								1	0,9999	0,9997
	14									1	0,9999
	15										1

Revue de Statistique Appliquée, 1986 — Aide-Mémoire

2. TABLE DE LA LOI DE POISSON

Fréquences individuelles $P_x = \dfrac{e^{-m}\, m^x}{x\,!}$.

Fréquences cumulées $F(x) = P\{X < x\} = P_0 + P_1 + \cdots + P_{x-1}$.

x \ m	0,5		1,0		1,5		2,0		2,5	
	P_x	$F(x)$	P_x	$F(x)$	P_x	$F(x)$	P_x	$F(x)$	P_x	$F(x)$
		0		0		0		0		0
0	0,606 5		0,367 9		0,223 1		0,135 3		0,082 1	
		0,606 5		0,367 9		0,223 1		0,135 3		0,082 1
1	0,303 3		0,367 9		0,334 7		0,270 7		0,205 2	
		0,909 8		0,735 8		0,557 8		0,406 0		0,287 3
2	0,075 8		0,183 9		0,251 0		0,270 7		0,256 5	
		0,985 6		0,919 7		0,808 8		0,676 7		0,543 8
3	0,012 6		0,061 3		0,125 5		0,180 4		0,213 8	
		0,998 2		0,981 0		0,934 4		0,857 1		0,757 6
4	0,001 6		0,015 3		0,047 1		0,090 2		0,133 6	
		0,999 8		0,996 3		0,981 4		0,947 3		0,891 2
5	0,000 2		0,003 1		0,014 1		0,036 1		0,066 8	
		1,000 0		0,999 4		0,995 5		0,983 4		0,958 0
6			0,000 5		0,003 5		0,012 0		0,027 8	
				0,999 9		0,999 1		0,995 5		0,985 8
7			0,000 1		0,000 8		0,003 4		0,009 9	
				1,000 0		0,999 8		0,998 9		0,995 8
8					0,000 1		0,000 9		0,003 1	
						1,000 0		0,999 8		0,998 9
9							0,000 2		0,000 9	
								1,000 0		0,999 7
10									0,000 2	
										0,999 9
11									0,000 1	
										1,000 0
12										
13										
14										
15										
16										

(extrait de B. GRAIS)

Loi de Poisson (suite).

Fréquences individuelles P_x. Fréquences cumulées $F(x) = P\{X < x\}$.

x \ m	3,0		3,5		4,0		4,5		5,0	
	P_x	$F(x)$	P_x	$F(x)$	P_x	$F(x)$	P_x	$F(x)$	P_x	$F(x)$
		0		0		0		0		0
0	0,049 8		0,030 2		0,018 3		0,011 1		0,006 7	
		0,049 8		0,030 2		0,018 3		0,011 1		0,006 7
1	0,149 4		0,105 7		0,073 3		0,050 0		0,033 7	
		0,199 1		0,135 9		0,091 6		0,061 1		0,040 4
2	0,224 0		0,185 0		0,146 5		0,112 5		0,084 2	
		0,423 2		0,320 8		0,238 1		0,173 6		0,124 7
3	0,224 0		0,215 8		0,195 4		0,168 7		0,140 4	
		0,647 2		0,536 6		0,433 5		0,342 3		0,265 0
4	0,168 0		0,188 8		0,195 4		0,189 8		0,175 5	
		0,815 3		0,725 4		0,628 8		0,532 1		0,440 5
5	0,100 8		0,132 2		0,156 3		0,170 8		0,175 5	
		0,916 1		0,857 6		0,785 1		0,702 9		0,616 0
6	0,050 4		0,077 1		0,104 2		0,128 1		0,146 2	
		0,966 5		0,934 7		0,889 3		0,831 1		0,762 2
7	0,021 6		0,038 5		0,059 5		0,082 4		0,104 4	
		0,988 1		0,973 3		0,948 9		0,913 4		0,866 6
8	0,008 1		0,016 9		0,029 8		0,046 3		0,065 3	
		0,996 2		0,990 1		0,978 6		0,959 7		0,931 9
9	0,002 7		0,006 6		0,013 2		0,023 2		0,036 3	
		0,998 9		0,996 7		0,991 9		0,982 9		0,968 2
10	0,000 8		0,002 3		0,005 3		0,010 4		0,018 1	
		0,999 7		0,999 0		0,997 2		0,993 3		0,986 3
11	0,000 2		0,000 7		0,001 9		0,004 3		0,008 2	
		0,999 9		0,999 7		0,999 1		0,997 6		0,994 5
12	0,000 1		0,000 2		0,000 6		0,001 6		0,003 4	
		1,000 0		0,999 9		0,999 7		0,999 2		0,998 0
13			0,000 1		0,000 2		0,000 6		0,001 3	
				1,000 0		0,999 9		0,999 7		0,999 3
14					0,000 1		0,000 2		0,000 5	
						1,000 0		0,999 9		0,999 8
15							0,000 1		0,000 2	
								1,000 0		0,999 9
16									0,000 1	
										1,000 0

Loi de Poisson (suite)

Fréquences individuelles P_x. Fréquences cumulées $F(x) = P\{X < x\}$.

x \ m	5,5		6,0		6,5		7,0		7,5	
	P_x	$F(x)$	P_x	$F(x)$	P_x	$F(x)$	P_x	$F(x)$	P_x	$F(x)$
0	0,004 1	0	0,002 5	0	0,001 5	0	0,000 9	0	0,000 6	0
1	0,022 5	0,004 1	0,014 9	0,002 5	0,009 8	0,001 5	0,006 4	0,000 9	0,004 1	0,000 6
2	0,061 8	0,026 6	0,044 6	0,017 4	0,031 8	0,011 3	0,022 3	0,007 3	0,015 6	0,004 7
3	0,113 3	0,088 4	0,089 2	0,062 0	0,068 8	0,043 0	0,052 1	0,029 6	0,038 9	0,020 3
4	0,155 8	0,201 7	0,133 9	0,151 2	0,111 8	0,111 8	0,091 2	0,081 8	0,072 9	0,059 1
5	0,171 4	0,357 5	0,160 6	0,285 1	0,145 4	0,223 7	0,127 7	0,173 0	0,109 4	0,132 1
6	0,157 1	0,528 9	0,160 6	0,445 7	0,157 5	0,369 0	0,149 0	0,300 7	0,136 7	0,241 4
7	0,123 4	0,686 0	0,137 7	0,606 3	0,146 2	0,526 5	0,149 0	0,449 7	0,146 5	0,378 2
8	0,084 9	0,809 5	0,103 3	0,744 0	0,118 8	0,672 8	0,130 4	0,598 7	0,137 3	0,524 6
9	0,051 9	0,894 4	0,068 8	0,847 2	0,085 8	0,791 6	0,101 4	0,729 1	0,114 4	0,662 0
10	0,028 5	0,946 2	0,041 3	0,916 1	0,055 8	0,877 4	0,071 0	0,830 5	0,085 8	0,776 4
11	0,014 3	0,974 7	0,022 5	0,957 4	0,033 0	0,933 2	0,045 2	0,901 5	0,058 5	0,862 2
12	0,006 5	0,989 0	0,011 3	0,979 9	0,017 9	0,966 1	0,026 4	0,946 6	0,036 6	0,920 8
13	0,002 8	0,995 5	0,005 2	0,991 2	0,008 9	0,984 0	0,014 2	0,973 0	0,021 1	0,957 3
14	0,001 1	0,998 3	0,002 2	0,996 4	0,004 1	0,992 9	0,007 1	0,987 2	0,011 3	0,978 4
15	0,000 4	0,999 4	0,000 9	0,998 6	0,001 8	0,997 0	0,003 3	0,994 3	0,005 7	0,989 7
16	0,000 1	0,999 8	0,000 3	0,999 5	0,000 7	0,998 8	0,001 4	0,997 6	0,002 6	0,995 4
17		0,999 9	0,000 1	0,999 8	0,000 3	0,999 6	0,000 6	0,999 0	0,001 2	0,998 0
18		1,000 0		1,000 0	0,000 1	0,999 8	0,000 2	0,999 6	0,000 5	0,999 2
19						0,999 9	0,000 1	0,999 9	0,000 2	0,999 7
20						1,000 0		1,000 0	0,000 1	0,999 9
21										1,000 0
22										
23										
24										

Loi de Poisson (suite)

Fréquences individuelles P_x. Fréquences cumulées $F(x) = P\{X < x\}$.

x \ m	8,0		8,5		9,0		9,5		10,0	
	P_x	$F(x)$	P_x	$F(x)$	P_x	$F(x)$	P_x	$F(x)$	P_x	$F(x)$
		0		0		0		0		0
0	0,000 3		0,000 2		0,000 1		0,000 1		ε	
		0,000 3		0,000 2		0,000 1		0,000 1		ε
1	0,002 7		0,001 7		0,001 1		0,000 7		0,000 5	
		0,003 0		0,001 9		0,001 2		0,000 8		0,000 5
2	0,010 7		0,007 4		0,005 0		0,003 4		0,002 3	
		0,013 8		0,009 3		0,006 2		0,004 2		0,002 8
3	0,028 6		0,020 8		0,015 0		0,010 7		0,007 6	
		0,042 4		0,030 1		0,021 2		0,014 9		0,010 4
4	0,057 3		0,044 3		0,033 7		0,025 4		0,018 9	
		0,099 6		0,074 4		0,055 0		0,040 3		0,029 3
5	0,091 6		0,075 2		0,060 7		0,048 3		0,037 8	
		0,191 2		0,149 6		0,115 7		0,088 5		0,067 1
6	0,122 1		0,106 6		0,091 1		0,076 4		0,063 1	
		0,313 4		0,256 2		0,206 8		0,165 0		0,130 2
7	0,139 6		0,129 4		0,117 1		0,103 7		0,090 1	
		0,453 0		0,385 6		0,323 9		0,268 7		0,220 3
8	0,139 6		0,137 5		0,131 8		0,123 2		0,112 6	
		0,592 5		0,523 1		0,455 7		0,391 8		0,332 9
9	0,124 1		0,129 9		0,131 8		0,130 0		0,125 1	
		0,716 6		0,653 0		0,587 4		0,521 8		0,458 0
10	0,099 3		0,110 4		0,118 6		0,123 5		0,125 1	
		0,815 9		0,763 4		0,706 0		0,645 3		0,583 1
11	0,072 2		0,085 3		0,097 0		0,106 7		0,113 7	
		0,888 1		0,848 7		0,803 0		0,752 0		0,696 8
12	0,048 1		0,060 4		0,072 8		0,084 4		0,094 8	
		0,936 2		0,909 1		0,875 8		0,836 4		0,791 6
13	0,029 6		0,039 5		0,050 4		0,061 7		0,072 9	
		0,965 8		0,948 6		0,926 1		0,898 1		0,864 5
14	0,016 9		0,024 0		0,032 4		0,041 9		0,052 1	
		0,982 7		0,972 6		0,958 5		0,940 0		0,916 6
15	0,009 0		0,013 6		0,019 4		0,026 5		0,034 7	
		0,991 8		0,986 2		0,978 0		0,966 5		0,951 3
16	0,004 5		0,007 2		0,010 9		0,015 7		0,021 7	
		0,996 3		0,993 4		0,988 9		0,982 3		0,973 0
17	0,002 1		0,003 6		0,005 8		0,008 8		0,012 8	
		0,998 4		0,997 0		0,994 7		0,991 1		0,985 7
18	0,000 9		0,001 7		0,002 9		0,004 6		0,007 1	
		0,999 3		0,998 7		0,997 6		0,995 7		0,992 8
19	0,000 4		0,000 8		0,001 4		0,002 3		0,003 7	
		0,999 7		0,999 5		0,998 9		0,998 0		0,996 5
20	0,000 2		0,000 3		0,000 6		0,001 1		0,001 9	
		0,999 9		0,999 8		0,999 6		0,999 1		0,998 4
21	0,000 1		0,000 1		0,000 3		0,000 5		0,000 9	
		1,000 0		0,999 9		0,999 8		0,999 6		0,999 3
22			0,000 1		0,000 1		0,000 2		0,000 4	
				1,000 0		0,999 9		0,999 9		0,999 7
23							0,000 1		0,000 2	
						1,000 0		0,999 9		0,999 9
24									0,000 1	
								1,000 0		1,000 0

Loi de Poisson (Fin).

Fréquences individuelles P_x. Fréquences cumulées $F(x) = P\{X < x\}$.

x \ m	11		12		13		14		15	
	P_x	$F(x)$	P_x	$F(x)$	P_x	$F(x)$	P_x	$F(x)$	P_x	$F(x)$
0										
1	0,000 2	ε	0,000 1	ε						
2	0,001 0	0,000 2	0,000 4	0,000 1	0,000 2	ε	0,000 1	ε		
3	0,003 7	0,001 2	0,001 8	0,000 5	0,000 8	0,000 2	0,000 4	0,000 1	0,000 2	ε
4	0,010 2	0,004 9	0,005 3	0,002 3	0,002 7	0,001 0	0,001 3	0,000 5	0,000 7	0,000 2
5	0,022 4	0,015 1	0,012 7	0,007 6	0,007 0	0,003 7	0,003 7	0,001 8	0,001 9	0,000 9
6	0,041 1	0,037 5	0,025 5	0,020 3	0,015 2	0,010 7	0,008 7	0,005 5	0,004 8	0,002 8
7	0,064 6	0,078 6	0,043 7	0,045 8	0,028 1	0,025 9	0,017 4	0,014 2	0,010 4	0,007 6
8	0,088 8	0,143 2	0,065 5	0,089 5	0,045 7	0,054 0	0,030 4	0,031 6	0,019 4	0,018 0
9	0,108 5	0,232 0	0,087 4	0,155 0	0,066 1	0,099 7	0,047 3	0,062 0	0,032 4	0,037 4
10	0,119 4	0,340 5	0,104 8	0,242 4	0,085 9	0,165 8	0,066 3	0,109 3	0,048 6	0,069 8
11	0,119 4	0,459 9	0,114 4	0,347 2	0,101 5	0,251 7	0,084 4	0,175 6	0,066 3	0,118 4
12	0,109 4	0,579 3	0,114 4	0,461 6	0,109 9	0,353 2	0,098 4	0,260 0	0,082 9	0,184 7
13	0,092 6	0,688 7	0,105 6	0,576 0	0,109 9	0,463 1	0,106 0	0,358 4	0,095 6	0,267 6
14	0,072 8	0,781 3	0,090 5	0,681 6	0,102 1	0,573 0	0,106 0	0,464 4	0,102 4	0,362 2
15	0,053 4	0,854 1	0,072 4	0,772 1	0,088 5	0,675 1	0,098 9	0,570 4	0,102 4	0,465 6
16	0,036 7	0,907 5	0,054 3	0,844 5	0,071 9	0,763 6	0,086 6	0,669 3	0,096 0	0,568 0
17	0,023 7	0,944 2	0,038 3	0,898 8	0,055 0	0,835 5	0,071 3	0,755 9	0,084 7	0,664 0
18	0,014 5	0,967 9	0,025 5	0,937 1	0,039 7	0,890 5	0,055 4	0,827 2	0,070 6	0,748 7
19	0,008 4	0,982 4	0,016 1	0,962 6	0,027 2	0,930 2	0,040 9	0,882 6	0,055 8	0,819 3
20	0,004 6	0,990 8	0,009 7	0,978 7	0,017 7	0,957 4	0,028 6	0,923 5	0,041 8	0,875 1
21	0,002 4	0,995 4	0,005 5	0,988 4	0,010 9	0,975 1	0,019 1	0,952 1	0,029 9	0,916 9
22	0,001 2	0,997 8	0,003 0	0,993 9	0,006 5	0,986 0	0,012 1	0,971 2	0,020 4	0,946 8
23	0,000 6	0,999 0	0,001 6	0,996 9	0,003 7	0,992 5	0,007 4	0,983 3	0,013 3	0,967 2
24	0,000 3	0,999 6	0,000 8	0,998 5	0,002 0	0,996 2	0,004 3	0,990 7	0,008 3	0,980 5
25	0,000 1	0,999 9	0,000 4	0,999 3	0,001 0	0,998 2	0,002 4	0,995 0	0,005 0	0,988 8
26		1,000 0	0,000 2	0,999 7	0,000 5	0,999 2	0,001 3	0,997 4	0,002 9	0,993 8
27			0,000 1	0,999 9	0,000 2	0,999 7	0,000 7	0,998 7	0,001 6	0,996 7
28				1,000 0	0,000 1	0,999 9	0,000 3	0,999 4	0,000 9	0,998 3
29						1,000 0	0,000 2	0,999 7	0,000 4	0,999 2
30							0,000 1	0,999 9	0,000 2	0,999 6
31								1,000 0	0,000 1	0,999 8
32									0,000 1	0,999 9
										1,000 0

3. TABLES DE LA LOI DE LAPLACE-GAUSS

TABLE DE LA FONCTION INTÉGRALE DE LA LOI DE LAPLACE-GAUSS

(Probabilité de trouver une valeur inférieure à *u*)

$$\Pi(u) = \int_{-\infty}^{u} y(x)\mathrm{d}x = \int_{-\infty}^{u} \frac{1}{\sqrt{2\pi}} \mathrm{e}^{-x^2/2}\mathrm{d}x$$

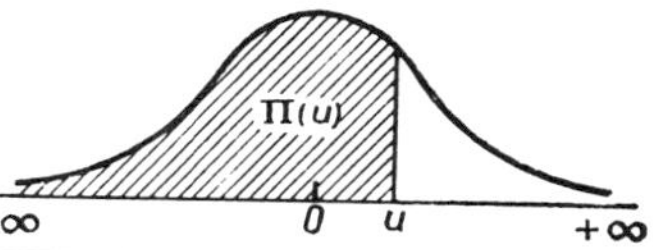

u	0,00	0,01	0,02	0,03	0,04	0,05	0,06	0,07	0,08	0,09
0,0	0,50000	0,50399	0,50798	0,51197	0,51595	0,51994	0,52392	0,52790	0,53188	0,53586
0,1	0,53983	0,54380	0,54776	0,55172	0,55567	0,55962	0,56356	0,56750	0,57142	0,57535
0,2	0,57926	0,58317	0,58706	0,59095	0,59484	0,59871	0,60257	0,60642	0,61026	0,61409
0,3	0,61791	0,62172	0,62552	0,62930	0,63307	0,63683	0,64058	0,64431	0,64803	0,65173
0,4	0,65542	0,65910	0,66276	0,66640	0,67003	0,67365	0,67724	0,68082	0,68439	0,68793
0,5	0,69146	0,69497	0,69847	0,70194	0,70540	0,70884	0,71226	0,71566	0,71904	0,72240
0,6	0,72575	0,72907	0,73237	0,73565	0,73891	0,74215	0,74537	0,74857	0,75175	0,75490
0,7	0,75804	0,76115	0,76424	0,76731	0,77035	0,77337	0,77637	0,77935	0,78230	0,78524
0,8	0,78814	0,79103	0,79389	0,79673	0,79955	0,80234	0,80511	0,80785	0,81057	0,81327
0,9	0,81594	0,81859	0,82121	0,82381	0,82639	0,82894	0,83147	0,83398	0,83646	0,83891
1,0	0,84134	0,84375	0,84614	0,84850	0,85083	0,85314	0,85543	0,85769	0,85993	0,86214
1,1	0,86433	0,86650	0,86864	0,87076	0,87286	0,87493	0,87698	0,87900	0,88100	0,88298
1,2	0,88493	0,88686	0,88877	0,89065	0,89251	0,89435	0,89617	0,89796	0,89973	0,90147
1,3	0,90320	0,90490	0,90658	0,90824	0,90988	0,91149	0,91309	0,91466	0,91621	0,91774
1,4	0,91924	0,92073	0,92220	0,92364	0,92507	0,92647	0,92786	0,92922	0,93056	0,93189
1,5	0,93319	0,93448	0,93574	0,93699	0,93822	0,93943	0,94062	0,94179	0,94295	0,94408
1,6	0,94520	0,94630	0,94738	0,94845	0,94950	0,95053	0,95154	0,95254	0,95352	0,95449
1,7	0,95543	0,95637	0,95728	0,95819	0,95907	0,95994	0,96080	0,96164	0,96246	0,96327
1,8	0,96407	0,96485	0,96562	0,96638	0,96712	0,96784	0,96856	0,96926	0,96995	0,97062
1,9	0,97128	0,97193	0,97257	0,97320	0,97381	0,97441	0,97500	0,97558	0,97615	0,97670
2,0	0,97725	0,97778	0,97831	0,97882	0,97932	0,97982	0,98030	0,98077	0,98124	0,98169
2,1	0,98214	0,98257	0,98300	0,98341	0,98382	0,98422	0,98461	0,98500	0,98537	0,98574
2,2	0,98610	0,98645	0,98679	0,98713	0,98745	0,98778	0,98809	0,98840	0,98870	0,98899
2,3	0,98928	0,98956	0,98983	0,99010	0,99036	0,99061	0,99086	0,99111	0,99134	0,99158
2,4	0,99180	0,99202	0,99224	0,99245	0,99266	0,99286	0,99305	0,99324	0,99343	0,99361
2,5	0,99379	0,99396	0,99413	0,99430	0,99446	0,99461	0,99477	0,99492	0,99506	0,99520
2,6	0,99534	0,99547	0,99560	0,99573	0,99585	0,99598	0,99609	0,99621	0,99632	0,99643
2,7	0,99653	0,99664	0,99674	0,99683	0,99693	0,99702	0,99711	0,99720	0,99728	0,99736
2,8	0,99744	0,99752	0,99760	0,99767	0,99774	0,99781	0,99788	0,99795	0,99801	0,99807
2,9	0,99813	0,99819	0,99825	0,99831	0,99836	0,99841	0,99846	0,99851	0,99856	0,99861

TABLE DE $1-\Pi(u)$ POUR LES GRANDES VALEURS DE *u*

u	0,0	0,1	0,2	0,3	0,4	0,5	0,6	0,7	0,8	0,9
3,	$135\ 10^{-5}$	$968\ 10^{-6}$	$687\ 10^{-6}$	$483\ 10^{-6}$	$337\ 10^{-6}$	$233\ 10^{-6}$	$159\ 10^{-6}$	$108\ 10^{-6}$	$723\ 10^{-7}$	$481\ 10^{-7}$
4,	$317\ 10^{-7}$	$207\ 10^{-7}$	$133\ 10^{-7}$	$85\ 10^{-7}$	$54\ 10^{-7}$	$34\ 10^{-7}$	$21\ 10^{-7}$	$13\ 10^{-7}$	$79\ 10^{-8}$	$48\ 10^{-8}$
5,	$29\ 10^{-8}$	$17\ 10^{-8}$	$10\ 10^{-8}$	$58\ 10^{-9}$	$33\ 10^{-9}$	$19\ 10^{-9}$	$11\ 10^{-9}$	$60\ 10^{-10}$	$33\ 10^{-10}$	$18\ 10^{-10}$

NOTA : La table donne les valeurs $\Pi(u)$ pour *u* positif; lorsque *u* est négatif, il faut prendre le complément à l'unité de la valeur lue dans la table.

Exemple : pour $u = 1{,}37$ $\Pi(u) = 0{,}91466$

pour $u = -1{,}37$ $\Pi(u) = 0{,}08534$

Loi de Laplace-Gauss.

Valeur de t ayant la probabilité P d'être dépassée en module.

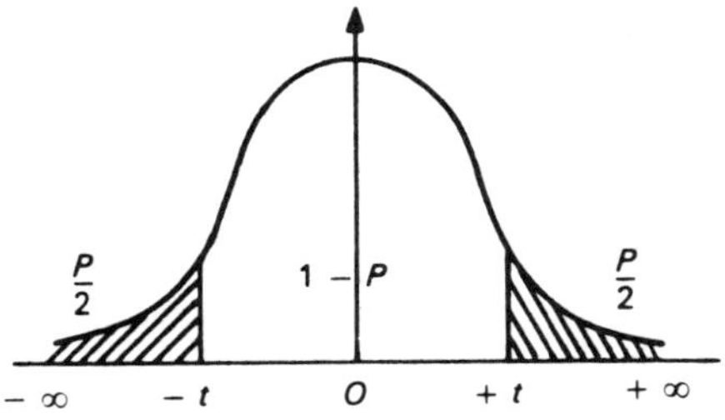

P	0,00	0,01	0,02	0,03	0,04	0,05	0,06	0,07	0,08	0,09
0,0	∞	2,575 8	2,326 3	2,170 1	2,053 7	1,960 0	1,880 8	1,811 9	1,750 7	1,695 4
0,1	1,644 9	1,598 2	1,554 8	1,514 1	1,475 8	1,439 5	1,405 1	1,372 2	1,340 8	1,310 6
0,2	1,281 6	1,253 6	1,226 5	1,200 4	1,175 0	1,150 3	1,126 4	1,103 1	1,080 3	1,058 1
0,3	1,036 4	1,015 2	0,994 5	0,974 1	0,954 2	0,934 6	0,915 4	0,896 5	0,877 9	0,859 6
0,4	0,841 6	0,823 9	0,806 4	0,789 2	0,772 2	0,755 4	0,738 8	0,722 5	0,706 3	0,690 3
0,5	0,674 5	0,658 8	0,643 3	0,628 0	0,612 8	0,597 8	0,582 8	0,568 1	0,553 4	0,538 8
0,6	0,524 4	0,510 1	0,495 9	0,481 7	0,467 7	0,453 8	0,439 9	0,426 1	0,412 5	0,398 9
0,7	0,385 3	0,371 9	0,358 5	0,345 1	0,331 9	0,318 6	0,305 5	0,292 4	0,279 3	0,266 3
0,8	0,253 3	0,240 4	0,227 5	0,214 7	0,201 9	0,189 1	0,176 4	0,163 7	0,151 0	0,138 3
0,9	0,125 7	0,113 0	0,100 4	0,087 8	0,075 3	0,062 7	0,050 2	0,037 6	0,025 1	0,012 5

Table pour les petites valeurs de P.

P	10^{-3}	10^{-4}	10^{-5}	10^{-6}	10^{-7}	10^{-8}	10^{-9}
t	3,290 5	3,890 6	4,417 2	4,891 6	5,326 7	5,730 7	6,109 4

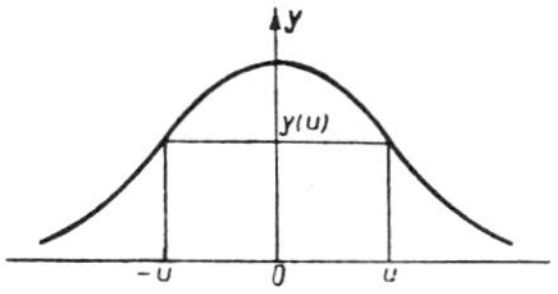

TABLE DE LA FONCTION DENSITÉ DE LA LOI DE LAPLACE-GAUSS

$$y(u) = y(-u) = \frac{1}{\sqrt{2\pi}} e^{-u^2/2}$$

u	0,00	0,01	0,02	0,03	0,04	0,05	0,06	0,07	0,08	0,09
0,0	0,39894	0,39892	0,39886	0,39876	0,39862	0,39844	0,39822	0,39797	0,39767	0,39733
0,1	0,39695	0,39654	0,39608	0,39559	0,39505	0,39448	0,39387	0,39322	0,39253	0,39181
0,2	0,39104	0,39024	0,38940	0,38853	0,38762	0,38667	0,38568	0,38466	0,38361	0,38251
0,3	0,38139	0,38023	0,37903	0,37780	0,37654	0,37524	0,37391	0,37255	0,37115	0,36973
0,4	0,36827	0,36678	0,36526	0,36371	0,36213	0,36053	0,35889	0,35723	0,35553	0,35381
0,5	0,35207	0,35029	0,34849	0,34667	0,34482	0,34294	0,34105	0,33912	0,33718	0,33521
0,6	0,33322	0,33121	0,32918	0,32713	0,32506	0,32297	0,32086	0,31874	0,31659	0,31443
0,7	0,31225	0,31006	0,30785	0,30563	0,30339	0,30114	0,29887	0,29659	0,29431	0,29200
0,8	0,28969	0,28737	0, 8504	0,28269	0,28034	0,27798	0,27562	0,27325	0,27086	0,26848
0,9	0,26609	0,26369	0,26129	0,25888	0,25647	0,25406	0,25164	0,24923	0,24681	0,24439
1,0	0,24197	0,23955	0,23713	0,23471	0,23230	0,22988	0,22747	0,22506	0,22265	0,22025
1,1	0,21785	0,21546	0,21307	0,21069	0,20831	0,20594	0,20357	0,20121	0,19886	0,19652
1,2	0,19419	0,19186	0,18954	0,18724	0,18494	0,18265	0,18037	0,17810	0,17585	0,17360
1,3	0,17137	0,16915	0,16694	0,16474	0,16256	0,16038	0,15822	0,15608	0,15395	0,15183
1,4	0,14973	0,14764	0,14556	0,14350	0,14146	0,13943	0,13742	0,13542	0,13344	0,13147
1,5	0,12952	0,12758	0,12566	0,12376	0,12188	0,12001	0,11816	0,11632	0,11450	0,11270
1,6	0,11092	0,10915	0,10741	0,10567	0,10396	0,10226	0,10059	0,09893	0,09728	0,09566
1,7	0,09405	0,09246	0,09089	0,08933	0,08780	0,08628	0,08478	0,08329	0,08183	0,08038
1,8	0,07895	0,07754	0,07614	0,07477	0,07341	0,07206	0,07074	0,06943	0,06814	0,06687
1,9	0,06562	0,06438	0,06316	0,06195	0,06077	0,05959	0,05844	0,05730	0,05618	0,05508
2,0	0,05399	0,05292	0,05186	0,05082	0,04980	0,04879	0,04780	0,04682	0,04586	0,04491
2,1	0,04398	0,04307	0,04217	0,04128	0,04041	0,03955	0,03871	0,03788	0,03706	0,03626
2,2	0,03547	0,03470	0,03394	0,03319	0,03246	0,03174	0,03103	0,03034	0,02965	0,02898
2,3	0,02833	0,02768	0,02705	0,02643	0,02582	0,02522	0,02463	0,02406	0,02349	0,02294
2,4	0,02239	0,02186	0,02134	0,02083	0,02033	0,01984	0,01936	0,01889	0,01842	0,01797
2,5	0,01753	0,01709	0,01667	0,01625	0,01585	0,01545	0,01506	0,01468	0,01431	0,01394
2,6	0,01358	0,01323	0,01289	0,01256	0,01223	0,01191	0,01160	0,01130	0,01100	0,01071
2,7	0,01042	0,01014	0,00987	0,00961	0,00935	0,00909	0,00885	0,00861	0,00837	0,00814
2,8	0,00792	0,00770	0,00748	0,00727	0,00707	0,00687	0,00668	0,00649	0,00631	0,00613
2,9	0,00595	0,00578	0,00562	0,00545	0,00530	0,00514	0,00499	0,00485	0,00471	0,00457

TABLE DE $y(u)$ POUR LES GRANDES VALEURS DE u

u	0,0	0,1	0,2	0,3	0,4	0,5	0,6	0,7	0,8	0,9
3,	$443\ 10^{-5}$	$327\ 10^{-5}$	$238\ 10^{-5}$	$172\ 10^{-5}$	$123\ 10^{-5}$	$873\ 10^{-6}$	$612\ 10^{-6}$	$425\ 10^{-6}$	$292\ 10^{-6}$	$199\ 10^{-6}$
4,	$134\ 10^{-6}$	$89\ 10^{-6}$	$59\ 10^{-6}$	$39\ 10^{-6}$	$25\ 10^{-6}$	$16\ 10^{-6}$	$10\ 10^{-6}$	$64\ 10^{-7}$	$40\ 10^{-7}$	$24\ 10^{-7}$
5,	$15\ 10^{-7}$	$90\ 10^{-8}$	$54\ 10^{-8}$	$32\ 10^{-8}$	$19\ 10^{-8}$	$11\ 10^{-8}$	$62\ 10^{-9}$	$35\ 10^{-9}$	$20\ 10^{-9}$	$11\ 10^{-9}$

4. TABLE DE LA LOI DU KHI-DEUX

Distribution de χ^2 (Loi de K. Pearson).

Valeur de χ^2 ayant la probabilité P d'être dépassée.

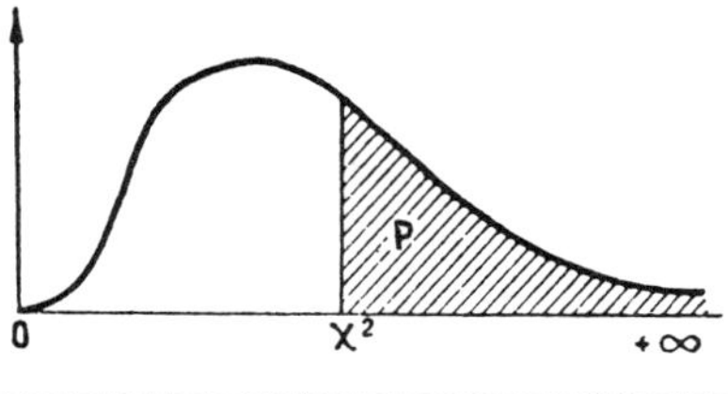

ν	P = 0,90	0,80	0,70	0,50	0,30	0,20	0,10	0,05	0,02	0,01
1	0,0158	0,0642	0,148	0,455	1,074	1,642	2,706	3,841	5,412	6,635
2	0,211	0,446	0,713	1,386	2,408	3,219	4,605	5,991	7,824	9,210
3	0,584	1,005	1,424	2,366	3,665	4,642	6,251	7,815	9,837	11,345
4	1,064	1,649	2,195	3,357	4,878	5,989	7,779	9,488	11,668	13,277
5	1,610	2,343	3,000	4,351	6,064	7,289	9,236	11,070	13,388	15,086
6	2,204	3,070	3,828	5,348	7,231	8,558	10,645	12,592	15,033	16,812
7	2,833	3,822	4,671	6,346	8,383	9,803	12,017	14,067	16,662	18,475
8	3,490	4,594	5,527	7,344	9,524	11,030	13,362	15,507	18,168	20,090
9	4,168	5,380	6,393	8,343	10,656	12,242	14,684	16,919	19,679	21,666
10	4,865	6,179	7,267	9,342	11,781	13,442	15,987	18,307	21,161	23,209
11	5,578	6,989	8,148	10,341	12,899	14,631	17,275	19,675	22,618	24,725
12	6,304	7,807	9,034	11,340	14,011	15,812	18,549	21,026	24,054	26,217
13	7,042	8,634	9,926	12,340	15,119	16,985	19,812	22,362	25,472	27,688
14	7,790	9,467	10,821	13,339	16,222	18,151	21,064	23,685	26,873	29,141
15	8,547	10,307	11,721	14,339	17,322	19,311	22,307	24,996	28,259	30,578
16	9,312	11,152	12,624	15,338	18,418	20,465	23,542	26,296	29,633	32,000
17	10,085	12,002	13,531	16,338	19,511	21,615	24,769	27,587	30,995	33,409
18	10,865	12,857	14,440	17,338	20,601	22,760	25,989	28,869	32,346	34,805
19	11,651	13,716	15,352	18,338	21,689	23,900	27,204	30,144	33,687	36,191
20	12,443	14,578	16,266	19,337	22,775	25,038	28,412	31,410	35,020	37,566
21	13,240	15,445	17,182	20,337	23,858	26,171	29,615	32,671	36,343	38,932
22	14,041	16,314	18,101	21,337	24,939	27,301	30,813	33,924	37,659	40,289
23	14,848	17,187	19,021	22,337	26,018	28,429	32,007	35,172	38,968	41,638
24	15,659	18,062	19,943	23,337	27,096	29,553	33,196	36,415	40,270	42,980
25	16,473	18,940	20,867	24,337	28,172	30,675	34,382	37,652	41,566	44,314
26	17,292	19,820	21,792	25,336	29,246	31,795	35,563	38,885	42,856	45,642
27	18,114	20,703	22,719	26,336	30,319	32,912	36,741	40,113	44,140	46,963
28	18,939	21,588	23,647	27,336	31,391	34,027	37,916	41,337	45,419	48,278
29	19,768	22,475	24,577	28,336	32,461	35,139	39,087	42,557	46,693	49,588
30	20,599	23,364	25,508	29,336	33,530	36,250	40,256	43,773	47,962	50,892

Nota. — ν est le nombre de degrés de liberté.

Pour ν compris entre 30 et 100, on admettra que $\sqrt{2\chi^2} - \sqrt{2\nu - 1}$ est approximativement distribué suivant la loi normale centrée réduite.

Pour ν supérieur à 100, on admettra que $(\chi^2 - \nu)/\sqrt{2\nu}$ est approximativement distribué sui-

5. DISTRIBUTION DE STUDENT-FISHER

Valeur de *t* ayant la probabilité *P* d'être dépassée en module.

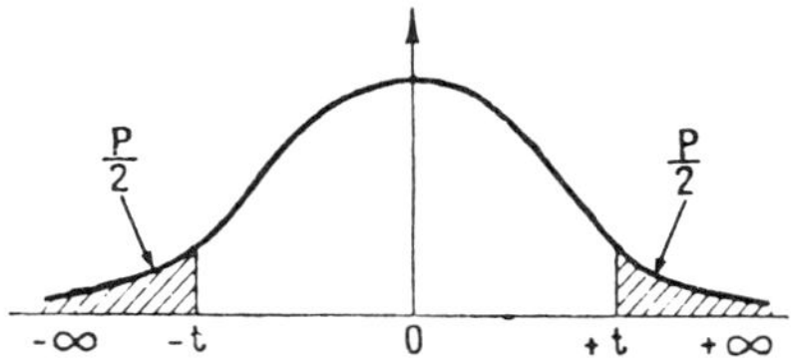

n	*P*=0,90	0,80	0,70	0,60	0,50	0,40	0,30	0,20	0,10	0,05	0,02	0,01
1	0,158	0,325	0,510	0,727	1,000	1,376	1,963	3,078	6,314	12,706	31,821	63,657
2	0,142	0,289	0,445	0,617	0,816	1,061	1,386	1,886	2,920	4,303	6,965	9,925
3	0,137	0,277	0,424	0,584	0,765	0,978	1,250	1,638	2,353	3,182	4,541	5,841
4	0,134	0,271	0,414	0,569	0,741	0,941	1,190	1,533	2,132	2,776	3,747	4,604
5	0,132	0,267	0,408	0,559	0,727	0,920	1,156	1,476	2,015	2,571	3,365	4,032
6	0,131	0,265	0,404	0,553	0,718	0,906	1,134	1,440	1,943	2,447	3,143	3,707
7	0,130	0,263	0,402	0,549	0,711	0,896	1,119	1,415	1,895	2,365	2,998	3,499
8	0,130	0,262	0,399	0,546	0,706	0,889	1,108	1,397	1,860	2,306	2,896	3,355
9	0,129	0,261	0,398	0,543	0,703	0,883	1,100	1,383	1,833	2,262	2,821	3,250
10	0,129	0,260	0,397	0,542	0,700	0,879	1,093	1,372	1,812	2,228	2,764	3,169
11	0,129	0,260	0,396	0,540	0,697	0,876	1,088	1,363	1,796	2,201	2,718	3,106
12	0,128	0,259	0,395	0,539	0,695	0,873	1,083	1,356	1,782	2,179	2,681	3,055
13	0,128	0,259	0,394	0,538	0,694	0,870	1,079	1,350	1,771	2,160	2,650	3,012
14	0,128	0,258	0,393	0,537	0,692	0,868	1,076	1,345	1,761	2,145	2,624	2,977
15	0,128	0,258	0,393	0,536	0,691	0,866	1,074	1,341	1,753	2,131	2,602	2,947
16	0,128	0,258	0,392	0,535	0,690	0,865	1,071	1,337	1,746	2,120	2,583	2,921
17	0,128	0,257	0,392	0,534	0,689	0,863	1,069	1,333	1,740	2,110	2,567	2,898
18	0,127	0,257	0,392	0,534	0,688	0,862	1,067	1,330	1,734	2,101	2,552	2,878
19	0,127	0,257	0,391	0,533	0,688	0,861	1,066	1,328	1,729	2,093	2,539	2,861
20	0,127	0,257	0,391	0,533	0,687	0,860	1,064	1,325	1,725	2,086	2,528	2,845
21	0,127	0,257	0,391	0,532	0,686	0,859	1,063	1,323	1,721	2,080	2,518	2,831
22	0,127	0,256	0,390	0,532	0,686	0,858	1,061	1,321	1,717	2,074	2,508	2,819
23	0,127	0,256	0,390	0,532	0,685	0,858	1,060	1,319	1,714	2,069	2,500	2,807
24	0,127	0,256	0,390	0,531	0,685	0,857	1,059	1,318	1,711	2,064	2,492	2,797
25	0,127	0,256	0,390	0,531	0,684	0,856	1,058	1,316	1,708	2,060	2,485	2,787
26	0,127	0,256	0,390	0,531	0,684	0,856	1,058	1,315	1,706	2,056	2,479	2,779
27	0,127	0,256	0,389	0,531	0,684	0,855	1,057	1,314	1,703	2,052	2,473	2,771
28	0,127	0,256	0,389	0,530	0,683	0,855	1,056	1,313	1,701	2,048	2,467	2,763
29	0,127	0,256	0,389	0,530	0,683	0,854	1,055	1,311	1,699	2,045	2,462	2,756
30	0,127	0,256	0,389	0,530	0,683	0,854	1,055	1,310	1,697	2,042	2,457	2,750
∞	0,12566	0,25335	0,38532	0,52440	0,67449	0,84162	1,03643	1,28155	1,64485	1,95996	2,32634	2,57582

6. ABAQUE DE DETERMINATION DE L'INTERVALLE DE CONFIANCE D'UNE PROPORTION

Intervalle de confiance à 95 %.

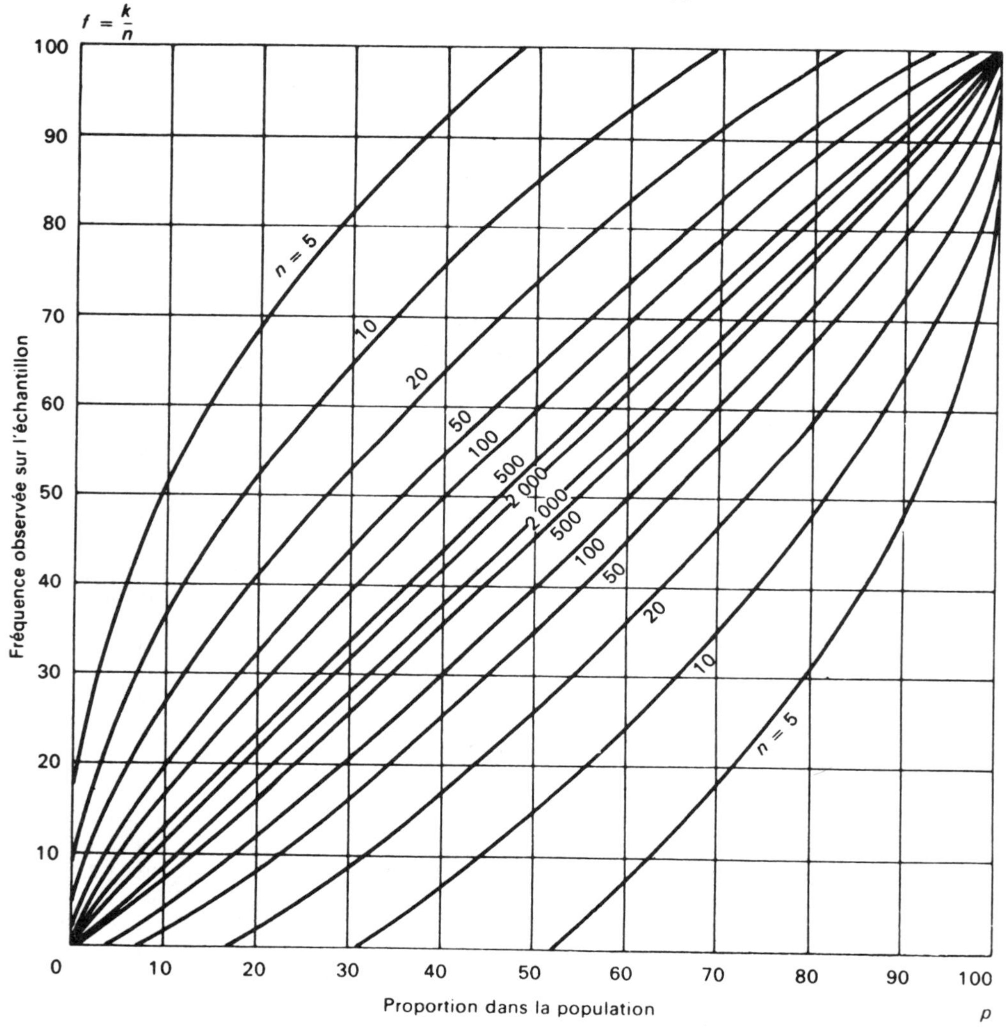

7. DIAGRAMME DE LA DROITE DE HENRY

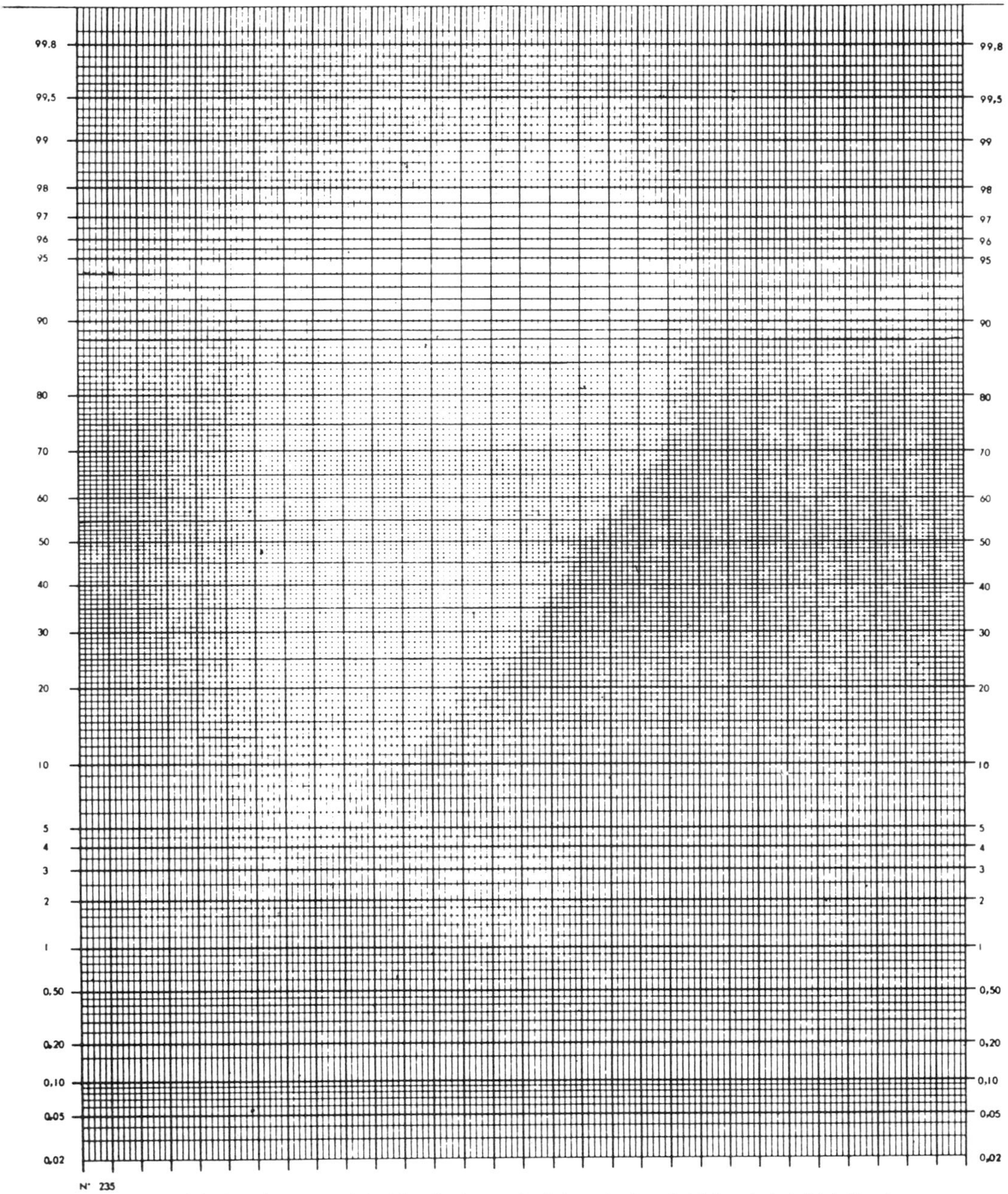

Diagramme de la droite de Henry ou droite-échantillon (anamorphe de la courbe de probabilité totale de la loi de Gauss).

8. EXTRAITS D'UNE TABLE DE NOMBRES AU HASARD

Trente-cinquième mille

	1-4	*5-8*	*9-12*	*13-16*	*17-20*	*21-24*	*25-28*	*29-32*	*33-36*	*37-40*
1	02 22	85 19	48 74	55 24	89 69	15 53	00 20	88 48	95 08	00 47
2	85 76	34 51	40 44	62 93	65 99	72 64	09 34	01 13	09 74	90 65
3	00 88	96 79	38 24	77 00	70 91	47 43	43 82	71 67	49 90	37 09
4	64 29	81 85	50 47	36 50	91 19	09 15	98 75	60 58	33 15	51 44
5	94 03	80 04	21 49	54 91	77 85	00 45	68 23	12 94	23 44	36 88
6	42 28	52 73	06 41	37 47	47 31	52 99	89 82	22 81	86 55	99 09
7	09 27	52 72	49 11	30 93	33 29	54 17	54 48	47 42	04 79	18 64
8	54 68	64 07	85 32	05 96	54 79	57 43	96 97	30 72	12 19	41 70
9	25 04	92 29	71 11	64 10	42 23	23 67	01 19	20 58	35 93	39 46
10	28 58	32 91	95 28	42 36	98 59	66 32	15 51	46 63	57 10	83 55
11	64 35	04 62	24 87	44 85	45 68	41 66	19 17	13 09	63 37	15 33
12	61 05	55 88	25 01	15 77	12 90	69 34	36 93	52 39	36 23	59 73
13	98 93	18 93	86 98	99 04	75 28	30 05	12 09	57 35	90 15	98 07
14	61 89	35 47	16 32	20 16	78 52	82 37	26 33	67 42	11 93	35 61
15	94 40	82 18	06 61	54 67	03 66	76 82	90 31	71 90	39 27	97 85
16	54 38	58 65	27 70	93 57	59 00	63 56	18 79	85 52	21 03	03 16
17	63 70	89 23	76 46	97 70	00 62	15 35	97 42	47 54	60 60	78 12
18	61 58	65 62	81 29	69 71	95 53	53 69	20 95	66 60	50 70	22 97
19	51 68	98 15	05 64	43 32	74 03	44 63	52 38	67 59	56 69	11 14
20	59 25	41 48	64 79	62 26	87 86	94 30	43 54	26 98	61 38	63 44
21	85 00	02 24	67 85	88 10	34 01	54 53	23 77	33 11	19 68	13 50
22	01 46	87 56	19 19	19 43	70 25	24 29	48 22	44 81	35 40	33 23
23	42 41	25 10	87 27	77 28	05 90	73 03	95 46	88 82	25 02	05 00
24	03 57	14 03	17 80	47 85	94 49	89 55	10 27	19 50	20 37	02 71
25	18 95	93 40	45 43	04 57	17 03	34 54	83 91	69 02	90 72	98 45

Trente-sixième mille

	1-4	*5-8*	*9-12*	*13-16*	*17-20*	*21-24*	*25-28*	*29-32*	*33-36*	*37-40*
1	74 11	04 66	68 52	70 11	97 01	55 36	63 49	42 68	82 15	48 64
2	31 54	98 82	61 64	40 50	42 48	96 84	82 42	55 15	72 34	90 96
3	85 51	93 55	89 63	47 92	88 42	00 08	21 52	27 28	77 48	02 42
4	19 95	97 55	27 91	15 20	96 25	48 75	49 95	88 68	36 09	66 17
5	75 74	55 98	33 02	36 99	11 84	07 71	40 65	95 54	01 90	14 32
6	76 70	16 48	38 14	94 74	00 37	24 88	26 40	05 87	01 87	00 82
7	12 32	28 29	14 36	09 42	22 65	85 40	79 23	60 18	58 89	60 95
8	51 94	67 37	40 50	74 11	57 07	54 90	55 60	75 66	74 59	43 34
9	59 05	38 38	35 63	71 92	51 61	07 57	33 15	47 80	14 72	67 27
10	61 54	47 95	21 81	99 54	84 68	49 46	04 87	23 10	93 18	34 62
11	39 88	12 18	78 69	61 17	41 02	82 98	57 15	80 65	08 18	25 81
12	28 62	67 03	44 53	15 36	14 27	47 96	35 38	29 07	84 99	51 14
13	36 57	58 34	23 47	96 09	36 91	82 76	68 90	21 61	55 86	74 17
14	99 08	02 16	80 53	35 89	06 64	54 32	96 97	74 19	33 04	06 70
15	63 09	70 60	97 25	37 17	72 52	39 87	15 15	98 30	51 57	06 42
16	97 60	16 18	55 02	72 66	63 80	21 24	20 23	18 13	84 73	83 73
17	40 35	86 60	42 36	12 67	10 64	97 65	96 18	41 67	59 91	42 75
18	28 46	35 52	20 78	72 37	23 78	53 42	92 51	26 14	61 35	49 00
19	30 16	53 45	09 38	08 72	03 92	86 92	91 44	96 12	68 34	30 86
20	46 28	16 25	24 40	90 62	85 78	10 68	26 14	78 07	47 97	94 91
21	34 53	93 74	37 82	93 68	50 32	56 81	15 70	78 54	37 33	97 30
22	99 88	08 59	17 46	26 25	32 70	13 62	73 02	34 58	46 18	89 59
23	31 57	05 77	58 49	14 59	77 89	35 73	54 07	30 65	59 68	82 98
24	54 05	48 94	94 27	76 81	68 16	97 85	03 30	49 25	10 37	43 88
25	82 36	57 45	47 95	42 13	86 48	02 36	50 36	36 32	85 38	04 15

(1) Extrait de *Tracts for computers*, edited by E.S. Pearson, D. Sc. No. XXIV, *Tables of random sampling numbers*, par M.G. Kendall et B. Babington Smith, Cambridge University Press, 1946.

BIBLIOGRAPHIE INDICATIVE

J. ANTOINE, *Le sondage outil de marketing*. Paris: Dunod Entreprise, 1982.

M. BRULE, *L'empire des sondages: transparence ou manipulation*. Paris: Robert Laffont, 1988.

G. CALOT, *Cours de calcul des probabilités*. Paris: Dunod, 1971.

COLLECTIF, *Pour une histoire de la statistique*. Paris: INSEE, 1976.

COLLECTIF (études coordonnées par J.L. BESSON et M. COMTE), *Des mesures*. Lyon: PUL, Cahiers A.E.H., 1986.

COLLECTIF, *Annales des problèmes corrigés de statistiques posés aux examens du D.E.U.G. de Sciences Economiques*. Paris: Ellipses, 1987.

D. CORNUEL, P. DERREUMAUX, *Calcul des probabilités: exercices corrigés*. Paris: Sirey, 1976.

M. DERNARDET, C. LARGERON, O. RICHARD, *De la notion de probabilité à l'estimation: manuel d'exercices corrigés avec rappel de cours*. Lyon: P.U.L. 1987.

J. DESABIE, *Théorie et pratique des sondages*. Paris: Dunod, 1971.

J. DUBOS, *Collecte et traitement statistique de l'information économique et sociale* (*1.Echantillonnage, estimation*). Paris: Cujas, 1986.

A.M. DUSSAIX, J.P. INDJEHAGOPIAN, *Méthodes statistiques appliquées à la gestion*. Paris: Editions d'organisation, 1981.

V. GIARD, *Statistique appliquée à la gestion*. Paris: Economica, 1985.

C. GOURIEROUX, *Théorie des sondages*. Paris: Economica, 1981.

B. GRAIS, *Méthodes statistiques*. Paris: Dunod, 1981.

J.L. HODGES, J.R. D. KRECH, R.S. CRUTCHFIELD, *Statlab: introduction empirique à la statistique*. Paris: Economica, 1979.

L.J. KAZMIER, *Statistique de la gestion, théorie et problèmes*. New York: Mac Graw Hill, Série Schaum, 1981.

C. LEBOEUF, J.L. ROQUE, J. GUEGAND, *Cours de probabilités et de statistiques*. Paris: Ellipses, 1987, 2° édition.

C. LEBOEUF, J.L. ROQUE, P. LANDRY, J. GUEGAND, *Exercices corrigés de probabilités*. Paris: Ellipses, 1987.

J. LECOUTRE, S. LEGAIT, P. TASSI, *Statistiques, exercices corrigés avec rappel de cours*. Paris: Masson, 1987.

B. MANOUKIAN, *Guide de statistique appliquée*. Paris: Hermann, 1986.

W. MASIERI, *Notions essentielles de statistique et calcul des probabilités*. Paris: Sirey, 1973.

O. MORGENSTERN, *L'illusion statistique*. Paris: Dunod, 1972.
E. MORICE, F. CHARTIER, *Méthodes statistiques*. Paris: Imprimerie Nationale, 1954 (2 volumes).
B. PY, *Statistique descriptive, nouvelle méthode pour bien comprendre et réussir*. Paris: Economica, 1987.
D. SANDERS, A.F. MURPH, R.J. ENG, *Les statistiques: une approche nouvelle*. New York: Mac Graw Hill, 1984.
M.R. SPIEGEL, *Théorie et applications de la statistique, 875 exercices résolus*. New York: Mac Graw Hill, Série Schaum, 1972.
M.R. SPIEGEL, *Probabilités et statistique, cours et problèmes, 760 exercices résolus*. New York: Mac Graw Hill, Série Schaum, 1981.
Ph. TASSI, *Méthodes statistiques*. Paris: Economica, 1985.
M. VOLLE, *Le métier de statisticien* (2° édition). Paris: Economica, 1984, .

TABLE DES MATIÈRES

achevé d'imprimer
sur les presses de graphic-expansion s.a.
54000 nancy

d.l. n° 2017 - 3ᵉ trim. 1988